FRANKFURTER GEOWISSENSCHAFTLICHE ARBEITEN

Serie D · Physische Geographie

Band 8

Relief, Böden und Vegetation in Zentral- und Nordwest-Brasilien
unter besonderer Berücksichtigung der känozoischen Landschaftsentwicklung

von
Karl-Heinz Emmerich

Herausgegeben vom Fachbereich Geowissenschaften
der Johann Wolfgang Goethe-Universität Frankfurt
Frankfurt am Main 1988

ISSN 0173-1807
ISBN 3-922540-23-6

Schriftleitung

Dr. Werner-F. Bär

Institut für Physische Geographie der J. W. Goethe-Universität,
Senckenberganlage 36, Postfach 11 19 32, D-6000 Frankfurt am Main 11

Die vorliegende Arbeit wurde vom Fachbereich Geowissenschaften der
Johann Wolfgang Goethe-Universität als Dissertation angenommen.

CIP- Titelaufnahme der Deutschen Bibliothek

Emmerich, Karl-Heinz:

Relief, Böden und Vegetation in Zentral- und Nordwest-
Brasilien unter besonderer Berücksichtigung der känozoischen
Landschaftsentwicklung / von Karl-Heinz Emmerich. Hrsg.
vom Fachbereich Geowiss. d. Johann-Wolfgang-Goethe-Univ.
Frankfurt, Frankfurt am Main. - Frankfurt am Main: Inst. für
Phys. Geographie d. J.-W.-Goethe-Univ., 1988

(Frankfurter geowissenschaftliche Arbeiten : Serie D, Physische
Geographie ; Bd. 8)
Zugl.: Frankfurt (Main), Univ., Diss., 1988
ISBN 3-922540-23-6

NE: Frankfurter geowissenschaftliche Arbeiten / D

A l l e   R e c h t e   v o r b e h a l t e n

ISSN   0173-1807

ISBN   3-922540-23-6

Anschrift des Verfassers:

Dr. K.- H. Emmerich, Institut für Geowissenschaften der Universität Bayreuth,
Lehrstuhl für Geomorphologie, Universitätsstr. 30, Postfach 10 12 51, D-8580
Bayreuth

Bestellungen:

Institut für Physische Geographie der J. W. Goethe-Universität,
Senckenberganlage 36, Postfach 11 19 32, D-6000 Frankfurt am Main 11

Druck:

F. M.- Druck, D-6367 Karben 2

Zusammenfassung

Ein Vergleich der Böden und des Reliefs der zentralbrasilianischen Savannen und der nordwest-brasilianischen Regenwälder zeigt deutliche Parallelen, die auf eine ähnliche känozoische Entwicklung hinweisen.

Die Böden sind weitgehend mehrschichtig, was auf jungpleistozäne bzw. altholozäne Umlagerungsvorgänge unter arideren Klimabedingungen als den heutigen zurückzuführen ist. Diese Decklagen sind häufig zweigeteilt. Die obere Decklage ist wahrscheinlich das korrelate Sediment einer oder mehrerer ariderer Phasen im Holozän. Die untere Decklage ist jungpleistozänen Alters und stellt die Endphase einer würmzeitlichen geomorphologischen Aktivitätsphase dar. Der weitaus größte Teil wurde aquatisch verlagert. Äolische Materialverlagerung fand auch statt, ist aber nur von lokaler Bedeutung oder beschränkt sich auf geringe Beimengungen in den Decklagen.

Typischerweise trennt eine Steinlage liegende Ferralsols von hangenden weniger intensiv entwickelten Böden, in der Regel Cambisols oder Acrisols. In den Decklagen findet in der Regel keine "typische tropische" Pedogenese statt. Dort, wo die Böden im Jungpleistozän abgespült wurden und der Zersatz bzw. das unverwitterte Gestein an die Oberfläche gelangte, überwiegen Lithosols, Rankers und wenig entwickelte Cambisols. Unter bestimmten Umständen haben sich in den Decklagen in bodengenetisch vorgeprägtem Material Ferralsols gebildet bzw. erhalten. Ferralsols muß man somit weitgehend als reliktisch betrachten, während Cambisols und Acrisols die rezenten Böden darstellen.

Die Bildung der Decklagen setzt eine starke Auflichtung der Vegetationsdecke voraus. Rezent unter Wald, aber auch unter dichtem Cerrado, ist keine Materialverlagerung möglich, es herrscht weitgehende Formungsruhe.

Die Bodenprofile belegen eine weitreichende Fluktuation der Vegetation, insbesondere der Wälder, im Pleistozän. Die Verteilung von Cerrado und Wald spricht für eine holozäne Ausweitung der Wälder entlang der Becken und Flußtäler und auf edaphisch begünstigten Standorten der alten Hochflächen. Bei der Wald-Savannengrenze handelt es sich um ein äußerst labiles System, das schon auf kleinste Änderungen im Wirkungsgefüge reagiert und sich im Verlauf des Känozoikums bis ins Holozän hinein mehrfach verschob. Der Cerrado ist keine Klimaxvegetation, sondern eine Reliktvegetation, deren Ursprünge in Zentralbrasilien bis ins Neogen reichen. Bei den amazonischen Cerrados handelt es sich zum Teil um pleistozäne, in kleinerem Umfang auch um holozäne Relikte. Sie konnte sich aufgrund ungünstiger edaphischer Bedingungen erhalten. Anscheinend erschwerten die im Vergleich zu den humiden Phasen langandauernden ariden Phasen das Vordringen der Wälder.

Die Verteilung von Wald und Cerrado zeigt eine deutliche Abhängigkeit von der Geomorphologie. Je älter die Formen, um so stärker dominiert Cerrado. Innerhalb einzelner Reliefeinheiten ist der Bodenwasserhaushalt der Hauptsteuerfaktor der Vegetationsverteilung. Sowohl innerhalb des Cerradokomplexes, wie im Übergang von Cerrado zum Wald, als auch in den Waldkomplexen sind die dichtesten Baumbestände an die Standorte mit im Jahresgang ausgeglichenem Bodenwasserhaushalt gebunden. Wobei sich sowohl zeitweilige Übernässung, wie auch zeitweiliges Austrocknen negativ auf den Baumwuchs auswirken und Cerradoformen begünstigen. Die Nährstoffversorgung der Böden, Brände und historische und prä-historische anthropogene Eingriffe spielen eine nur untergeordnete Rolle.

Interdiziplinäre Vergleiche sprechen für eine weitgehende Zeitgleichheit der Entstehung des Cerrado und der Flächenbildung. Diese Ereignisse sind ins Neogen mit ausgesprochen semi-ariden bis ariden Klimabedingungen zu stellen, teilweise vielleicht auch ins Altpleistozän. Für das Jungpleistozän und das Holozän kann man nur eine traditionelle Erhaltung bzw. Weiterbildung der Flächen, Böden und Vegetation annehmen. Es dominierte Flußeinschneidung und Hangpedimentation. In Folge der recht kurzen Klimaoszillationen im Pleistozän, die auch in den Tropen wirksam waren, treten rezente Prozesse in ihrer Bedeutung für die Landschaftsentwicklung weitgehend zurück.

Summary

A comparison of soils and geomorphology of the Central Brasilian savanna and the Northeast Brasilian rainforest landscape clearly shows parallels which refer to a similar development during the Cenozoic.

The majority of the soils are stratified which is the result of Lower Pleistocene or Upper Holocene geomorphodynamic processes which happened under a drier climate than today. Frequently there are two of these "covering layers" (Decklagen). The upper one is probably the corresponding sediment of one or more arid periods in the Holocene. The lower layer represents the end of a stage with high geomorphodynamic activity in the Wisconsin. The greater part of these sediments is a result of water run-off with soil dislocation. Aeolian processes which also occured are of only local limited significance or they are restricted to little admixtures in the "covering layers" (Decklagen).

Typically there is a "stone layer" at the base of the "covering layer" (Decklagen) seperating the lying Ferralsols or saprolite from the hanging, less developed soils which are usually Cambisols or Acrisols. Where in the Upper Pleistocene the soils were eroded and the saprolite or the non-weathered rock reached the surface Lithosols, Rankers and little developed Cambisols dominate. Under certain conditions a reformation or a conservation of Ferralsols occurred in already ferralsolic sediments. Most of the Ferrralsols must be regarded as paleosols, while Cambisols and Acrisols represent the present-day soil climate.

The development of the "covering layers" (Decklagen) supposes a less dense vegetation than today. Present-day forest and even dense Cerrado promote geomorphodynamic stability and there is no larger scale soil dislocation.

The stratified soils verify an extensive fluctuation of vegetation in the Pleistocene, aspecially of the forest ecosystems. The present-day distribution of Cerrado and forests indicates an extension of forests along the basins and river valleys and on locations with better soil conditions upon the wide old pediplains. The savanna (Cerrado)-forest boundary is a very labile system which reacts to very slight changes in the ecological conditions which altered repeatedly during the Cenozoic down to the Holocene. The Cerrado-vegetation is not a climax vegetation but a vegetation relict which has its origin in the Neogene. The Amazonian Cerrados are partly Pleistocene and in smaller parts Holocene relicts. Their conservation was possible on poor soils. Apparently the longer duration of arid periods (compared with the duration of the humid periods) in the Pleistocene was the restricting factor for the forest extension.

The distribution of forests and Cerrados depends clearly on geomorphology. The older the geomorphological forms are the more dominating Cerrado vegetation. Within the particular geomorphological generations the soil moisture balance is the main controlling factor for the distribution of vegetation. Within the Cerrado complex, as well as in the savanna-forest boundary system and in the forest complex itself, the densest tree vegetation is bound to soils with a soil moisture balance evenly spread over the year. In regards to the soil moisture balance temporary wetness, as well as temporary dryness have a negative influence on tree vegetation and favour Cerrado vegetation forms. The soil fertility, fires and historical and pre-historical human disturbances play only a secondary role.

Interdisciplinary comparisons indicate that the development of the Cerrado vegetation and the wide pediplains happened at the same time. This must have been in the Neogene when intensive semi-arid to arid climatic conditions existed and partly perhaps still in the Lower Pleistocene. For the Upper Pleistocene and the Holocene we have to suppose only a traditional conservation or a continuous development of pediplains, soils and vegetation. Slope pedimentation and valley incision dominate. Because of the relatively brief climatic oscillations during the Pleistocene, whose influence was strong still in the tropics, the present-day processes are of considerably less importance for the landscape evolution.

Resumo

Uma comparação entre os solos e o relevo das regiões de cerrado do Brasil Central e de florestas do noroeste brasileiro apresentam nítidos pontos comuns, que indicam um desenvolvimento semelhante durante o Cenozóico.

A maioria dos solos são constituídos por várias camadas resultantes do desarmazenamento ocorrido nas fases de clima mais árido tanto do Pleistoceno Superior quanto do Holoceno Inferior. As "Camadas Cobertura" (Decklagen) são frequentemente duas. A camada superior é provalemente o sedimento correlato a uma ou mais fases áridas do Holoceno; a camada inferior data do Pleistoceno Superior e representa a etapa final de uma fase de atividade geomorfológica do Würm. A maior parte destes sedimentos foi deslocada pela água. Ocorreram também processos eólicos, mas de significado apenas local, ou limitando-se a pequenas imisções nas "Camadas Cobertura" (Decklagen).

Tipicamente, os Latossolos inferiors estão separado das camadas do solo superior por um pavimento detrîtico. Normalmente estas camadas representam uma pedo-gênese menos intensa - geralmente são Cambissolos ou Podsólicos. Nas "Camadas Cobertura" (Decklagen), via de regra, nao ocorre pedogênese típica tropical. Nos locais onde os solos foram erodidos durante o Pleistoceno Superior e o saprolito ou a rocha não decomposta chegou à superfície predominam Solos Litólicos e Cambissolos pouco desenvolvidos. Sob certas condições, em sedimentos que previamente sofreram uma pedogênese latossólica podem-se desenvolver ou permanecer Latossolos. Em sua maioria, os Latossolos são paleossolos, enquanto os Cambissolos e os Podsólicos representam o solo atual.

O desenvolvimento das "Camadas Cobertura" (Decklagen) requer uma vegetação escassa. Atualmente, quase nao existe erosão ou perda de solo sob florestas ou cerrados densos. O sistema geomorfológico é estável.

A estratigrafia dos solos documenta uma imensa flutuaçao da vegetação- especialmente das florestas - durante o Pleistoceno. A distribuição dos cerrados e florestas indica uma extensão das florestas seguindo as bacias e os vales dos grandes rios e também nos locais edaficamente mais propícios dos planaltos. O limite entre floresta e cerrado é um sistema muito instável que reage a variações mínimas do ecossistema. Esse limite deslocou-se diversas vezes no decorrer do Cenozóico até o Holoceno. O cerrado não é uma vegetação climax e sim um resquísio com raizes que remontam ao Neogênio. Os cerrados amazônicos são resquísios pleistocênicos e - em menor extensão - do Holoceno, que se conservaram devido as condições desfavoráveis dos solos. Tudo indica que as fases úmidas muito curtas em relação às fases áridas dificultam a expansão das florestas.

A distribuição das florestas e cerrados apresenta clara interrelação com a Geomorfologia. Quanto mais antigo o relevo, mais forte é o predomínio dos cerrados. Dentro de uma única geração de relevos, o balanço hídrico dos solos é o fator mais importante na distribuição da vegetação. Tanto dentro do complexo do cerrado quanto nos limites floresta-cerrado ou no complexo das florestas, a vegetação é mais densa onde o balanço hídrico nos solos é mais equilibrado no decorrer do ano. Enquanto tanto um alagamento quanto uma secura temporária influenciam negativamente o desenvolvimento das árvores favorecendo os cerrados, a fertilidade dos solos, o fogo e a influência antropogênica nas épocas histórica e pré-histórica desempenham um papel apenas secundário.

Comparações interdisciplinares indicam um desenvolvimento paralelo dos cerrados e grandes pediplanos. Esse evento data-se do Neogênio - que foi caracterizado por um clima que vai de semi-árido a árido - e em parte o Pleistoceno Inferior. Em se tratando de Pleistoceno Superior e Holoceno, só se pode falar em uma conservação ou aperfeiçoamento de pediplanos, solos e vegetação. Dominaram formações dos vales fluviais e pedimentação regressiva das encostas. Devido às curtas oscilações do clima durante o Peistoceno, os processos atuais são pouco importantes para o desenvolvimento da paisagem.

Vorwort

Die Geländeuntersuchungen zur vorliegenden Arbeit wurden von Februar bis Oktober 1986 durchgeführt, die Laboranalysen und Auswertungen wurden bis Dezember 1987 abgeschlossen. Für die Finanzierung danke ich dem Deutschen Akademischen Austauschdienst, dem Land Hessen und der Johann Wolfgang Goethe-Universität recht herzlich.

Besonders bedanken möchte ich mich bei Herrn Prof. Dr. Dr. h.c. A. Semmel für seine Unterstützung, seine Anregungen und Hilfen. Mein Dank gilt auch Herrn Prof. Dr. N. Stein für seine Gutachtertätigkeit und Hinweise. Dank sei auch Herrn Prof. Dr. G. Nagel und Herrn Prof. Dr. W. Plass für ihre Unterstützung bei den Projektanträgen ausgesprochen, sowie Herrn Dr. K.-J. Sabel und allen Kollegen und Freunden für die zahlreichen Anregungen und Diskussionen.

Für die freundliche und herzliche Unterstützung in Brasilien möchte ich mich besonders bei Herrn Prof. Dr. V. Casseti (Inst. für Geowissenschaften und Chemie der Universidade Federal de Goiás, Goiânia) und seinen Kollegen bedanken. Mein aufrichtiger Dank gilt auch Frau I. Wüst (Universidade Católica de Goiás, Universidade Federal de Goiás, Goiânia) für die Einführung in die Archäologie und Informationen über die Vor- und Frühgeschichte Brasiliens, vor allem des zentralen Westens. Für ihre Hilfe möchte ich mich auch bei Herrn Prof. Dr. J. A. Rizzo (Inst. für Botanik der Universidade Federal de Goiás, Goiânia) und seinen Mitarbeitern bedanken.

Für die tatkräftige Hilfe bei den Laboranalysen danke ich Frau D. Heil sehr herzlich. Für die Durchführung der röntgenographischen Untersuchungen sei Herrn Dr. H. Johanning (Geol.-Paläont. Inst. der Johann Wolfgang Goethe-Universität Frankfurt a.M.) gedankt.

Weiterhin danke ich dem Fachbereich Geowissenschaften für die Aufnahme dieser Arbeit in ihre Reihe, insbesondere dem Schriftleiter Herrn Dr. W. F. Bär, sowie Frau U. Bursian, die einen Teil der Reinzeichnungen übernahm.

Mein herzlichster Dank gebührt nicht zuletzt meinen Eltern, die mir mein Studium ermöglichten und meiner Frau, die mich auf einem Teil der Reise begleitete und den Großteil der Pflanzenbestimmungen vornahm.

Frankfurt a.M., Dezember 1987   Karl-Heinz Emmerich

"Existem na região 218 espécies de mosquitos classificadas pelos cientistas."

Márcio Souza
Galvez Imperador do Acre

Inhaltsverzeichnis

	Seite
1 EINLEITUNG UND PROBLEMSTELLUNG	19
2 ARBEITSMETHODIK	23
3 DIE UNTERSUCHUNGSGEBIETE	28
4 GEOLOGIE	31
4.1 Überblick über die geologische Entwicklung Brasiliens	31
4.2 Die präkambrischen Gesteine	32
4.3 Die paläozoischen Gesteine	33
4.4 Die mesozoischen Sedimentdecken	34
4.5 Die tertiären Lockergesteine	35
4.6 Die quartären Sedimente	35
5 DIE KÄNOZOISCHE KLIMAFLUKTUATION UND IHRE BEDEUTUNG FÜR DIE LANDSCHAFTSENTWICKLUNG	36
5.1 Das Tertiär-Klima	36
5.2 Das Quartär-Klima	37
5.3 Das rezente Klima	40
6 VEGETATION	48
6.1 Das Cerrado-Problem	48
6.1.1 Savannen, der Gras-Baum Antagonismus	48
6.1.2 Einleitender Überblick über die Cerrados	50
6.2 Vegetationsdifferenzierung	52
6.2.1 Differenzierung der Savannen (Cerrado)	52
6.2.2 Differenzierung der Wälder	53
7 ZUR ENTSTEHUNG AUSGEWÄHLTER LANDSCHAFTEN	56
7.1 Die Zentralbrasilianischen Savannenlandschaften	56
7.1.1 Das präkambrische Grundgebirge, die Planaltos "Central Goiano"	56
7.1.1.1 Die Planaltos des Distrito Federal	56
7.1.1.1.1 Das 1.200-1.300 m Flächenniveau	57
7.1.1.1.2 Das 1.000-1.100 m Flächenniveau	67
7.1.1.1.3 Die Pedimente und jüngeren Formen	68
7.1.1.1.4 Die Vegetationsverteilung auf den Reliefeinheiten	70
7.1.1.2 Das Planalto do Alto Tocantins-Paranaiba	74

7.1.1.3 Die intramontanen Ebenen	78
7.1.1.3.1 Die intramontane Ebene von Pirenópolis	78
7.1.1.3.2 Die intramontane Ebene von Jaraguá	83
7.1.1.3.3 Die pleistozäne Entwicklung	89
7.1.1.4 Das "tiefergelegte" Planalto von Goiânia, der "Mato Grosso de Goiás"	90
7.1.2 Die paläozoischen und mesozoischen Decken	97
7.1.2.1 Die jurassisch-kretazischen Basalte und Sandsteine in dem Gebiet von Rio Verde	97
7.1.2.2 Die paläozoischen Sandsteindecken des nördlichen Paraná-Beckens, im Gebiet von Guiratinga und Jarudoré	103
7.2 Die nordwest-brasilianischen Regenwälder	108
7.2.1 Die paläozoischen und mesozoischen Sandsteindecken im Norden der Chapada dos Parecis	108
7.2.2 Das präkambrische Grundgebirge	116
7.2.3 Die känozoischen Sedimente des Amazonasbeckens	122
7.2.3.1 Die Savannen von Humaitá	122
7.2.3.2 Die Regenwälder von Acre	130
8 DISKUSSION DER ERGEBNISSE UND SCHLUSSFOLGERUNGEN	**134**
8.1 Die Faktoren der Vegetationsverteilung	134
8.1.1 Das Klima	134
8.1.2 Die Nährstoffversorgung und die Aluminium-Toxizität	134
8.1.3 Der Bodenwasserhaushalt	140
8.1.4 Der anthropogene Einfluß	142
8.1.5 Die rezente Vegetationsverteilung in Abhängigkeit von der känozoischen Vegetationsdynamik	143
8.2 Morphogenetische Phasen im Känozoikum	147
8.2.1 Überlegungen zur tertiären Flächenbildung in Brasilien	147
8.2.2 Der jüngere Formungskomplex	150
8.3 Prozesse der Bodenentwicklung	153
9 LITERATURVERZEICHNIS	**157**
10 ANHANG	**183**
Tab. 3-9	184
Bodenprofile 1-34	187

Abbildungsverzeichnis

		Seite
Abb. 1	Übersichtskarte von Brasilien und den Untersuchungsgebieten	29
Abb. 2	Klimadiagramme von Brasîlia, Formosa, Pirenópolis, Goiânia, Rio Verde und Wasserhaushaltsdiagramm von Brasîlia	42
Abb. 3	Klimadiagramme von Mineiros, Sangradouro, Vilhena, Porto Velho, Humaitá und Rio Branco	43
Abb. 4a	Wasserhaushaltsdiagramm von Vilhena	44
Abb. 4b	Wasserhaushaltsdiagramm von Porto Velho	45
Abb. 5a	Wasserhaushaltsdiagramm von Humaitá	46
Abb. 5b	Wasserhaushaltsdiagramm von Rio Branco	47
Abb. 6	Vegetationszonen von Brasilien	49
Abb. 7	Die physiognomische Klassifikation der Vegetationsformen	52
Abb. 8	Übersichtskarte der Region Brasîlia-Goiânia	55
Abb. 9	Profil durch die Chapada de Contagem	56
Abb. 10	Boden- und Vegetationsverteilung in einer Mulde auf der Chapada de Contagem	58
Abb. 11	Korngrößen- und Schwermineralverteilung in Bodenprofil 1	59
Abb. 12	Korngrößen- und Schwermineralverteilung in Bodenprofil 2	60
Abb. 13	Beispiel für die Boden- und Vegetationsverteilung im Bereich der Wasserscheide	61
Abb. 14	Boden- und Vegetationsabfolge in der Nähe der Flächenkante	62
Abb. 15	Abhängigkeit von Farbe und Gehalt an Fe_d in Bodenprofil 4	63
Abb. 16	Boden- und Vegetationsabfolge an der NE-Kante der Chapada de Contagem	63
Abb. 17	Boden- und Vegetationsabfolge an der SW-Kante der Chapada de Contagem	64
Abb. 18	Schematisches Profil zur Boden- und Vegetationsabfolge am Einschnitt des Ribeirão Paranoazinho	64
Abb. 19	Schematisches Bodenprofil zur Sedimentabfolge auf dem Pediplano de Brasîlia	68
Abb. 20	Schematisches Profil zur Vegetations- und Bodenabfolge in flachen Mulden	71
Abb. 21	Schematisches Profil zur Vegetations- und Bodenabfolge in flachen Mulden mit Übergang zu Campo Limpo	71
Abb. 22	Schematisches Profil zur Vegetations- und Bodenverteilung in Muldentälern auf den Hochflächen	72
Abb. 23	Schematisches Profil zur Vegetations- und Bodenverteilung in flachen Flußtälern auf den Hochflächen	72

Abb. 24	Schematisches Profil zur Vegetations- und Bodenverteilung in Flußtälern mit "Murundus" auf den Hochflächen	72
Abb. 25	Schematisches Profil zur Vegetations- und Bodenverteilung in engen Flußtälern auf den Hochflächen	73
Abb. 26	Schematisches Profil zur Vegetations- und Bodenverteilung an der Flächenkante der Chapada de Contagem	73
Abb. 27	Profil durch das Planalto do Alto Tocantins-Paranaiba	76
Abb. 28	Profil der intramontanen Ebene von Pirenópolis	79
Abb. 29	Boden- und Vegetationsabfolge an der Serra do Engenho	82
Abb. 30	Boden- und Vegetationsabfolge am Rio Tabicanga	82
Abb. 31	Boden- und Vegetationsabfolge in der intramontanen Ebene von Pirenópolis	83
Abb. 32	Profil durch die intramontane Ebene von Jaraguá	84
Abb. 33	Korngrößenverteilung in Bodenprofil 9	86
Abb. 34	Korngrößenverteilung in Bodenprofil 10	86
Abb. 35	Querprofil zu Abb. 32, in Höhe der Fazenda Moinho	87
Abb. 36	Profilschnitt durch eine Kuppe in der intramontanen Ebene, Faz. Bonfim	87
Abb. 37	Boden- und Vegetationsabfolge in der intramontanen Ebene von Jaraguá	89
Abb. 38	Schnitt durch eine Kuppe auf dem 1.000 m-Niveau östlich von Anapolis	91
Abb. 39	Schematisches Bodenprofil zur Sedimentabfolge auf dem 1.000 m-Niveau	92
Abb. 40	Profilschnitt durch das Planalto de Goiânia	93
Abb. 41	Profilschnitt durch eine Kuppe auf dem Planalto de Goiânia	93
Abb. 42	Schematisches Profil mit einer "in situ"-Steinlage SW Goianópolis	94
Abb. 43	Schwermineralverteilung in Bodenprofil 14	95
Abb. 44	Korngrößenverteilung in Bodenprofil 15	95
Abb. 45	Karte der Serra da Boa Vista	98
Abb. 46	Profilschnitt durch die Serra da Boa Vista	99
Abb. 47	Profilschnitt durch eine Plutonitkuppe	99
Abb. 48	Schematisches Profil der Sandsteinschichtstufe	100
Abb. 49	Schematisches Profil zur Boden- und Vegetationsabfolge an der Stufe zur Serra da Boa Vista	101
Abb. 50	Schwermineralverteilung in Bodenprofil 16	101
Abb. 51	Übersichtskarte Guiratinga-Jarudorê	103
Abb. 52	Boden- und Vegetationsabfolge auf den Flächen in den Aquidauana Sandsteinen	105
Abb. 53	Boden- und Vegetationsabfolge am Einschnitt des Córrego Barreiro	105
Abb. 54	Übersichtskarte von Rondônia und den angrenzenden Bundesstaaten	109

Abb. 55	Profilschnitt am N-Rand der Chapada dos Parecis	110
Abb. 56	Einschnitt des Igarapé Bom Jesus	111
Abb. 57	Einschnitt des Igarapé Marco Rondon	111
Abb. 58	Schematisches Profil zur Boden- und Vegetationsabfolge am Einschnitt des Igarapé Pires de Sá	112
Abb. 59	Schwermineralverteilung in Bodenprofil 23	113
Abb. 60	Schwermineralverteilung in Bodenprofil 26	113
Abb. 61	Profilschnitt durch eine Kuppe auf dem 150 m-Niveau	117
Abb. 62	Profil zur Boden- und Vegetationsabfolge auf dem 100 m-Niveau und dem zerschnittenen 150 m-Niveau	118
Abb. 63	Schematisches Profil zur Boden- und Sedimentabfolge mit einem Schotterkörper des Rio Madeira	119
Abb. 64	Verschiedene Niveaus der Eisenkrustenbildung westlich von Porto Velho	120
Abb. 65	Profilschnitt durch Kuppen aus proterozoischen Quarziten auf dem 100 m-Niveau	121
Abb. 66	Korngrößenverteilung in Bodenprofil 29	121
Abb. 67	Schematisches Profil durch die Wasserscheide Amazonas - Rio Madeira	123
Abb. 68	Schematisches Profil zur Vegetationsabfolge an der Stufe vom 90 m- zum 80 m-Niveau	125
Abb. 69	Profilschnitt durch das 60 m-Niveau	125
Abb. 70	WE-Profil durch das 80 m- und 60 m-Niveau	125
Abb. 71	Korngrößenverteilung in Bodenprofil 31	126
Abb. 72	Korngrößenverteilung in Bodenprofil 32	126
Abb. 73	Schematisches Profil zur Boden- und Sedimentabfolge auf dem 200 m-Niveau	131
Abb. 74	Schematisches Profil durch das zerschnittene 200 m-Niveau	131
Abb. 75	Korngrößen- und Schwermineralverteilung in Bodenprofil 34	132
Abb. 76	Zusammenhang von Vegetationsausprägung und dem Al^{3+}-Gehalt des Bodens	137
Abb. 77	Zusammenhang von Vegetationsausprägung und der potentiellen Austauschkapazität und Basensättigung des Bodens	137
Abb. 78	Zusammenhang von Vegetationsausprägung und dem C-Gehalt und dem C/N-Verhältnis des Bodens	138
Abb. 79	Zusammenhang von Vegetationsausprägung und dem pH-Wert des Bodens	138
Abb. 80	Die Einflüsse des Bodenwasserhaushaltes in Abhängigkeit von Relief und Böden auf die Vegetationsverteilung in Zentralbrasilien	141
Abb. 81	Einflußfaktoren auf die Wald-Cerrado-Verteilung in Brasilien	146

Tabellenverzeichnis

Seite

Tab. 1 Korrelation der Vegetationsausprägung mit den bodenchemischen Eigenschaften — 136

Tab. 2 Korrelationen der Vegetationsausprägung mit den bodenchemischen Eigenschaften für die Werte von AMARAL FILHO et al. 1978, LEÃO et al.1978, MACEDO et al. 1979, RIOS & OLIVEIRA 1981, KREJCI et al. 1982, NOVAES et al. 1983 — 139

Tab. 3 Charakteristische Pflanzen für die Cerrados Zentralbrasiliens — 184

Tab. 4 Charakteristische Pflanzen für die Campos Cerrados-Campos Sujos Zentralbrasiliens — 184

Tab. 5 Charakteristische Pflanzen des Campo Limpo im Distrito Federal — 185

Tab. 6 Charakteristische Pflanzen der Feuchtwiesen im Distrito Federal — 185

Tab. 7 Charakteristische Pflanzen für die Cerrados der Chapada dos Parecis — 185

Tab. 8 Charakteristische Pflanzen für die Cerrados bei Humaitá — 185

Tab. 9 Übersicht über die ^{14}C-Proben — 186

Bodenprofilverzeichnis

		Seite
Bodenprofil 1	Acrisol über Rhodic Ferralsol (Fr-A) (Rotlatosol-Parabraunerde)	188
Bodenprofil 2	Cambisol über Rhodic Ferralsol (Fr-B) (Rotlatosol-Braunerde)	189
Bodenprofil 3	Gleyic Ferallic Cambisol (Bfg) (Rotlatosol-Braunerde mit vergleytem Unterboden)	190
Bodenprofil 4	Gleyic Ferralic Cambisol (BfG) (Rotlatosol-Braunerde mit vergleytem Unterboden)	191
Bodenprofil 5	Gleyic Cambisol über Plinthic Gleysol (Gp-Bg) (Hanggley-Braunerde)	192
Bodenprofil 6	Acrisol über Phlinthic Ferralsol (Fp-A) (Plinthitlatosol-Parabraunerde)	193
Bodenprofil 7	Gleyic Acrisol (Ag) (Parabraunerde-Pseudogley)	194
Bodenprofil 8	Gleyic Acrisol (Ag) (Parabraunerde-Pseudogley mit vergleytem Unterboden)	194
Bodenprofil 9	Acrisol über Rhodic Ferralsol (Fr-A) (Rotlatosol-Parabraunerde)	195
Bodenprofil 10	Cambisol über Rhodic Ferralsol (Fr-B) (Rotlatosol-Braunerde)	196
Bodenprofil 11	Cambisol über Rhodic Ferralsol (Fr-B) (Rotlatosol-Braunerde)	197
Bodenprofil 12	Acrisol über Rhodic Ferralsol (Fr-A) (Rotlatosol-Parabraunerde)	198
Bodenprofil 13	Acrisol über Plinthic Ferralsol (Fp-A) (Plinthitlatosol-Parabraunerde)	199
Bodenprofil 14	Rhodic Ferralsol (Fr) (Rotlatosol)	200
Bodenprofil 15	Acrisol über rhodic Ferralsol (Fr-A) (Rotlatosol-Parabraunerde)	201
Bodenprofil 16	Cambisol über Rhodic Ferralsol (Fr-B) (Rotlatosol-Braunerde)	202
Bodenprofil 17	Rhodic Ferralsol (Fr) (Rotlatosol)	203
Bodenprofil 18	Gleyic Cambisol (Bg) (Braunerde-Hanggley)	203

Bodenprofil 19	Rhodic Ferralsol (Fr) (Rotlatosol)	204
Bodenprofil 20	Rhodic Ferralsol (Fr) (Rotlatosol)	205
Bodenprofil 21	Arenosol (Q) (Regosol)	206
Bodenprofil 22	Acrisol über Rhodic Ferralsol (Fr-A) (Rotlatosol-Parabraunerde)	206
Bodenprofil 23	Cambisol über Rhodic Ferralsol (Fr-A) (Rotlatosol-Braunerde)	207
Bodenprofil 24	Ferralic Arenosol (Qf) (ferrallitischer Regosol)	208
Bodenprofil 25	Arenosol (Q) (Regosol)	209
Bodenprofil 26	Arenosol (Q) (Regosol)	210
Bodenprofil 27	Acrisol über Rhodic Ferralsol (Fr-A) (Rotlatosol-Parabraunerde)	211
Bodenprofil 28	Acrisol (A) (Parabraunerde mit vergleytem tieferen Unterboden)	212
Bodenprofil 29	Acrisol über Rhodic Ferralsol (Fr-A) (Rotlatosol-Parabraunerde)	213
Bodenprofil 30	Rhodic Ferralsol (Fr) (Rotlatosol)	214
Bodenprofil 31	Acrisol über Rhodic Ferralsol (Fr-A) (Rotlatosol-Parabraunerde)	215
Bodenprofil 32	Plinthic Gleysol (Gp) (Eisenreicher Gley)	216
Bodenprofil 33	Cambisol über Gleysol (G-B) (Braunerde mit vergleytem tieferen Unterboden)	217
Bodenprofil 34	Acrisol über Rhodic Ferralsol (G-B) (Rotlatosol-Parabraunerde)	218

1 Einleitung und Problemstellung

Der zentrale Westen und Nordwesten Brasiliens gehören zu den physisch-geographisch am wenigsten erforschten Gebieten der Erde. Bisher waren vor allem Afrika und Asien die Hauptbeschäftigungsgebiete der deutschen und auch der internationalen Tropengeographie. Für den zentralbrasilianischen Raum gibt es inzwischen einige Pionierarbeiten (PENTEADO 1976; BIBUS 1983a&b; CASSETI 1985), vergleichende Detailuntersuchungen fehlen aber bisher. Dabei bietet das brasilianische Hochland mit zunehmender wirtschaftlicher Bedeutung und damit verbundener infrastruktureller Erschließung, nicht zuletzt als Folge des mit der Neugründung der Hauptstadt Brasîlia 1960 auch offiziell eingeleiteten Aufbruchs ins Innere, gute Voraussetzungen zur Erschließung der geographischen Gegebenheiten. Im Gegensatz zu den schon länger landwirtschaftlich genutzten Gebieten Afrikas oder Indiens findet man hier noch verhältnismäßig intakte Ökosysteme vor.

Als Hauptmerkmal "typischer tropischer Reliefentwicklung" wird vielfach die Bildung weiter Flächen gesehen (z.B. BÜDEL 1981:92ff). Demgegenüber tritt die Diskussion um die Tal- und Hangformung weit zurück. Vor allem BÜDEL (1977, 1981) begründete die Auffassung, daß zur Flächenbildung prinzipiell andere Prozesse notwendig sind als zur Bildung von Tälern, Flußterrassen und Hangverebnungen (vergl. a. BREMER 1981; 1986). Aus dem Vergleich der vorherrschenden Formen der einzelnen Klimazonen bildete sich das Modell der Klimageomorphologie bzw. der klimagenetischen Geomorphologie, das die Flächenbildung mit den tropisch-wechselfeuchten Klimaten korreliert (vergl. LOUIS & FISCHER 1979; BÜDEL 1970, 1977, 1981; WILHELMY 1974, 1981; LOUIS 1986).

Die hohe Komplexität der tropischen Reliefformen läßt sich aber nicht als Ergebnis eines einzelnen morphodynamischen Prozesses deuten, vielmehr muß man von einer Formengesellschaft sprechen, die durch zahlreiche Änderungen der Morphodynamik entstand. In jüngster Zeit werden Änderungen der Formungsprozesse auch aus den unterschiedlichsten Gebieten des tropischen Bereiches Brasiliens beschrieben (z.B. BIGARELLA & BECKER 1975; BIGARELLA & ANDRADE-LIMA 1982; PENTEADO 1976, 1980; SEMMEL & ROHDENBURG 1979; SABEL 1981; ROHDENBURG 1982a; SEMMEL 1982a&b; BIBUS 1983a&b). Eine veränderte Morphodynamik kann grundsätzlich Folge von
a) Klimaänderung und daraus resultierender veränderter Vegetationsbedeckung und
b) tektonischer Bewegungen und/oder Meeresspiegelschwankungen und einer daraus resultierenden veränderten Reliefenergie
sein.

ROHDENBURG (1982a) sieht den Hauptmotor der Morphodynamik in den Klimaschwankungen. Der Tektonik kommt dabei höchstens eine verstärkende Wirkung zu, sie ist aber nicht die Triebkraft. Klimaphasen mit verstärkter Morphodynamik sind durch anders verteilte, vor allem stark akzentuierte Niederschläge bedingt und müssen nicht notwendigerweise ein rezentes Pendant haben (ROHDENBURG 1970a:86). Die unterschiedliche Intensität der zyklischen Formungsprozesse erklärt ROHDENBURG (1982a:117; 1983:429ff) durch ein "Intensitätsausleseprinzip". Er nimmt klimatische Oszillationen unterschiedlicher Amplitude an, die sich überlagern. Von Oszillationen großer Wellenlänge werden die Formen aus Aktivitätszeiten mittlerer und geringer Intensität aufgezehrt. Erst in Stabilitätsphasen großer Oszillationen können die Formen mittlerer und geringer Intensität erhalten bleiben. Flächen sind das Resultat durch rückschreitende Erosion im Wasserscheidenbereich zusammengewachsener Pedimente, so genannte Pediplains (KING 1956; BIGARELLA & BECKER 1975; ROHDENBURG 1970a, 1977, 1982a, 1983). Morphodynamisch wirksame Klimaschwankungen in den Tropen während des Pleistozäns werden aber vielfach abgelehnt (z.B. BÜDEL 1970, 1977, 1981; BREMER 1973, 1975, 1981; WILHELMY 1981:166). BRAUN (1971; vergl. a. ALMEIDA 1951; CASSETI 1981; THEILEN-WILLIGE 1982) betont die strukturellen und tektonischen Einflüsse bei der Herausbildung unterschiedlicher Reliefgenerationen in Brasilien. KING (1956:184) sieht tektonische Bewegungen als Hauptauslöser für die Herausbildung unterschiedlicher Reliefgenerationen. Strukturelle Unterschiede spielen eine nur untergeordnete Rolle (KING 1956:186f).

Klimaänderungen bedingen immer auch eine Änderung der Vegetation. Eine Einbeziehung der Vegetation in die Untersuchung reliefverändernder Prozesse ist aber unerläßlich, da durch mehr oder weniger starken Bodenschutz durch die Vegetationsdecke die Abtragungs- und somit die Formungsprozesse entscheidend beeinflußt werden. Es besteht somit eine enge Abhängigkeit der Reliefformen von den Vegetationsbedingungen zur Bildungszeit. Da die tertiären und die quartären Florenreiche weitgehend konvergieren (MÄGDEFRAU 1956), lassen sich, bei genauer Kenntnis der aktuellen Zusammenhänge, aufgrund von Vorzeitformen und paläopedologischer Befunde relativ exakte Rückschlüsse auf die Vegetationsform und die klimatischen Bedingungen ziehen.

Weit verbreitet sind in Zentralbrasilien die Cerrados, eine Savannenvegetation, die sich an die amazonischen Regenwälder anschließt. Von deutschen Geographen werden diese Savannen oft klimatisch definiert und als Feuchtsavanne bezeichnet, mit einer 2,5 bis 5 monatigen Trockenzeit (z.B. LAUER 1952, 1975). Von ökologischer Seite wird diese Definition als nicht haltbar zurückgewiesen, da hier als klimazonale Vegetation laubabwerfende Wälder zu erwarten wären (vergl. z.B. WALTER 1979, WALTER & BRECKLE 1984a&b). Edaphische Faktoren werden meist für das Fehlen der Wälder verantwortlich gemacht (z.B. FERRI 1980). Untersuchungen vor allem aus Afrika zeigen, daß die Verteilung der Vegetation von den Parametern Boden, Relief und Geologie entscheidend beeinflußt wird (z.B. COLE 1982; TINLEY 1982). Man kann die Vegetationsverteilung nicht auf einen Faktor reduzieren, sondern muß alle Einzelfaktoren und deren mögliche Kombinationen berücksichtigen (PARSON 1968).

Eng an die klimatischen Bedingungen gebunden ist auch die Bodendynamik. Brasilien gehört zum größten Teil zur Zone der Tropenböden mit Latosolen, Plastosolen und Terrae Calcis als zonale Böden (vergl. GANSSEN & HÄDRICH 1965; SCHEFFER & SCHACHTSCHABEL 1982, SCHROEDER 1983). MELFI & PEDRO (1977) sehen Ferrallitisierung und Lateritisierung als die wichtigsten pedogenetischen Prozesse in Brasilien an. Die rezente Latosolbildung in den feuchten und wechselfeuchten Tropen wird in jüngster Zeit aber in Frage gestellt, da in weit verbreiteten jungpleistozänen Sedimenten keine Latosole, sondern vielmehr braunerde- und parabraunerdeähnliche Böden entwickelt sind (z.B. SEMMEL & ROHDENBURG 1979; SEMMEL 1982a; BIBUS 1983a&b).

Solche scheinbar rein akademischen Fragestellungen, wie z.B. das Problem der pleistozänen Klimaentwicklung und die damit verbundenen Änderungen der Vegetation, der Bodenbildung und der Abtragungsvorgänge, werden in Zukunft wohl zunehmend an Bedeutung gewinnen, da solche Erkenntnisse auch vermehrt Berücksichtigung in der Planung finden. Neben Rückschlüssen auf den Bodenabtrag infolge anthropogen verursachter Vegetationsveränderungen, eines der Hauptprobleme tropischer Landwirtschaft, sollen vegetationsdynamische Vorgänge auch bei der zukünftigen Ausweisung von Nationalparks berücksichtigt werden. Bedeutsam wurde dies erstmals bei dem Versuch zur Erhaltung des gesamten genetischen Materials der inzwischen zunehmend gefährdeten amazonischen Wälder. Dies will man durch Ausgrenzung der pleistozänen Refugienkerne erreichen (WETTERBERG 1978 zit. in BROWN & AB´SABER 1979:22). Dabei darf man aber keinesfalls den Schutz der "Nicht Regenwald"-Ökosysteme vergessen. Gerade der Cerrado unterliegt in neuerer Zeit großen Zerstörungen (vergl. NETO 1976; SIMÕES et al. 1976). Die Erforschung dieser Vorgänge steckt aber noch in den Anfängen, vor allem fehlen großmaßstäbige Untersuchungen. Große Teile der Forschungsergebnisse über den zentralen Westen und Norden Brasiliens wurden bisher vor allem aus Luftbildern und Übersichtsbefliegungen gewonnen.

In dieser Arbeit wird vorerst ein Überblick über die geologische Entwicklung gegeben, soweit sie für die Reliefentwicklung relevant ist. Es folgt eine Zusammenstellung der wichtigsten Informationen über den känozoischen Klimaverlauf bis hin zu Daten für das rezente Klima. Zur Vermeidung von Mißverständnissen wird die Savannenproblematik in Brasilien kurz erläutert, sowie die benutzte Vegetationsgliederung definiert. Im Hauptteil werden Profile aus verschiedenen Landschaften Zentral- und Nordwestbrasiliens vorgestellt und die Wechselwirkung der Geofaktoren Gestein, Relief, Boden und Vegetation erörtert. Daraus werden Schlußfolgerungen auf die Genese gezogen, insbesondere auf die paläoklimatischen Bedingungen. Auch die Einflüsse anthropogen bedingter Vegetationsöffnungen werden diskutiert.

Zum Schluß werden die Ergebnisse der einzelnen Landschaften verglichen und parallelisiert. Daraus ergibt sich ein Gesamtmodell für die Einflußfaktoren der Wald/Savannen-Verteilung in Brasilien. Da sich die älteren Reliefformen nicht absolut datieren lassen, wird auf ihre Genese nur kurz eingegangen. Über das Alter der Flächen kann nur spekuliert werden. Die jüngeren morphogenetisch aktiven Phasen und ihre Auswirkungen werden zusammengefaßt und daraus Rückschlüsse auf die Vegetations- und Klimabedingungen gezogen. Zuletzt wird die Auswirkung der jungen Morphodynamik auf die Bodenentwicklung diskutiert.

2 Arbeitsmethodik

Zur Erörterung der o. g. Probleme wurden geomorphologische, bodenkundliche und vegetationskundliche Kartierungen entlang verschiedener Profilschnitte durchgeführt. Bei der Größe des untersuchten Raumes ist dabei eine Beschränkung auf nur wenige Ausschnitte unvermeidlich. Dies wiederum wirft die Frage nach der Allgemeingültigkeit der gewählten Profile auf, da natürlich die Gefahr besteht, eine Reihe von Sonderfällen oder Kuriositäten zu beschreiben. Allerdings ist unbestreitbar, daß die vorgeführten Catenen existieren und über große Gebiete verteilt immer wieder auftreten. Berücksichtigung fanden vor allem vergleichbare Reliefeinheiten mit gleichem geologischen Untergrund, aber unterschiedlicher Vegetationsbedeckung (Wald und Savanne), aber auch Profile mit wechselndem geologischen Untergrund. Dabei wurden Gesteine aller geologischen Zeitalter berücksichtigt, vor allem aber präkambrische und känozoische.

Um eine möglichst repräsentative Auswahl zu treffen, wurden mit Hilfe der geologischen, geomorphologischen, bodenkundlichen und vegetationskundlichen Karten des PROJETO RADAMBRASIL im Maßstab 1:1.000.000, die für den Norden und Mittleren Westen Brasiliens flächendeckend vorliegen, Gebiete ausgewählt, deren Geofaktorenkonstellation für das Gesamtgebiet typisch erschien, dabei mußte aber auch die Erreichbarkeit, die für das Innere Brasiliens aufgrund fehlender infrastruktureller Erschließung nicht überall gewährleistet ist, berücksichtigt werden. Der Maßstab dieser Kartierung verbietet eine zu weitgehende Interpretation des Wirkungsgefüges. Durch diese Gebiete wurden, mit Hilfe der Interpretation der, soweit vorhandenen, topographischen Karten im Maßstab von 1:250.000, 1:100.000 und 1:25.000 (nur für den Distrito Federal), Luftbildern im Maßstab 1:40.000 (nur für den zentralen Westen) und geologische Karten im Maßstab 1:100.000 und 1:250.000 (nur für die Umgebung von Goiânia), typische Profilschnitte gelegt (eine genaue Übersicht der verwendeten Karten folgt dem Schriftenverzeichnis).

Im Gelände wurde das Relief mit Hilfe eines Handhangneigungsmessers und eines Höhenmessers aufgenommen, zum einen zur Erfassung des für ökologische Zusammenhänge wichtigen Kleinreliefs, zum anderen werden, aufgrund der Äquidistanzen der Höhenlinien (50 m für weite Teile des zentralen Westens und 100 m für die amazonischen Gebiete), auch zahlreiche Großformen nicht vom Kartenmaßstab erfaßt. Daher können die meisten Profile nur in idealisierter Form wiedergegeben werden, ohne daß bei der Abstraktion die Heterogenität der Landschaft und die topologischen Inhalte verloren gehen. Die angegebenen Höhen sind wegen fehlender

Eichpunkte (für Amazonien nur angenäherte Höhen über den Baumwipfeln) nur relativ.

Die Böden wurden mit Hilfe von 1 - 4 m-Bohrungen im Gelände bestimmt und soweit möglich durch Aufschlußbeschreibungen. Aus typischen Bodenprofilen wurden Proben entnommen. Aufgrund der hohen Transportkosten mußte die Probenmenge auf ein Minimum beschränkt werden, aus dem gleichen Grunde wurde auch auf die Entnahme von Parallelproben verzichtet. Die Bodentypen wurden nach der FAO-UNESCO (1971) benannt. Da diese Nomenklatur nur eine Inventarisierung der Böden, nicht aber die Unterscheidung nach ihrer Genese, die ja bei der Interpretation landschaftsökologischer Prozesse von entscheidender Bedeutung ist, zuläßt, wurde sie dahingehend verändert, daß auch Kombinationen der einzelnen Bodentypen zur Benennung verwendet werden. Um Mißverständnisse zu vermeiden, werden die jeweiligen Bodentypen (in Klammern) auch nach Kartieranleitung der AG BODENKUNDE (1982) benannt. Die Horizontbenennung erfolgte, ebenfalls zur besseren Darstellung der Genese nach der Kartieranleitung der AG BODENKUNDE (1982). Der Bodenwasserhaushalt (standortkundliche Feuchtestufe nach W.MÜLLER) wird nach der Kartieranleitung der AG BODENKUNDE (1982:148ff,270ff) im Gelände geschätzt.

Die Vegetation wird in erster Linie nach physiognomischen Gesichtspunkten unterschieden und in einzelne Formationen bzw. Subformationen unterteilt (vergl. ELLENBERG & MÜLLER-DOMBOIS 1966; VARESCHI 1980:101ff; EHRENDORFER 1983:954ff). Nach BEARD (1944:131) erfüllt die physiognomische Klassifikation alle essentiellen Forderungen für die Arbeit mit tropischen Vegetationsformationen. Vor allem weil sie auch im Gelände exakt nachvollziehbar ist und genau mathematisch definiert werden kann. In der Praxis hat sich dies in der Folge als sinnvoll und weitgehend ausreichend erwiesen (vergl. z.B. VARESCHI 1980:9ff). Grundlage war dabei die Nomenklatur und Gliederung der bundesweiten Kartierung des PROJETO RADAMBRASIL (zuletzt MAGNAGO et al. 1983:587ff). Zur besseren Unterscheidung ökologischer Zusammenhänge wurde diese Differenzierung nach EITEN (1972:206ff), RIBEIRO et al. (1983) und SILVA & LOPES (1984) etwas erweitert. Die genaue Differenzierung der Vegetation wird in Kap. 6.2 beschrieben. Da weite Teile der Vegetation, sowohl des Cerrado als auch der Wälder, noch unbekannt sind, und wegen der Vielzahl der schon bekannten Arten (allein für den Cerrado kennt man bisher über 750 Baumarten; Gräser und Kräuter wurden bisher noch so gut wie nicht erfaßt) und deren fehlende Systematisierung werden keine detaillierten pflanzensoziologischen Aufnahmen durchgeführt. Es werden nur Pflanzen berücksichtigt, deren ökologische Bedeutung bekannt ist bzw. solche, die offensichtlich nur an bestimmten Standorten häufig auftreten (s. Tab. 3 - 8). Eine

Übersicht über die wichtigsten Pflanzen des Cerrado geben z.B. EITEN (1962), RIZZINI (1962), FERRI (1980:59ff), SARMIENTO (1983:250f).

Im Labor wurden folgende Untersuchungen durchgeführt:

1. Bestimmung der Bodenfarbe in feuchtem und trockenem Zustand mittels der MUNSELL SOIL COLOR CHARTS (1975).

2. Korngrößenanalyse: Nach Humuszerstörung (die Kalkzerstörung konnte aufgrund fehlender Karbonate entfallen) wurden die Proben mit 0,4 N $Na_4P_2O_7$ dispergiert. Die Kornfraktionen wurden durch Naßsiebung und Pipettmethode nach KÖHN, gemäß DIN 19683, Teil 1 & 2 (1973), getrennt.

3. Schwermineralanalyse: Aus den in 25 ml 0,1 N $Na_4P_2O_7$ eine Stunde geschüttelten Proben wurde durch Naßsiebung die Feinsandfraktion gewonnen, anschließend 30 Minuten in 100 ml 2 N $Na_2S_2O_4$ gekocht, und die Schwerminerale durch zentrifugieren (3 min bei 3000 U/min) in Bromoform abgetrennt. Die Schwerminerale wurden in ein von MERCK hergestelltes Einbettungsmittel Nr. 23 (n_d = 1,67) als Streupräparat unter dem Polarisationsmikroskop bestimmt. Um eine repräsentative Verteilung der Schwerminerale zu erhalten, wurden 200 durchsichtige Minerale ausgezählt (bei einigen Präparaten wurde diese Zahl aufgrund geringer Schwermineralgehalte und hoher Gehalte an opaken Mineralen jedoch nicht erreicht. Dann wurden nur 100 durchsichtige Minerale ausgezählt, diese Menge ist nach BOENIGK (1983:36) ebenfalls ausreichend).

4. pH-Bestimmung: durch elektrometrische Messung in 0,1 N KCl, nach DIN 19684, Teil 1 (1977).

5. Bestimmung der organischen Substanz: durch nasse Veraschung der organischen Substanz und photometrische Messung der Cr^{3+}-Ionen im Spektralphotometer C21 Spectronic von BAUSCH & LOMB, nach der Methode von RIEHM & ULRICH (1954:173ff).

6. Bestimmung des Stickstoffes: mit dem Aufschlußapparat BÜCHI 430 und Destillationsapparat BÜCHI 320, nach DIN 19684, Blatt 34 (1977).

7. Bestimmung des oxalatlöslichen Eisens: Messung mit dem AAS 2380 Perkin & Elmer, nach DIN 19684, Teil 6 (1977).

8. Bestimmung des dithionitlöslichen Eisens: Messung mit dem AAS 2380 Perkin &

Elmer, nach MEHRA & JACKSON (1960).

9. Bestimmung des Gesamteisens: Aufschluß mit Flußsäure-Perchlorsäure und Messung mit dem AAS 2380 Perkin & Elmer, nach HERRMANN (1975).

10. Bestimmung der Austauschkapazität und austauschbaren Kationen: durch Titration bei pH 8,1 und Messung der austauschbaren Basen im AAS 2380 Perkin & Elmer, nach MEHLICH (DIN 19684, Teil 8, 1977). Zur Bestimmung der effektiven Austauschkapazität wurde das austauschbare Al mit 0,2 N $BaCl_2$ extrahiert.

11. Bestimmung des SiO_2: Aufschluß mit Kaliumhydroxid, Ausfällung des K_2SiF_6 (Kaliumhexafluorosilikat) mit Natriumfluorid und Titration mit 0,1 N Natriumhydroxid-Lösung, nach HERRMANN (1975).

12. Bestimmung des Al_2O_3: Aufschluß mit Flußsäure-Perchlorsäure und Titration mit 0,1 M ÄDTA-Lösung, nach HERRMANN (1975).

Die Korrelationskoeffizienten und Regressionsgeraden wurden nach der folgenden Formel berechnet (nach SACHS 1974:306ff):

$$r = \frac{\Sigma xy - \frac{\Sigma x * \Sigma y}{n}}{\sqrt{\left(\Sigma x^2 - \frac{(\Sigma x)^2}{n}\right) * \left(\Sigma y^2 - \frac{(\Sigma y)^2}{n}\right)}} \qquad \hat{y} = a_{xy} + b_{xy} x$$

$$b_{yx} = \frac{n\, \Sigma xy - \Sigma x \Sigma y}{n\, \Sigma x^2 - (\Sigma x)^2}$$

$$a_{yx} = \frac{\Sigma y - b_{yx} \Sigma x}{n}$$

Die Prüfung des Korrelationskoeffizienten auf Signifikanz gegen 0 (zweiseitiger Test) erfolgte mit Hilfe der Tabelle von SACHS (1974:330).

Verzeichnis der Abkürzungen und Erläuterungen zu den Abbildungen

Vegetation,　　　　　　　　　　　　　　　　　　　Böden,
oberste Zeile der Abbildungen:　　　　　　　　　2. Zeile der Abbildungen:

S	Savanne, Cerrado		F	Ferralsol
Sd	dichte Baumsavanne, Cerradão		A	Acrisol
Sa	offene Baumsavanne, Cerrado		B	Cambisol
Sp	Parksavanne, Campo Cerrado		U	Ranker
Spg	Park-Grassavanne, Campo Sujo		I	Lithosol
Sg	Grassavanne, Campo Limpo		Q	Arenosol
Sr	saisonale Savanne, Campo Rupestre		G	Gleysol
Ss	Feuchtwiesen, Vereda		f	ferralic
Fg	Galeriewälder, Mata Cilar		r	rhodic
C	jahreszeitlich laubabwerfende Wälder		x	xanthic
F	halbimmergrüne Wälder		p	plinthic
A	offene, tropische, immergrüne Wälder		g	gleyic
D	geschlossene, tropische, immergrüne Wälder			

Korngrößen:

S	Sand		Su	schluffiger Sand
Sl	lehmiger Sand		Slu	schluffig-lehmiger Sand
Sl2	schwach lehmiger Sand		Sl3	mittel lehmiger Sand
Sl4	stark lehmiger Sand		St	toniger Sand
St2	schwach toniger Sand		St3	mittel toniger Sand
U	Schluff		Us	sandiger Schluff
Ul	lehmiger Schluff		Ul3	mittel lehmiger Schluff
Ut	toniger Schluff		Ut2	schwach toniger Schluff
Ut3	mittel toniger Schluff		Ut4	stark toniger Schluff
Ls	sandiger Lehm		Ls2	schwach sandiger Lehm
Ls3	mittel sandiger Lehm		Ls4	stark sandiger Lehm
Lu	schluffiger Lehm		Lt	toniger Lehm
Lt2	schwach toniger Lehm		Lt3	mittel toniger Lehm
Ltu	schluffig-toniger Lehm		Lts	sandig-toniger Lehm
T	Ton		Ts	sandiger Ton
Ts2	schwach sandiger Ton		Ts3	mittel sandiger Ton
Ts4	stark sandiger Ton		Tl	lehmiger Ton

3 Die Untersuchungsgebiete

Das gesamte untersuchte Gebiet läßt sich in zwei Großräume unterteilen, die sich durch unterschiedliche Vegetationsformen auszeichnen. Zum einen der zentrale Westen mit vorherrschender Savannenvegetation und zum anderen der Nordwesten mit überwiegender Waldvegetation, die schon Teil der amazonischen Hyläa ist. Das gesamte Gebiet gehört zum Bereich des Brasilianischen Schildes, mit Ausnahme der Region um Rio Branco (Acre) und Humaitá (Amazonas), die schon Teil des Amazonasbeckens sind.

Die Region um Brasília und Goiânia ist das geographische Zentrum Brasiliens, hier liegen die höchsten Erhebungen Zentralbrasiliens, präkambrische Gesteine bilden den geologischen Untergrund, das Relief wird von weiten Hochflächen, oft über 1.000 m, charakterisiert. Über weite Strecken dominiert der Cerrado das Bild der Landschaft, die in der Umgebung von Goiânia in laubabwerfende Wälder übergeht, den sogenannten Mato Grosso de Goiás.

Weite Ebenen, angelegt in jurassisch-kretazischen Basaltdecken, überragt von einzelnen Inselbergen aus kretazischen Sandsteinen, mit ausgedehnten Savannen, charakterisieren die Region um Rio Verde (Goiás). Sie gehört zum nördlichsten Bereich des Paraná-Beckens, mit 17°45´ S ist es auch das südlichste der untersuchten Gebiete.

Der Rio Araguaia bildet die Grenze zwischen den Bundesstaaten Goiás und Mato Grosso, die nördlich von Alto Araguaia mit der gesetzlich festgelegten Grenze von Amazonien übereinstimmt (nach dem Gesetz Nr. 5.173 vom 27.Okt.1966 und Artikel 45 des Ergänzungsgesetzes Nr. 31 vom 11.Okt.1977). Weite Sandsteinflächen über paläozoischen Gesteinen mit schütterer Cerradovegetation beherrschen hier das Landschaftsbild.

Im Bereich der Schichtstufenlandschaft der Chapada dos Parecis (Rondônia), die aus paläozoischen und mesozoischen Sandsteindecken besteht, gehen die Savannen dann zunehmend in Regenwälder über.

Regenwälder sind auch der bestimmende Vegetationstyp in dem Gebiet um Porto Velho (Rondônia). Geologisch haben wir hier die gleiche Situation wie im Gebiet um Goiânia. Auch das Relief ist ähnlich, weite Ebenen, von einzelnen Kuppen überragt, überwiegen. Allerdings werden hier nur Höhen von 150 m ü.M. erreicht.

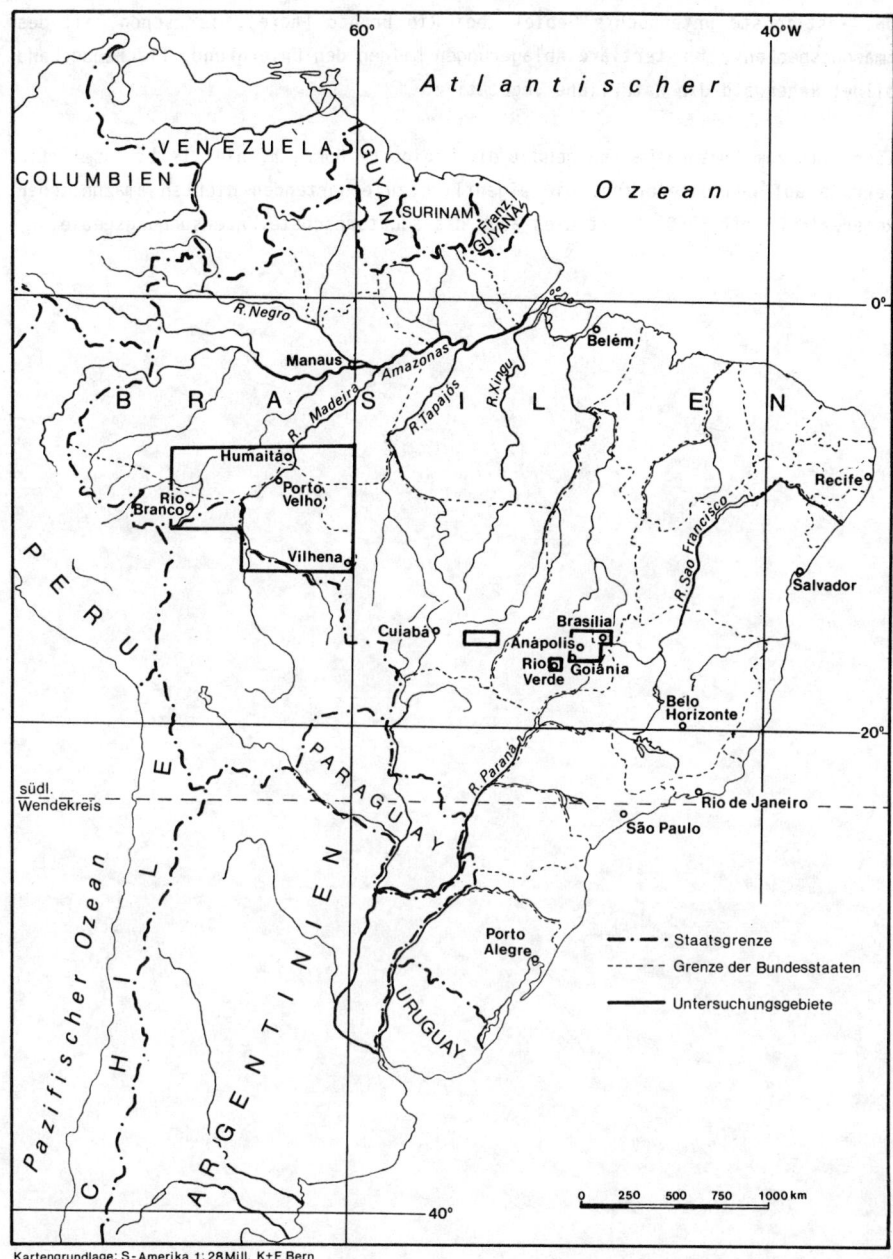

Abb. 1   Übersichtskarte von Brasilien mit Lage der Untersuchungsgebiete

Das westlichste untersuchte Gebiet, bei Rio Branco (Acre), ist schon Teil des Amazonasbeckens, jungtertiäre Ablagerungen bilden den Untergrund, flächendeckend bildet Regenwald die natürliche Vegetation.

Ebenfalls zum Amazonasbecken gehört die Region um Humaitá, hier tritt inselartig Cerrado auf und unterbricht die eigentlich zu erwartenden dichten amazonischen Regenwälder, mit 7°50´ S ist dies auch das äquatornächste Untersuchungsgebiet.

4 Geologie

4.1 Überblick über die geologische Entwicklung Brasiliens

Der südamerikanische Kontinent wird durch drei tektonische Großregionen bestimmt, von dem gefalteten Kordillierengürtel, den Platten Sul-Americana und Patagônica. Brasilien liegt völlig auf der Sul-Americana-Platte. Das präkambrische Grundgebirge wird durch phanerozoische Becken in drei Teile gegliedert, den Guayana-Schild, den Zentralbrasilianischen Schild und den Atlantischen Schild (ALMEIDA et al. 1976; SCHOBBENHAUS et al. 1984:9ff). Der Sockel der Sul-Americana-Platte wird in erster Linie von Amphiboliten, hellen Gneisen und Graniten archaischen Alters aufgebaut, damit vergesellschaftet sind Gesteine proterozoischen Alters, meist gefaltete Schiefer, Sedimentdecken, verschiedene Granite und wenig oder gar nicht metamorphisierte Vulkanite. Die Gesteine des präkambrischen Sockels durchliefen zahlreiche orogenetische Zyklen und Ereignisse und thermotektonische und/oder tektono-magmatische Episoden. Die wichtigsten Zyklen sind: Jequié oder Aronese (2.600 - 2.700 M.A.), Transamazônico (ca. 2.000 M.A.) und Brasiliano (450 - 700 M.A.), daneben gab es noch einige von nur regionaler und lokaler Bedeutung (SCHOBBENHAUS et al. 1984:9f; vergl. ZEIL 1986:34). Die Sul-Americana-Platte wird in zwei Kratone Prä-Brasiliano unterteilt, den Kraton Amazônico und den Kraton São Francisco (SCHOBBENHAUS et al. 1984:11). Der Faltungsgrad der proterozoischen Gesteine hängt davon ab, ob sie auf oder im Randbereich dieser Kratone abgelagert wurden (SCHOBBENHAUS et al. 1984:21ff). Zum Ende des Proterozoikums war die Entwicklung der Sul-Americana-Platte abgeschlossen.

Ab dem Ordovicium-Silur entwickelten sich auf dem stabilen Sockel verschiedene Sedimentdecken, die vor allem die drei großen intrakratonischen Becken, Amazonas, Paranaiba und Paraná, auffüllten. Nach BEURLEN (1970:20ff) sank der gesamte brasilianische Block vom Devon bis ins jüngere Paläozoikum langsam aber ständig ab. Neben den Becken wurden auch weite Teile des heute entblößten Grundgebirges überdeckt. Das heutige Bild ist eine sekundäre, spätere Erscheinung. Sedimentmächtigkeiten von 5.000 m werden erreicht. Vor allem handelt es sich um Sandsteine, quarzitische Sandsteine, Siltite und Tonsteine, die sich sehr ähneln (SCHOBBENHAUS et al. 1984:33). Neben den drei bekannten großen Becken entwickelte sich ein neues, das Becken Parecis-Alto Xingu. Im Paläozoikum kam es zu mehreren Meerestransgressionen in die Becken. Mit diesen Meerestransgressionen hängt wahrscheinlich auch die Ablagerung der Sandsteine der Formationen Ponta

Grossa und Pimenta Bueno im Bereich des Parecis-Alto Xingu Beckens, deren Einordnung noch nicht geklärt ist, zusammen. Im Perm beginnt dann die kontinentale Sedimentationsphase, hierhin gehören z.B. die Sandsteine, Siltite und Tonsteine der Formationen Aquidauana und Parecis im Becken von Parecis-Alto Xingu (SCHOBBENHAUS et al. 1984:35ff).

Gegen Ende des Jura kam es zu einer erneuten tektonischen Reaktivierung, dem Sul-Atlantiano (SCHOBBENHAUS et al. 1984:38). In früheren Veröffentlichungen wurde diese Phase als Reaktivierung Wealdeniana bezeichnet (z.B. ALMEIDA 1967). Diese erneute tektonische Bewegung ist die Begleiterscheinung des geotektonischen Ereignisses der Öffnung und Erweiterung der südatlantischen Spalte. Sie äußerte sich in kleinräumig differenzierten Schollenbewegungen germanotypen Charakters (BEURLEN 1970:20ff; ALMEIDA 1967:25), verbunden mit einer starken vulkanischen Aktivität, vor allem großflächigen Basaltergüssen. Es entstanden unter anderem die Becken des Pantanal und des Bananal. Dieses Ereignis dauerte zumindest bis zum Miozän an (SCHOBBENHAUS et al. 1984:38), nach ALMEIDA (1967:25) und BEURLEN (1970:20ff) dauerte es bis ins Quartär hinein an, verbunden mit einer fortgesetzten Erweiterung des südatlantischen Ozeans und der Auffaltung der Anden. Hier erfolgte auch die Anlage des heutigen Gewässernetzes und der geomorphologischen Großeinheiten (ALMEIDA 1956). Dabei wurde die gesamte Sul-Americana-Platte seit der Kreide fortgesetzt herausgehoben (BARBOSA 1965). In den Becken kam es seit Beginn der Kreide zu Meerestransgressionen, in weiten Teilen dominierten aber kontinentale Sedimentationsbedingungen.

Im Jungtertiär und Quartär wurden vor allem die jungen Becken, Pantanal und Bananal, sowie das Amazonasbecken, das infolge der Auffaltung der Anden in den Atlantik umgeleitet wurde (GUIMARÃES 1971), mit Sedimenten verfüllt. Die Datierung der einzelnen Sedimente wirft dabei allerdings Schwierigkeiten auf und ist nicht einheitlich (vergl. z.B. LEAL et al. 1978; SCHOBBENHAUS et al. 1984). Neben in erster Linie fluvialen Ablagerungen erwähnen SCHOBBENHAUS et al. (1984:45) auch großflächige äolische quartäre Sedimente im Bereich des Rio São Francisco (Bahia). Daneben bildeten sich im Tertiär und Altquartär mächtige eluviale Decken, die genetisch mit den einzelnen Flächenbildungszyklen korreliert werden. Es handelt sich dabei meist um siltitisch-tonige Residuen.

4.2 Die präkambrischen Gesteine

Die ältesten Schichten, die im Untersuchungsgebiet von Bedeutung sind, stammen aus dem Archaikum. Es handelt sich um den Complexo Granito-Gnáisico (Granite,

Gneise, Migmatite, Anorthosite) und den Complexo Anapolis-Itauçu (mafische und ultramafische Granulite) im Gebiet zwischen Brasîlia und Goiânia, und in Rondônia den Complexo Xingu (Granite, Gneise, Migmatite, Amphibolite, Granulite, Diorite) sowie Gesteine der Einheit APi (N.N.), die den Übergang zum Proterozoikum repräsentieren (SCHOBBENHAUS et al. 1984).

Das Mittlere Proterozoikum beginnt in Zentralbrasilien mit dem Grupo Araxá (Quarzite, Glimmerschiefer, Schiefer, Marmor, Kalkschiefer, Amphibolite, Gneise), darüber liegt diskordant der Grupo Canastra (Quarzite, Phyllite, Schiefer, Grünschiefer, Meta-Arkosen, Meta-Grauwacken, Meta-Konglomerate, Kalkschiefer, basische und intermediäre Vulkanite), in jüngster Zeit wird sie vielfach als Formation des Grupo Araxá gesehen (SCHOBBENHAUS et al. 1984:269). FERNANDES et al. (1982) und IANHEZ et al. (1983) weisen diese Gruppe nicht aus. Von flächenhafter Bedeutung sind noch die Gesteine des Grupo Paranoâ (Quarzite, Dolomite, Sandsteine, Konglomerate) auch ihre Stellung war lange umstritten, inzwischen wird sie zwischen dem Grupo Bambuî und dem Grupo Araî gestellt (FERNANDES et al. 1982:116ff).

Von geomorphologischer Bedeutung in Rondônia sind vor allem die Arkosen, Sandsteine, Siltite und Konglomerate der Formação Palmeiral (Mittleres Proterozoikum) und die Granite Rondônia (Mittleres-Oberes Proterozoikum). Diese Einheiten (nach SCHOBBENHAUS et al. 1984) entsprechen wohl dem Grupo Beneficente und den Granitos Rondônianos von LEAL et al. (1978).

4.3 Die paläozoischen Gesteine

Am Nordost-Rand des Paraná-Beckens tritt die im Devon unter marinen Bedingungen abgelagerte Formação Ponta Grossa, die einen oberen Abschnitt des Grupo Paraná darstellt, landschaftlich in Erscheinung. Sie besteht aus Siltiten, feinen Sandsteinen und Tonsteinen, mit Lagen aus Quarzschottern mit bis zu 5 m Mächtigkeit (vergl. IANHEZ et al. 1983:171ff; SCHOBBENHAUS et al. 1984:342).

Zeugen der kontinentalen Sedimentationsphase, die mit dem Perm begann, sind die Sandsteine, Siltite, Arkosen, Konglomerate und Tillite der Formação Aquidauana (Karbon-Perm), sie treten an der Westflanke des Paraná-Beckens in Erscheinung. Sie liegt diskordant auf den Gesteinen des Complexo Goiano (dieser dürfte dem o.g. Complexo Granito-Gnáisico von SCHOBBENHAUS et al. 1984 entsprechen) oder des Grupo Araxá auf (IANHEZ et al. 1983:182). Das Sandsteinpaket kann Mächtigkeiten bis 1.165 m erreichen (SCHOBBENHAUS et al. 1984:342f).

In Mato-Grosso und Goiás folgt über der Formação Aquidauana der obere Abschnitt des Grupo Guatá, die Formação Palermo (Perm). Sie wird in erster Linie aus Siltiten aufgebaut, enthält aber auch Sandsteine und Kohle (IANHEZ et al. 1983:188ff; SCHOBBENHAUS et al. 1984:343f). LEAL et al. (1978:11ff) und SANTOS et al. (1979:51ff) stufen auch die Sandsteine der Fazenda Casa Branca ins Karbon-Perm. Sie treten am Nordrand der Chapada dos Parecis zutage und liegen hier diskordant auf dem Complexo Xingu. SCHOBBENHAUS et al. (1984:119f) sehen diese zeitliche Einstufung aber nicht als abgesichert an. Aufgrund der Heterogenität der Gesteine vermuten sie, daß auch mesozoische Schichten mit eingeschlossen wurden.

4.4 Die mesozoischen Sedimentdecken

Über den Sandsteinen der Fazenda Casa Branca treten nach SANTOS et al. (1979:54f,62) kleinräumig triassische Sandsteine der Formação Botucatu (?) zutage. Es werden äolische Ablagerungsbedingungen angenommen. SCHOBBENHAUS et al. (1984:119f) nimmt diese Schicht ebenfalls ins ungegliederte Paläozoikum-Mesozoikum auf.

Den Abschluß der Chapada dos Parecis bilden die Sandsteine der Formação Parecis. Die Ablagerungsbedingungen werden verschieden interpretiert, es handelt sich aber auf jeden Fall um kontinentale Sedimentationsbedingungen in der Kreide, ob nun fluvialer oder äolischer Natur (vergl. SANTOS et al. 1979:59ff, SCHOBBENHAUS et al. 1984:122f), ist nach wie vor ungeklärt.

Ein Großteil des Paraná-Beckens wird von den jurassisch-kretazischen basischen Basaltdecken der Formação Serra Geral eingenommen, sie erreichen Mächtigkeiten von über 1.000 m, teilweise über 1.500 m (SCHOBBENHAUS et al. 1984:347ff). Diese Ergußdecken liegen diskordant auf den Gesteinen des Complexo Goiano oder des Grupo Araxá (IANHEZ et al. 1983:215).

In der Gegend von Rio Verde werden die Basaltdecken von karbonathaltigen Sandsteinen der Formação Marîlia überlagert, sie stellen den oberen Abschnitt des Grupo Bauru dar. Meist treten sie als Tafelberge in Erscheinung, IANHEZ et al. (1983:244) sehen in ihnen Reste der Sul-Americana-Fläche. Die Ablagerungsbedingungen waren fluvial oder limnisch (SCHOBBENHAUS et al. 1984:349).

In den Basaltdecken sind stellenweise Plutonite des Grupo Iporá aufgedrungen, diese Intrusivkörper überragen oft als flache Kuppen die Basaltebenen. K-

Ar-Datierungen ergeben ein Alter von 90 - 70 M.A. (Oberkreide)(IANHEZ et al. 1983:248ff).

4.5 Die tertiären Lockergesteine

Die "Coberturas Detrito-Lateriticas" kann man grundsätzlich in zwei verschiedene Typen unterteilen, zum ersten eluviale Ablagerungen und zum zweiten kolluviale-alluviale Ablagerungen. Bei dem ersten handelt es sich dabei um oft lateritische Verwitterungsrückstände der Flächenbildung. Teilweise treten auch Lateritkrusten auf. Bei dem zweiten sind es lateritische Konkretionen, die oft in einer Matrix aus meist sandigem Feinmaterial eingebettet sind (z.B. FERNANDES 1982:139; IANHEZ 1983:262ff).

Weite Verbreitung hat im Westen des Amazonas-Beckens die Formação Solimões. Es handelt sich dabei in erster Linie um rote tonige Ablagerungen aus dem Tertiär (SCHOBBENHAUS et al. 1984:85f). SILVA et al. (1976) datiert sie in das Plio-Pleistozän. LEAL et al. (1978:112) sehen in ihnen Ablagerungen post-andinen Alters, was dem Zeitintervall Oberes Mio-, Mittleres Pliozän entsprechen würde.

4.6 Die quartären Sedimente

Quartäre Sedimente spielen vor allem beim Aufbau des Amazonas-Becken, aber auch in den Becken vom Pantanal und Bananal eine großräumige Rolle. Am weitesten verbreitet sind die sandigen und tonigen Sedimente der Formação Içá, sie liegt diskordant auf den Sedimenten der Formação Solimões, die in erster Linie aus Sanden mit grauen Ton- und Torflagen besteht. Für sie wird plio-pleistozänes oder pleistozänes Alter angenommen (SCHOBBENHAUS et al. 1984:87). Eine weitere Untergliederung des brasilianischen Pleistozäns fehlt bisher. Daneben werden im engeren Bereich der Flüsse noch jungpleistozäne und holozäne Sedimente ausgewiesen.

5 Die känozoische Klimafluktuation und ihre Bedeutung für die Landschaftsentwicklung

5.1 Das Tertiär-Klima

Die tertiäre Klimaentwicklung der Tropen ist bisher noch recht wenig erforscht. Meist wird aufgrund geomorphologischer Formen auf das Klima zu deren Entstehungszeit geschlossen (z.B. BARBOSA 1965; PENTEADO 1976; KUX et al. 1979:149f). Auf die Schwierigkeiten, die dabei auftreten, wird später genauer eingegangen. Hier soll zunächst einmal der aktuelle Kenntnisstand über die tertiäre Klimaentwicklung aufgrund paläoklimatologischer und paläobiologischer Befunde zusammenfassend wiedergegeben werden.

Im Alttertiär hatten die tropischen Regenwälder ihre größte Ausdehnung erreicht. Im Eozän erstreckten sie sich über ein Gebiet, das etwa doppelt so groß war wie heute, bis weit in den Süden des südamerikanischen Kontinentes (WOLFE 1971; LANGENHEIM et al. 1973:29; vergl. dazu auch SCHWARZBACH 1974; KEMP 1978; MEIJER 1982; EHRENDORFER 1983:1007ff).

Ab dem Neogen prägten dann Trockenklimate die ökologische Entwicklung des tropischen Südamerikas (LANGENHEIM et al. 1973:29; OCHSENIUS 1982:76). Damit verbunden war eine Temperaturabnahme (SAVIN et al. 1975). Die Regenwälder waren in ihrer Ausdehnung in Amazonien stark reduziert (LANGENHEIM et al. 1973:29) und weit nach Norden verlagert. Die jungtertiäre Vertebratenfauna des Amazonasgebietes deutet ebenfalls auf eine extensive Savannenlandschaft hin (OCHSENIUS 1982:298). Im Miozän-Pliozän, also zeitgleich mit dem Zusammenschrumpfen und Nordwärtswandern der Regenwälder, stabilisierte sich der Cerrado im nördlichen Südamerika (HAMMEN 1982, 1983). Im Nordosten Brasiliens bildete sich das bis heute weitgehend stabile Biom der Caatingas (OCHSENIUS 1982:77) unter semiariden Klimabedingungen, die im weiteren Verlauf des Känozoikums nur noch geringfügig oszillierten (CAILLEUX & TRICART 1962).

Diese deutliche Asymmetrie der Klimazonen wird erst verständlich, wenn man die neueren Erkenntnisse über die Klimageschichte des Känozoikums betrachtet. Im Mezozoikum und Alttertiär waren beide Pole eisfrei. Da somit die Temperaturunterschiede zwischen den hohen und den niedrigen Breiten wesentlich schwächer waren, resultierte daraus eine verhältnismäßig schwache atmosphärische Zirkulation, mit einer weiten HADLEY-Zelle, die bis 50-60° reichte (FLOHN 1985:174). Im Oligozän kam es mit einer markanten Kälteperiode zu einer Zäsur in der bisherigen Klimakonstanz, der Aufbau des antarktischen Festlandeises hatte begonnen. Bis zum Miozän war dann die Bildung des Eisschildes abgeschlossen und erreichte gegen Ende des Miozäns (9 M.A.) seine größte Ausdehnung, mit ca. 50% mehr Eisvolumen als heute, während die gesamte Arktis noch völlig eisfrei war. Dadurch konnte antarktisches Oberflächenwasser sich weit nach Norden ausbreiten, verbunden mit einem glazial-eustatischen Absinken des Meeresspiegels um 40-50 m (FLOHN 1985:176). Eine Verlagerung der Innertropischen Konvergenz in Bereiche von 9-12° nördlicher Breite war die Folge, der tropische Regengürtel blieb auch im Sommer auf die Nordhalbkugel beschränkt, verbunden mit der Ausbildung weiter arider Gebiete zwischen 0° und 20° S (FLOHN 1985:193).

Faßt man das oben Gesagte zusammen, so muß man das Tertiär in Südamerika in zwei völlig verschiedene Klimaphasen untergliedern. Das Paläogen ist für den Bereich des Untersuchungsgebietes durch tropisch-feuchtes Klima mit Regenwaldvegetation gekennzeichnet. Mit dem Aufbau des antarktischen Festlandeises dominierten dann im Neogen semi-aride und/oder aride Klimate die landschaftliche Entwicklung Zentral- und Nordbrasiliens.

5.2 Das Quartär-Klima

Die klimatische Entwicklung der Tropen im Pleistozän ist gegenwärtig nicht unumstritten. Die früheren Forschungen über das Quartär in den tropischen Gebieten, nicht nur in Südamerika, gehen von einer langen Stabilität der wichtigsten tropischen und subtropischen Biome aus. Die Artenvielfalt der tropischen Fauna und Flora wurde auf eine langandauernde klimatische Stabilität zurückgeführt (vergl. z.B. CORNER 1954; DARLINGTON 1957). In neueren Arbeiten wird aber gerade diese Artenvielfalt als Resultat sich ständig ändernder Umweltbedingungen gesehen (vergl. z.B. HAFFER 1969; VANZOLINI 1973). Vor allem von geomorphologischer Seite werden gegen tiefgreifende Klimaänderungen während des Pleistozäns auch in den Tropen Einwände erhoben. Zahlreiche Geomorphologen sehen in den wechselfeuchten Tropen das Gebiet rezenter Flächenbildung, unter der Annahme einer weitgehenden Klimakonstanz seit dem Tertiär (z.B. WILHELMY 1981:166). Ähnlich zählt BÜDEL (1977, 1981) den größten Teil des Arbeitsgebietes zum "randtropischen Bereich exzessiver Flächenbildung", mit einer weitgehenden klimatischen Stabilität im Quartär (s.a. BREMER 1973). Die klimatischen Einschnitte im Pleistozän werden zumindest als weitaus geringer eingestuft, als deren Auswirkungen in den Außertropen (BREMER 1986:98).

In jüngster Zeit häufen sich die Zeugnisse, die einschneidende Änderungen hin zum semi-ariden und ariden Klima und den korrelativ semi-ariden und ariden Landschaften belegen. Ausgedehnte Aridität im Bereich der Tropen scheint mit den Maxima der Eis- und Schneebedeckung in den Ektropen übereinzustimmen (vergl. z.B. STREET 1981:178). Dies würde aber eine deutliche Instabilität der gesamten Landschaft bedeuten und gleichzeitig den Einfluß rezenter Bedingungen auf das Landschaftsgefüge entscheidend verringern, da somit doch eine weitreichende Fluktuation aller landschaftsbildenden Faktoren, wie Geomorphodynamik, Bodendynamik, Vegetation und Fauna, angenommen werden muß.

Einer der wichtigsten Belege von geomorphologischer Seite ist die weite Verbreitung von Steinpflastern und Sedimentdecken in weiten Teilen des wechselfeucht tropischen und subtropischen Bereiches Brasiliens (z.B. VINCENT 1966; MOUSINHO DE MEIS 1971; TRICART 1972:247f.; ZONNEVELD 1975; STOCKING 1978; SEMMEL & ROHDENBURG 1979; AB'SABER 1969a,b,d,g, 1977, 1982; BIGARELLA & ANDRADE-LIMA 1982; QUEIROZ NETO 1982; ROHDENBURG 1970a&b, 1982, 1983; SEMMEL 1978, 1982a, 1983:98ff). BIBUS (1982a; 1983a) beschreibt solche Sedimente auch im immerfeucht tropischen Bereich (s.a. MOUSINHO DE MEIS 1971).

Ein weiteres Indiz ist die weite Verbreitung fossiler Dünen im Amazonasgebiet. ROA (1979) beschreibt quartäre Dünen im Orinokogebiet Venezuelas. Neben würmzeitlichen Dünen aus dem Orinokogebiet führt TRICART (1979) noch Beispiele aus den Gebieten südlich von Boa Vista (Roraima) und Xique-Xique (Bahia) auf. Auf ein weites Dünenfeld aus dem Wisconsin im Bereich des Rio São Francisco (Bahia) beziehen sich ebenfalls zahlreiche Autoren (PORTO-DOMINGUEZ 1953; TRICART 1974; AB'SABER 1977). PEIXOTO DE MELO et al. (1978) erwähnen fossile Dünen im Gebiet des Rio dos Marmelos (Amazonas, Rondônia). OCHSENIUS (1982:70) weist ebenfalls Dünenfelder für das Innere Amazoniens, die Region Obidos-Santarém (Pará), und den Bereich der Amazonasmündung, auf und vor der Ilha do Marajó (Pará), aus.

DAMUTH & FAIRBRIDGE (1970) zeichnen anhand sedimentologischer Untersuchungen im kontinentalen Schelfbereich des Atlantiks ein Bild verschiedener Phasen der Aridität und Semiaridität, die zeitlich mit dem letzten Glazial und der damit verbundenen glazial-eustatischen Meeresspiegelregression korrelieren.

KLAMMER (1982) beschäftigte sich mit fossilen Dünen im Pantanal (Mato Grosso), folgert daraus aber keine einschneidenden, pleistozänen Klimaschwankungen, sondern sieht sie, unterstützt von Knochenfunden, als posttertiär - präquartären Alters an. Haupteinwand gegen einschneidende, quartäre Klimaschwankungen sind dabei Überlegungen zur atmosphärischen Zirkulation und zur möglichen Temperaturerniedrigung, die nur 2 - 3° C betragen haben soll. Danach wären Klimaschwankungen ausreichenden Ausmaßes zur Änderung der geomorphologischen Prozesse auszuschließen.

Belege für weitreichende Klimaschwankungen hin zu ariderem Klima für den tropischen Bereich Brasiliens werden auch von botanischer Seite angeführt. HAMMEN (1972) kommt aufgrund der Untersuchung fossiler Pollenprofile im Gebiet von Porto Velho (Rondônia) zu dem Schluß, daß der Regenwald hier zur Zeit des Glazialhochstandes von offenen Savannen verdrängt war (s.a. WIJMSTRA & HAMMEN 1966; HAMMEN 1979). HUBER (1979, 1982) sieht in den Savannenenklaven im venezuelanischen Amazonasgebiet Refugien präquartären und pleistozänen/postglazialen Ursprungs (vergl. dazu z.B. PRANCE 1973, 1982; ANDRADE-LIMA 1982; BUCHER 1982; GENTRY 1982; GRAHAM 1982; GRANVILLE 1982; SALGADO-LABOURIAU 1982; STEYERMARK 1982; TOLEDO 1982). RIEZEBOS (1984) sieht aber einen Vegetationswechsel von Regenwald zu Savanne und umgekehrt nicht notwendigerweise als klimatisch bedingt an.

Zu ähnlichen Ergebnissen kommen zahlreiche Untersuchungen zur Paläozoologie. HAFFER (1971, 1982) und PEARSON (1982) erklären die Artenentstehung und Artenverteilung der amazonischen Vogelwelt durch quartäre Klimaschwankungen. VANZOLINI (1962, vergl. 1973) zieht aus der Verbreitung von Eidechsen die gleichen Schlüsse. Zahlreiche neuere Untersuchungen verschiedener Tierarten sprechen alle für eine pleistozäne Reduktion der Wälder (vergl. z.B. MÜLLER 1972, 1973; BROWN & BENSON 1977; SIMPSON & HAFFER 1978; BROWN 1982; DUELLMAN 1982; ERWIN & ADIS 1982; HEYER & MAXSON 1982; KINZEY 1982; TURNER 1982).

Auch von archäologischer und anthropologischer Seite werden die Besiedlung Südamerikas durch Indianer und deren Wanderungen mit ariden Phasen im Würm und im Holozän in Verbindung gebracht (SCHMITZ 1980; MEGGERS 1982; MIGLIAZZA 1982; SCHMITZ et al. 1982).

Einzig für das Caatinga-Biom im Nordosten Brasiliens können solche weitreichenden Klimaschwankungen mit einer totalen Veränderung des Landschaftsbildes ausgeschlossen werden. CAILLEUX & TRICART (1962) erkennen eine weitgehende Fixierung des Trockengürtels während des Känozoikums in diesem Bereich. Die Caatinga bildet für dieses Gebiet die Klimaxvegetation (FERRI 1955) mit einer außerordentlichen Adaptation an Trockenheit mit sehr unregelmäßigen Niederschlägen, Ergebnis einer langen "in situ"-Entwicklung unter Bedingungen, die sich seit dem Miozän nur unwesentlich geändert haben (OCHSENIUS 1982:77). Im

Quartär war es in diesem Gebiet wohl einige Male noch arider, aber nie humider (TRICART 1958), die letzte trockene Periode, in der es zu einer Ausbreitung der ariden Gebiete bis an den inneren Rand des amazonischen Waldkernes kam, kann für das Ende der flandrischen Transgression datiert werden (TRICART 1979).

Auch das weite Gebiet der zentralbrasilianischen Cerrados blieb von den quartären Klimaschwankungen nicht ausgeschlossen. Weite Teile des Gebietes des heutigen Cerrados soll von Caatinga eingenommen worden sein, nur die Cerrados der zentralen Hochflächen widerstanden teilweise den Trockenklimaten (AB´SABER 1977). Dem widerspricht in gewisser Weise OCHSENIUS (1982: 66,77f), der eine starke Ausweitung des Cerrado-Bioms annimmt. Einigkeit herrscht jedoch, daß der Cerrado weite Teile des Amazonasbeckens einnahm und in Verbindung mit den Savannen des nördlichen Südamerikas stand (AB´SABER 1977; OCHSENIUS 1982:78).

Die rezente Säugetierfauna Amazoniens konvergiert mit der des Cerrado und läßt auf eine extensive Savannenlandschaft schließen, so daß die heutigen Regenwaldbereiche relativ jungen Alters sein müssen (OCHSENIUS 1982:298). Das widerspricht der traditionellen Annahme von der Millionen von Jahren dauernden Stabilität der amazonischen Regenwälder (z.B. CORNER 1954). Aufgrund der Zusammensetzung der fossilen Megafauna rekonstruiert OCHSENIUS (1982:294) für das Gebiet des Cerrado eine Landschaft, die von einer sukkulenten Grasschicht und einer Baumschicht geprägt wurde. Ein weiterer Indikator für die Expansion glazialer Aridität ist das Vordringen eines Äquivalentes des asiatischen Kamels von Patagonien in Richtung Amazonas und des Orinoko-Beckens (OCHSENIUS 1982:315).

Wichtig ist noch anzumerken, daß die humiden Phasen der Interglaziale anscheinend wärmer waren als das heutige Klima, da der Meeresspiegel um 10 bis 50 m höher lag als heute (VUILLEMIER 1971).

5.3 Das rezente Klima

Das Klima Zentralbrasiliens wird von drei Aktionszentren beeinflußt, dem südatlantischen Hoch, dem "Chacotief" und den mobilen polaren Antizyklonen. Einen Großteil des Jahres bestimmen NE-Winde aus dem stabilen südatlantischen Hoch das Klima, sie sind warm und trocken. Dieses System wird periodisch durch Einbrüche polarer Luftmassen gestört, deren Einfluß vor allem im Winter stark ist. Aufgrund der geringeren Erwärmung des Kontinentes und der Abschwächung des innerkontinentalen Tiefs können sie weit nach Norden vordringen. Auf ihrem Weg verursachen sie Frontalregen von kurzer Dauer und geringer Intensität, vor allem im Westen und in den Hochlagen des Ostens.

Ab dem Frühjahr bestimmen die NE-Winde aus dem südatlantischen Hoch den Raum. Mit fortschreitender Erwärmung des Kontinents und zunehmender Stärke des "Chacotiefs", abnehmenden Einfluß der polaren Antizyklone und der Verlagerung des tropischen Hochs nach Osten, gewinnen äquatorial-kontinentale W-Winde (feuchtheiß) aus dem Amazonasgebiet an Einfluß. Zum Ende des Herbstes nimmt der Einfluß der W-Winde von E nach W zunehmend ab, und die NE-Winde und das periodische Vordringen der Polarfront bestimmen wieder das Wettergeschehen (PEREIRA & FREITAS 1982).

Zentral- und Nordbrasilien liegen im Bereich der Tropen. Der größte Teil des untersuchten Gebietes gehört zum Bereich des Aw-Klimas (KÖPPEN & GEIGER 1928) bzw. des V2-Klimas (TROLL & PAFFEN 1964), also tropisches, sommerhumides und wintertrockenes Klima mit mindestens 9,5 bis 7 humiden Monaten, die Temperatur des kältesten Monats liegt über 18° C. Im Nordwesten, in Rondônia nördlich von Vilhena, geht es dann in Am-Klima (KÖPPEN & GEIGER 1928) über (MACEDO et al. 1979:169). Af-Klima nach KÖPPEN & GEIGER kommt im Untersuchungsgebiet nicht vor. Die Daten der meisten der aufgeführten Stationen basieren allerdings auf relativ kurzen Beobachtungszeiträumen, und zahlreiche Daten fehlen, daher sollte man vor allem die Wasserhaushaltsdiagramme, die ja für eine ökologische Betrachtungsweise von Bedeutung sind, nicht überinterpretieren. Sie zeigen jedoch, daß auch in den Regenwaldregionen die Böden in den oberen Horizonten austrocknen. Es gibt keine nennenswerten Unterschiede bezüglich des Wasserhaushaltes zwischen z.B. Porto Velho, einer Regenwaldregion, und Vilhena, wo man neben Wäldern auch noch weit verbreitet Savannen findet.

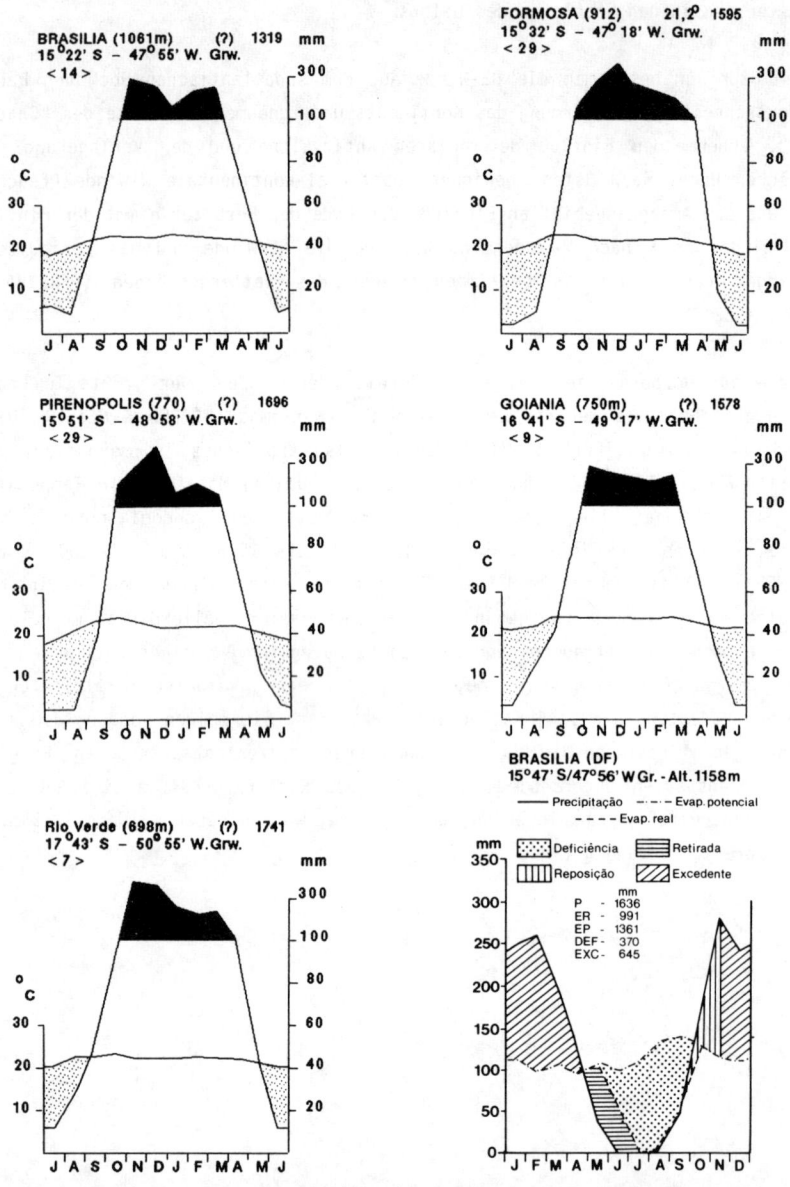

Abb. 2 Klimadiagramme von Brasília (n. DAMBROS et al. 1981:535), Formosa
(n. MÜLLER 1983:247), Pirenópolis (n. DAMBROS et al. 1981:534),
Goiania (n. MAGNAGO et al. 1983:605), Rio Verde (n. MAGNAGO et
al. 1983:605) und Wasserhaushaltsdiagramm von Brasília (n. PEREIRA
& FREITAS 1982:639)

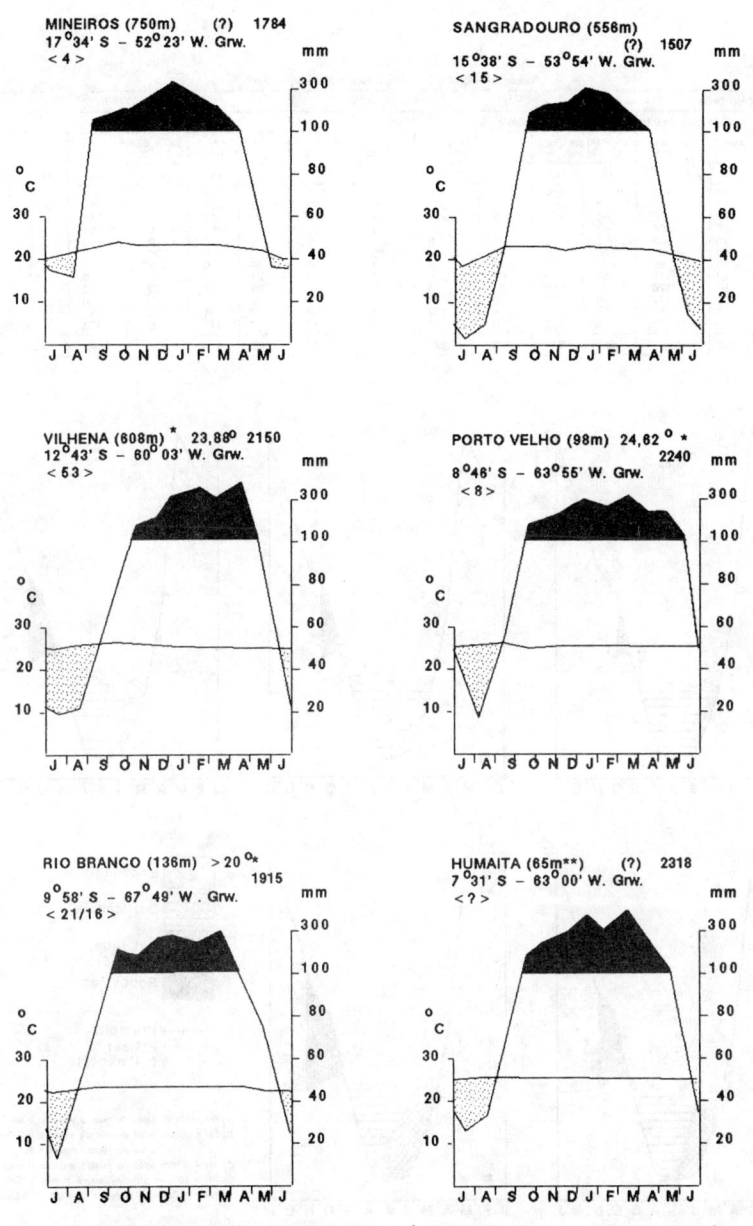

Abb. 3 Klimmadiagramme von Mineiros (n. MAGNAGO et al. 1983:606), Sangradouro (n. DAMBROS et al. 1981:534), Vilhena (n. FONZAR 1979:296), Porto Velho (n. FONZAR 1979:294), Humaitá (n. RIBEIRO 1978:452), Rio Branco (n. FONSECA et al. 1976:343)

Balanço Hídrico Segundo Thornthwaite & Mather (1955)

Estação: VILHENA (RO)			Lat.: 12°43'S				Long. 60°03'WGr.				
Meses	mm	Textura do solo	Arenosa				Média		Argilosa		
		Profundid. R.H.	60 cm 30 mm		120 cm 50 mm		60 cm 50 mm	120 cm 100 mm	60 cm 70 mm		120 cm 150 mm	
	Precip.	E.P. mm	Def.	Exc.	Def.	Exc.	Def. Exc.	Def. Exc.	Def.	Exc.	Def.	Exc.
Janeiro	342	108	0	234	0	234	0 234	0 234	0	234	0	234
Fevereiro	303	96	0	207	0	207	0 207	0 207	0	207	0	207
Março	351	110	0	241	0	241	0 241	0 241	0	241	0	241
Abril	165	104	0	61	0	61	0 61	0 61	0	61	0	61
Maio	73	105	2	0	0	0	0 0	0 0	0	0	0	0
Junho	26	94	68	0	50	0	50 0	0 0	30	0	0	0
Julho	19	98	79	0	79	0	79 0	79 0	79	0	29	0
Agosto	28	115	87	0	87	0	87 0	87 0	87	0	87	0
Setembro	97	120	23	0	23	0	23 0	23 0	23	0	23	0
Outubro	186	127	0	29	0	9	0 9	0 0	0	0	0	0
Novembro	213	111	0	102	0	102	0 102	0 61	0	91	0	11
Dezembro	283	110	0	173	0	173	0 173	0 173	0	173	0	173
ANO	2.086	1.298	259	1.047	239	1.027	239 1.027	189 977	219	1.007	139	927

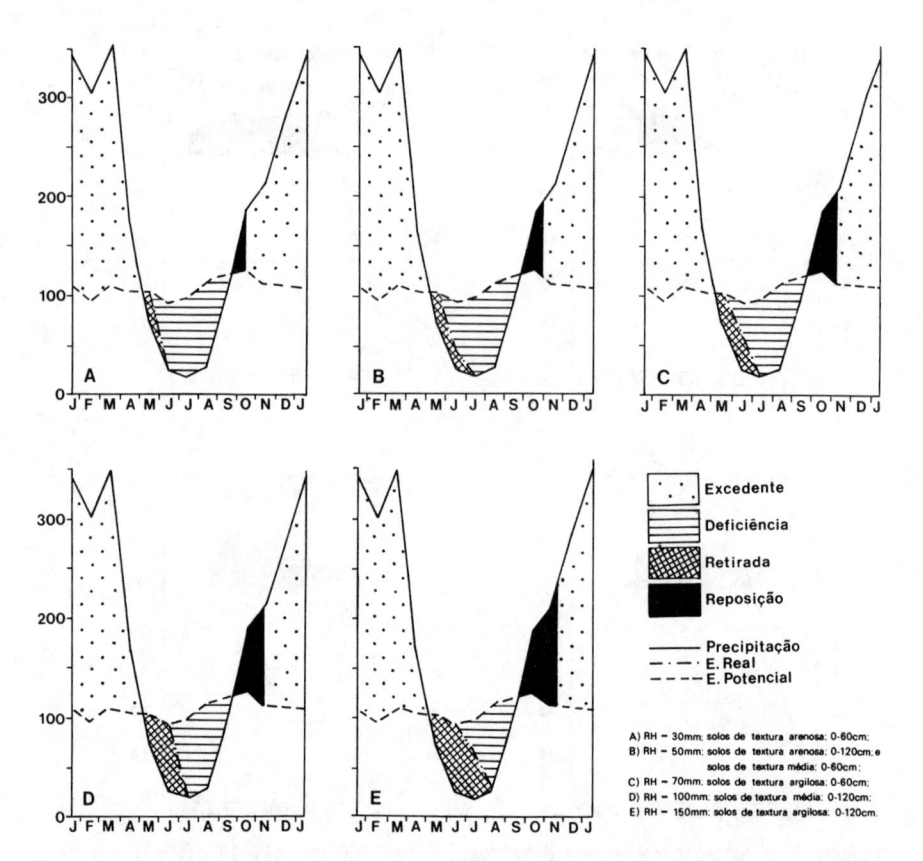

Excedente
Deficiência
Retirada
Reposição

—— Precipitação
—·— E. Real
- - - E. Potencial

A) RH = 30mm: solos de textura arenosa: 0-60cm;
B) RH = 50mm: solos de textura arenosa: 0-120cm; e solos de textura média: 0-60cm;
C) RH = 70mm: solos de textura argilosa: 0-60cm;
D) RH = 100mm: solos de textura média: 0-120cm;
E) RH = 150mm: solos de textura argilosa: 0-120cm.

Abb. 4a Wasserhaushaltsdiagramm von Vilhena (n. AMARAL FILHO et al. 1978:270)

Balanço Hídrico Segundo Thornthwaite & Mather (1955)

Estação: PORTO VELHO (RO) — Lat.: 8°46'S — Long. 63°55'WGr.

Meses	mm	Textura do solo Profundid. R.H.	Arenosa 60 cm 30 mm		Arenosa 120 cm 50 mm		Média 60 cm 50 mm		Média 120 cm 100 mm		Argilosa 60 cm 70 mm		Argilosa 120 cm 150 mm	
	Precip.	E.P. mm	Def.	Exc.	Def.	Exc.	Def.	Exc.	Def.	Exc.	Def.	Exc.	Def.	Exc.
Janeiro	338	120	0	218	0	218	0	218	0	218	0	218	0	218
Fevereiro	305	108	0	197	0	197	0	197	0	197	0	197	0	197
Março	317	126	0	191	0	191	0	191	0	191	0	101	0	191
Abril	230	119	0	111	0	111	0	111	0	111	0	111	0	111
Maio	110	121	0	0	0	0	0	0	0	0	0	0	0	0
Junho	34	108	99	0	0	0	35	0	0	0	15	0	0	0
Julho	15	111	96	0	96	0	96	0	81	0	96	0	31	0
Agosto	30	132	102	0	102	0	102	0	102	0	102	0	102	0
Setembro	121	129	8	0	8	0	8	0	8	0	8	0	8	0
Outubro	193	137	0	26	0	6	0	6	0	0	0	0	0	0
Novembro	223	134	0	89	0	89	0	89	0	45	0	75	0	0
Dezembro	361	131	0	230	0	230	0	230	0	230	0	230	0	225
ANO	2.277	1.476	261	1.062	241	1.042	241	1.042	191	990	221	1.022	141	942

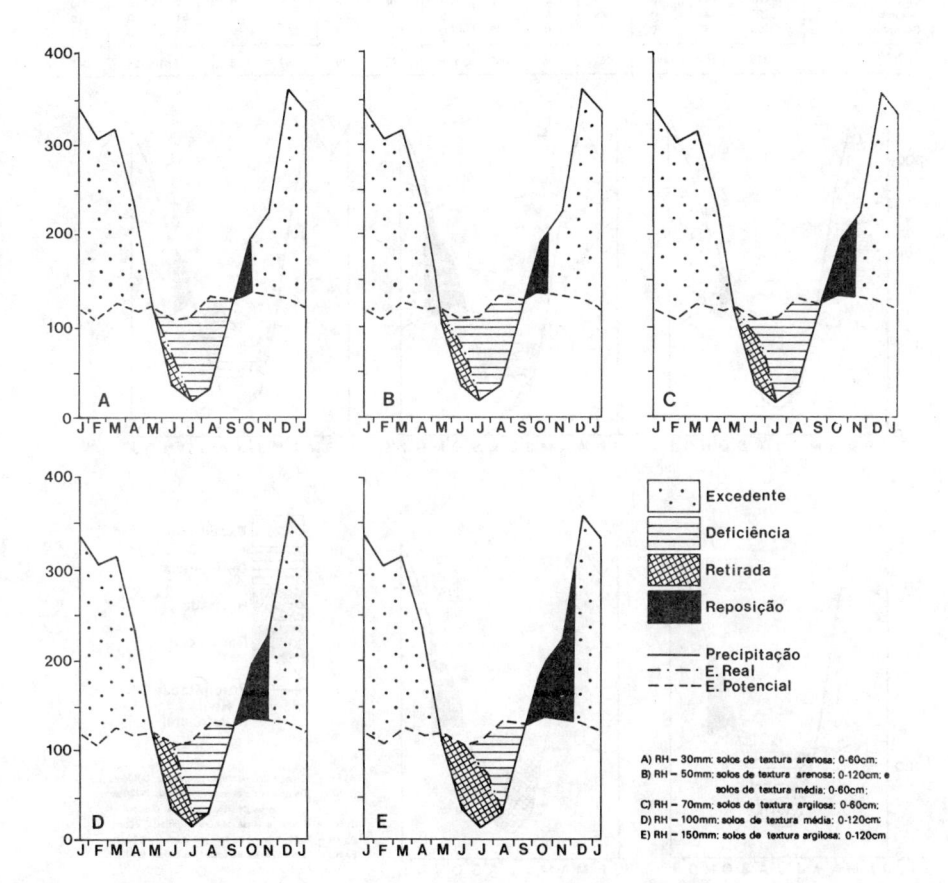

Excedente
Deficiência
Retirada
Reposição

——— Precipitação
—·—·— E. Real
— — — E. Potencial

A) RH = 30mm: solos de textura arenosa; 0-60cm;
B) RH = 50mm: solos de textura arenosa; 0-120cm; e solos de textura média; 0-60cm;
C) RH = 70mm: solos de textura argilosa; 0-60cm;
D) RH = 100mm: solos de textura média; 0-120cm;
E) RH = 150mm: solos de textura argilosa; 0-120cm

Abb. 4b Wasserhaushaltsdiagramm von Porto Velho (n. AMARAL FILHO et al. 1978:269)

Balanço Hídrico Segundo Thornthwaite & Mather (1955)

ESTAÇÃO: HUMAITÁ (AM) LAT.: 7°31'S LONG.: 63°00'WGr.

Meses			Arenosa				Média				Argilosa			
	Text. do Solo		60 cm 30 mm		120 cm 50 mm		60 cm 50 mm		120 cm 100 mm		60 cm 70 mm		120 cm 150 mm	
	mm	Profund. RH												
	Precip.	E.P.	Def.	Exc.	Def.	Exc.	Def.	Exc.	Def.	Exc.	Def.	Exc.	Def.	Exc.
Janeiro	341	119	0	222	0	222	0	222	0	222	0	222	0	222
Fevereiro	308	115	0	193	0	193	0	193	0	193	0	193	0	193
Março	348	126	0	222	0	222	0	222	0	222	0	222	0	222
Abril	265	119	0	146	0	146	0	146	0	146	0	146	0	146
Maio	134	121	0	13	0	13	0	13	0	13	0	13	0	13
Junho	46	108	30	0	10	0	10	0	0	0	0	0	0	0
Julho	26	112	86	0	86	0	86	0	46	0	76	0	0	0
Agosto	39	138	99	0	99	0	99	0	99	0	99	0	95	0
Setembro	104	135	31	0	31	0	31	0	31	0	31	0	31	0
Outubro	186	143	0	13	0	0	0	0	0	0	0	0	0	0
Novembro	222	134	0	88	0	81	0	81	0	31	0	61	0	0
Dezembro	295	130	0	165	0	165	0	165	0	165	0	165	0	146
ANO	2.316	1.500	246	1.062	195	1.042	195	1.042	176	992	206	1.022	126	942

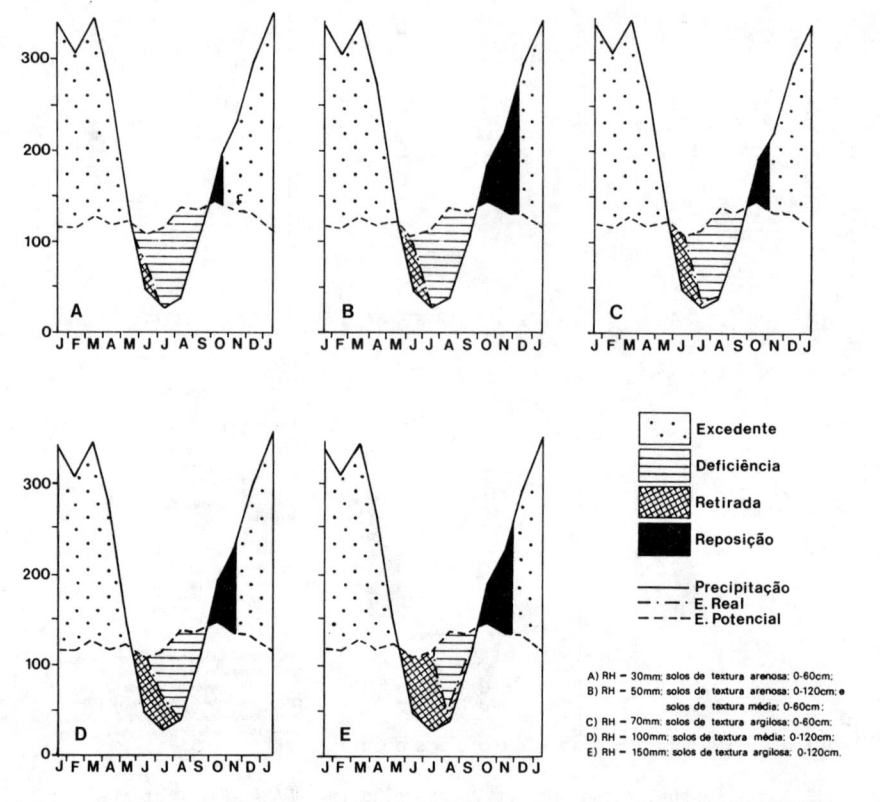

Excedente
Deficiência
Retirada
Reposição

——— Precipitação
—·—·— E. Real
— — — E. Potencial

A) RH = 30mm: solos de textura arenosa; 0-60cm;
B) RH = 50mm: solos de textura arenosa; 0-120cm; e solos de textura média; 0-60cm;
C) RH = 70mm: solos de textura argilosa; 0-60cm;
D) RH = 100mm: solos de textura média; 0-120cm;
E) RH = 150mm: solos de textura argilosa; 0-120cm.

Abb. 5a Wasserhaushaltsdiagramm von Humaitá (n. LEÃO et al. 1978:235)

Balanço Hídrico segundo Thornthwaite & Mather (1955)

Estação: RIO BRANCO (AC)   Lat.: 09°58'S   Long.: 67°49'WGr.

Meses	Precip. mm	E. P. mm	Arenosa 60 cm 30 mm Def.	Arenosa 60 cm 30 mm Exc.	Arenosa 120 cm 50 mm Def.	Arenosa 120 cm 50 mm Exc.	Média 60 cm 50 mm Def.	Média 60 cm 50 mm Exc.	Média 120 cm 100 mm Def.	Média 120 cm 100 mm Exc.	Argilosa 60 cm 70 mm Def.	Argilosa 60 cm 70 mm Exc.	Argilosa 120 cm 150 mm Def.	Argilosa 120 cm 150 mm Exc.
Janeiro	275	123	0	152	0	152	0	152	0	152	0	152	0	152
Fevereiro	266	111	0	155	0	155	0	155	0	155	0	155	0	155
Março	276	120	0	156	0	156	0	156	0	156	0	156	0	156
Abril	194	104	0	90	0	90	0	90	0	90	0	90	0	90
Maio	89	100	0	0	0	0	0	0	0	0	0	0	0	0
Junho	39	86	28	0	8	0	8	0	0	0	0	0	0	0
Julho	14	76	64	0	64	0	64	0	22	0	52	0	0	0
Agosto	50	100	50	0	50	0	50	0	50	0	50	0	22	0
Setembro	82	114	32	0	32	0	32	0	32	0	32	0	32	0
Outubro	190	121	0	39	0	19	0	19	0	0	0	0	0	0
Novembro	180	120	0	60	0	60	0	60	0	29	0	59	0	0
Dezembro	261	125	0	136	0	136	0	136	0	136	0	136	0	115
ANO	1.916	1.302	174	788	154	768	154	768	154	768	104	718	134	668

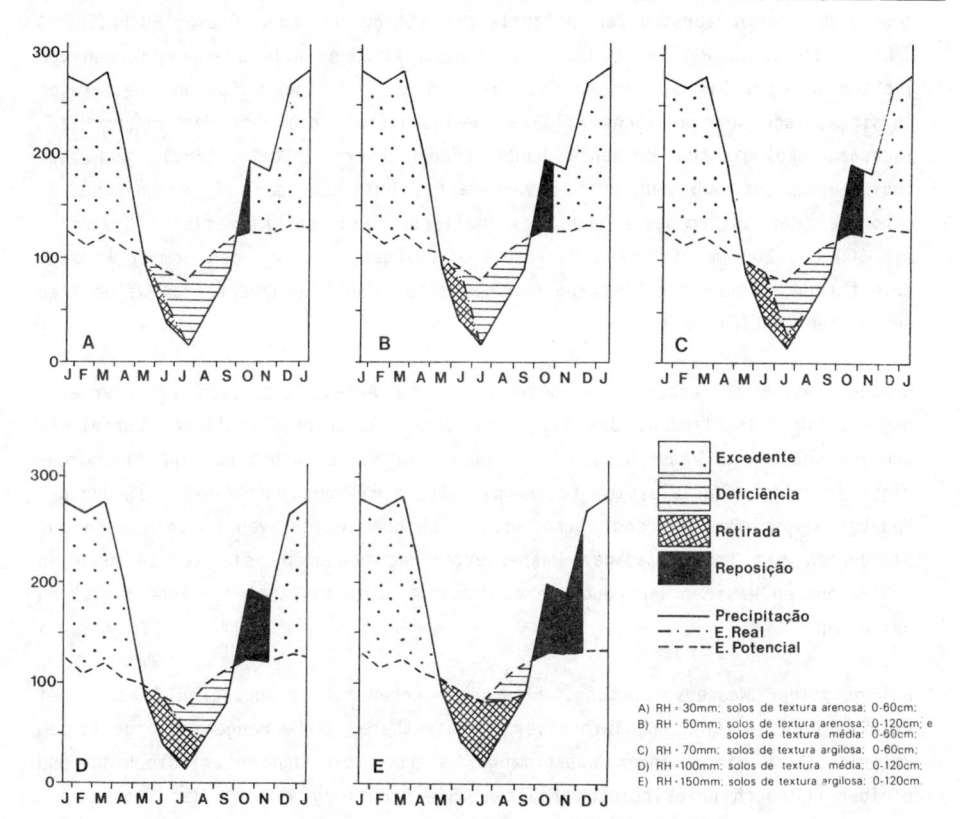

Excedente
Deficiência
Retirada
Reposição

——— Precipitação
—·—· E. Real
– – – E. Potencial

A) RH = 30mm: solos de textura arenosa: 0-60cm;
B) RH = 50mm: solos de textura arenosa: 0-120cm; e solos de textura média: 0-60cm;
C) RH = 70mm: solos de textura argilosa: 0-60cm;
D) RH = 100mm: solos de textura média: 0-120cm;
E) RH = 150mm: solos de textura argilosa: 0-120cm.

Abb. 5b Wasserhaushaltsdiagramm von Rio Branco (n. SERRUYA et al. 1976:188)

6 Vegetation

6.1 Das Cerrado-Problem

6.1.1 Savannen, der Gras-Baum Antagonismus

Da der Begriff Savanne nicht überall gleich definiert ist und sich daraus Verständnisschwierigkeiten ergeben können (s. z.B. RAMIA 1968), werden die Begriffe für die Formen der Vegetationsausprägung, wie sie im weiteren Verlauf benutzt werden, hier kurz definiert.

Savannen sind homogene, tropische Graslandschaften mit mehr oder weniger regelmäßig darin zerstreuten Holzpflanzen (Sträucher oder Bäume)(BOURLIERE & HADLEY 1970:125f; WALTER 1979:92). Es kommen fließend alle Übergangsformen von lichten Wäldern bis zu reinen Grassavannen vor. Das Wort Savanne beschreibt physiognomisch sehr ähnliche Pflanzengemeinschaften, die aber die unterschiedlichsten ökologischen Ursachen haben können (vergl. COLE 1968d). Aus ökologischer Sicht muß man drei Savannenarten unterscheiden: 1. edaphische, 2. pyrogene oder anthropogene und 3. klimatische Savannen. Klimatische Savannen, mit 500 bis 200 mm mittleren Jahresniederschlägen, die auf den Sommer konzentriert sind, bilden den Übergang von den tropischen laubabwerfenden Wäldern zu den Wüsten (WALTER 1979:108).

Gräser und Holzpflanzen sind antagonistische Arten, die sich normalerweise gegenseitig ausschließen. Das liegt zum einen im unterschiedlichen Wurzelwerk und zum anderen im Wasserhaushalt begründet. Gräser brauchen für ihr flachgründiges intensives Wurzelsystem feinkörnige Böden mit genügend Wasser während der Vegetationsperiode. Während Bäume sich mit ihren extensiven Wurzeln auch auf Standorten mit unregelmäßiger Wasserverteilung bewähren, sie können auch in Trockenphasen Wasser, wenn auch in geringen Mengen, aus tieferen Bodenschichten aufnehmen.

Bei günstiger Wasserversorgung, also zur Regenzeit, produzieren Gräser, bei starker Transpiration und intensiver Photosynthese, große Mengen an organischem Material. Bei einsetzendem Wassermangel sterben sie dann oberirdisch ab und bleiben nur noch unterirdisch erhalten. Sie benötigen also in der Trockenzeit kein Wasser. Holzpflanzen hingegen brauchen einen ausgeglichenen Wasserhaushalt im Jahresgang. Bei ersten Anzeichen von Wassermangel wird die Transpiration durch Schließung der Stomata stark reduziert, im weiteren Verlauf reagieren sie mit Blattabwurf. Wenn der Boden kein verfügbares Wasser mehr enthält, sterben die Bäume ab (WALTER 1979:108f; WALTER & BRECKLE 1984a:129ff; WALTER & BRECKLE 1984 b:134ff). Das Wettbewerbsverhältnis zwischen Gräsern und Holzpflanzen wird also entscheidend durch den Bodenwasserhaushalt bestimmt (vergl. a. WALTER 1962; WALTER & BRECKLE 1984a&b).

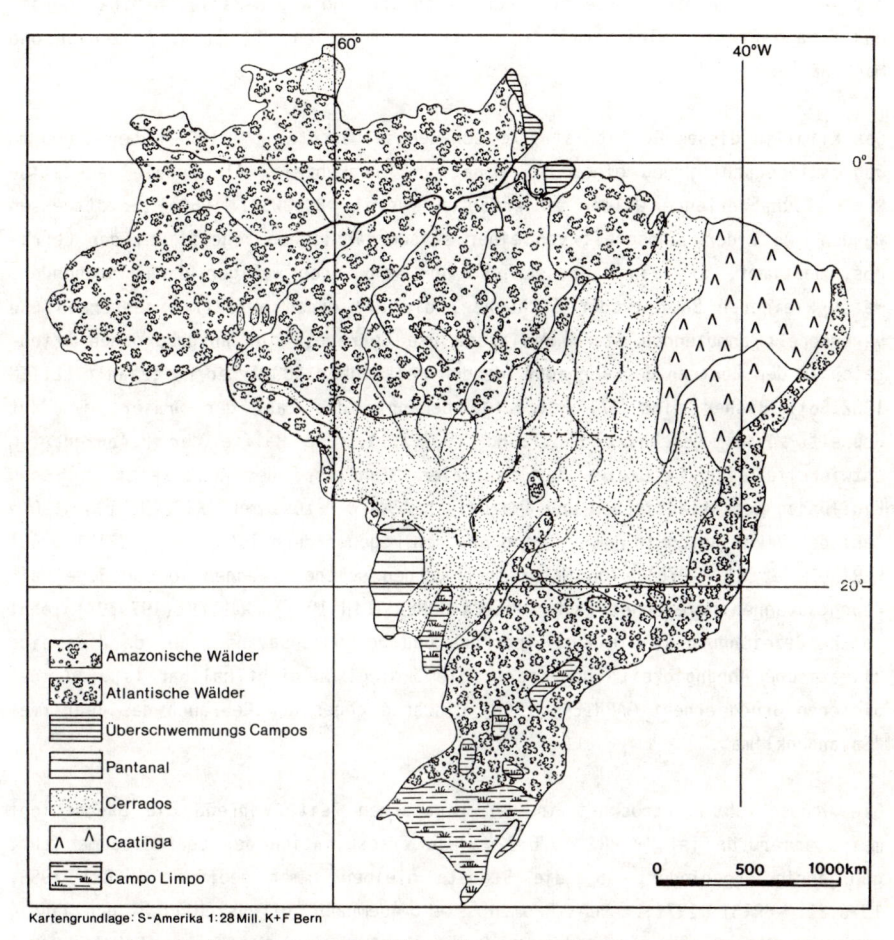

Abb. 6 Vegetationszonen in Brasilien (n. EITEN 1982:27; FERRI 1980:17. Ergänzt n. Projeto Radambrasil, 1-32 1973-1983)

6.1.2 Einleitender Überblick über die Cerrados

Die zentralbrasilianische Landschaft wird durch weite Savannen, sog. Cerrados beherrscht. Der Cerrado nimmt etwa 20 - 25 % der Gesamtfläche Brasiliens ein, steht demnach in ihrer Bedeutung an zweiter Stelle hinter der amazonischen Hyläa mit 40 % Flächenanteil. Sie erstreckt sich über Goiás, W-Bahia, W-Minas Gerais und E-Mato Grosso, kleinräumig kommt sie in Bolivien, Rondônia, Amazonien und Maranhão vor.

Das Klima in diesem Gebiet ist tropisch-wechselfeucht mit 1.100 - über 2.000 mm Jahresniederschlag und einer 2-5 monatigen Trockenzeit. Als zonale Vegetation wären laubabwerfende Wälder zu erwarten (vergl. BUDOWSKI 1968a). Stattdessen werden 85 % der Landschaft von einer savannenähnlichen Vegetation, den Cerrados, bestimmt, mit einer Grasschicht und mehr oder weniger dicht stehenden, meist kleineren Bäumen oder Sträucher, die oft einen auffällig gedrehten und verkrüppelt anmutenden Stamm besitzen. Die Cerrados sind ausgesprochen artenreich; in den Zentren des Cerrados werden meist über 300 Arten/ha gezählt (EITEN 1982:36). Bisher sind 774 Holzarten bekannt, die Zahl der Gräser wird auf doppelt soviel geschätzt (COUTINHO 1982:271). Die Hälfte der Pflanzenarten entwickelte sich im Gebiet der zentralen Planaltos, der Rest setzt sich aus Einflüssen der atlantischen und amazonischen Wälder zusammen (RIZZINI 1962). Die Zahl der Vikarianten in dem Cerrado und den Regenwäldern ist hoch (RIZZINI 1962; HERINGER et al. 1976). Von Geographen werden solche Savannen in der Regel als Feuchtsavannen bezeichnet (z.B. MÜLLER-HOHENSTEIN 1981). WALTER (1979:92) lehnt solche Bezeichnungen, wie auch Trocken- und Dornbuschsavanne, ab, da dies eine klimatische Abhängigkeit suggeriert, die ökologisch nicht haltbar ist. Aus dem gleichen Grund erhebt GARNIER (1968) Einwände gegen den Gebrauch des Begriffes "Savannenklima".

Die Grasschicht vertrocknet in der regenarmen Zeit, während die Baumschicht meist immergrün ist (FERRI 1976:22). Die Transpiration der Cerradobäume läuft ganzjährig ungehindert ab, die Stomata bleiben immer geöffnet (FERRI 1955, 1976:21; GRISI 1971). Den Bäumen steht demnach offensichtlich ganzjährig genügend Wasser aus den tieferen Bodenschichten zur Verfügung (RAWITSCHER & RACHID 1946; RAWITSCHER 1948; GRISI 1971; FERRI 1944, 1955, 1976:21f, 1980:54). Wassermangel, auch klimatisch bedingter, kann somit für das Fehlen der Wälder nicht verantwortlich gemacht werden. Während die nordost-brasilianische Caatinga eine Klimaxvegetation (klimatische Savanne) ist, stellt der Cerrado nicht das klimatische Optimum der Vegetation dar (FERRI 1955).

Brände können für ein so riesiges Gebiet wie das des Cerrado nicht als Erklärung für desen Entstehung herangezogen werden. Die Pflanzenselektion weist auf eine lange Entwicklung bis zurück ins Tertiär hin, so daß anthropogene Feuer als Auslösefaktor entfallen. Natürliche Feuer sind selten und nur von geringer flächenhafter Bedeutung (s. FERRI 1980:140; VARESCHI 1980:237). Durch Abbrennen der Wälder entsteht nicht notwendigerweise Cerrado (HUECK 1966:269ff; EITEN 1982:31; WALTER & BRECKLE 1984a:137f). Im Gegenteil machen DUCKE & BLACK (1953:10) die Beobachtung, daß in abgebrannte isolierte Cerradoinseln verstärkt Baumarten aus den umliegenden Regenwäldern einwandern. HEYLIGERS (1963:134) beobachtet in Savanneninseln in Surinam die gleiche Tendenz. Brände haben nur eine verzögernde Wirkung auf den Vegetationsaufbau (COUTINHO 1982) und können zu einer gewissen Selektionierung führen (FERRI 1980:139). Das Feuer sowie auch Beackerung und Beweidung können eine Vegetationsform wohl modifizieren, nicht aber grundsätzlich verändern (COLE 1968b; vergl. a. KLÖTZLI 1980). Man muß den Cerrado somit als natürliche Vegetation ansehen (HUECK 1966:271; FERRI 1976:28).

Sehr weit verbreitet ist die These, daß es sich bei den Trockenheitsmerkmalen der Cerradovegetation (z.B. die Ausbildung von Xylopodien oder Blattsukkulenz) um eine Pseudo-Xeromorphie (scheinbare Anpassung an Trockenheit) handelt (ARENS 1962), es sei in Wirklichkeit eine oligotrophe Xeromorphie (durch Nährstoffmangel bedingte Xeromorphie)(FERRI 1962, 1980:135). Ähnlich bezeichnen WALTER & BRECKLE (1984a:139) sie als peinomorphe (von griech. peine = Hunger) Vegetation. GOODLAND (1971b) sieht nicht das Fehlen eines Nährstoffes, sondern das wegen seiner hohen Konzentration in den Böden für die Pflanzen toxisch wirkende Aluminium als Ursache der Cerradovegetation.

Dagegen kommen ASKEW et al. (1971) bei Untersuchungen der Grenze zwischen Cerrado und Wäldern in Mato Grosso zu dem Ergebnis, daß der Nährstoffgehalt nicht der ausschlaggebende Faktor ist. Sie stellen eine schwache Beziehung zum Bodenwasserhaushalt fest.

Neben diesen drei ökologischen Gesichtspunkten, muß man aber auch die Genese berücksichtigen. Die Vegetation ist nicht nur durch die heute wirksamen Umweltfaktoren bestimmt, sondern das Produkt einer langen erdgeschichtlichen Entwicklung (EHRENDORFER 1983:917ff). Dabei ist wichtig, daß es sich bei dem Cerrado um eine sehr alte Vegetationsform handelt, die schon im Miozän-Pliozän ähnlich dem rezenten Cerrado im nördlichen Südamerika existierte (HAMMEN 1983), also sich in Klimaphasen größerer Trockenheit entwickelte. Demnach könnte es sich bei dem Cerrado um eine Reliktvegetation aus arideren Klimaphasen handeln

(HUECK 1966:271), ähnlich den südbrasilianischen Campos (vergl. MAACK 1968:226).

6.2 Vegetationsdifferenzierung

6.2.1 Differenzierung der Savannen (Cerrado)

Bisher wurde der Begriff Cerrado (port.= dicht, geschlossen) nur im weiteren Sinn gebraucht, als Bezeichnung für den charakteristischen Vegetationstyp Zentralbrasiliens. Der Cerrado weist, wie auch andere Savannen, eine große Bandbreite verschiedener Erscheinungsformen auf, die nahtlos ineinander übergehen. Das Spektrum reicht von geschlossenen Wälder über offenes Grasland bis zur reinen Grasflur. Die reine Grasland- und die Waldausprägung kann man nicht als Savannen bezeichnen, da sonst der Begriff Savanne seine Bedeutung verlieren würde (vergl. DENEVAN 1968d). Die Begriffe Cerrado und Savanne sind also nicht deckungsgleich und werden im weiteren Text auch in ihrer unterschiedlichen Bedeutung benutzt. In der portugiesisch sprachigen Literatur wird Cerrado auch im engeren Sinne, als Bezeichnung für eine bestimmte Ausprägung bzw. Erscheinungsform der Vegetation innerhalb des Cerradokomplexes verwendet. Im allgemeinen wird der Cerrado wie folgt gegliedert (s. Abb. 7)(vergl. GOODLAND 1971a; EITEN 1972:227ff; RIBEIRO et al. 1983):

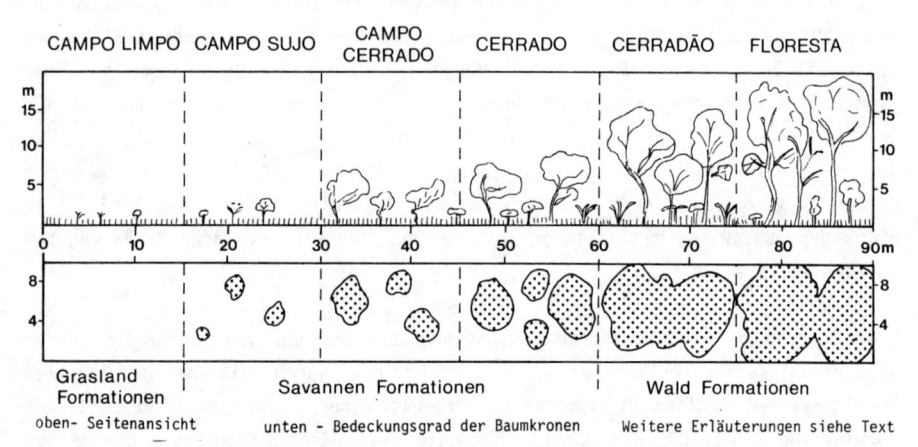

Abb. 7 Die physiognomische Klassifikation der Vegetationsformen (n. COUTINHO 1982; RIBEIRO 1983; verändert

- Cerradão = dichte Baumsavanne (Sd): geschlossene, mittelhohe Wälder, (>70 % Bedeckungsgrad der Bäume), die Waldausprägung des Cerrado, 55 Holzarten, 24 krautige Arten,

- Cerrado = offene Baumsavanne (Sa): lichte Wälder niedriger Wuchshöhe, viele Bäume weisen Krüppelwuchs auf (50-70 % Bedeckungsgrad der Bäume), 43 Holzarten, 27 krautige Arten,

- Campo Cerrado = Parksavanne (Sp): (port.: dichtes, geschlossenes Feld) aufgelichteter Baumbestand niedriger Wuchshöhe mit Krüppelwuchs (<30-50 % Bedeckungsgrad der Bäume), 31 Holzarten, 60 krautige Arten,

- Campo Sujo = Park-Grassavanne (Spg): (port.: schmutziges Feld) wird nur selten benutzt für Grasfluren mit sehr vereinzelt auftretenden kleinen Büschen und Palmen,

- Campo Limpo = Grassavanne (Sg): (port.: sauberes Feld) reines Grasland, mit Büschen, die wie Kräuter ausgebildet sind, die Grasschicht ist aus den gleichen Arten aufgebaut wie bei Campo Cerrado.

Einzelne Autoren unterteilen den Cerrado allerdings leicht unterschiedlich (vergl. EITEN 1972:234). Neben diesen verschiedenen Ausprägungen des Cerrado treten die extrazonalen Vegetationsformen der Galeriewälder (Mata Cilar)(Fg) und der Feuchtwiesen (Vereda)(Ss) auf. Die charakteristischen Pflanzen des Cerrados sind in Tab. 3 bis 8 aufgeführt.

6.2.2 Differenzierung der Wälder

Ähnlich wie bei den Savannen gibt es auch bei den Wäldern verschiedene physiognomische Ausbildungen in fließenden Übergängen. Die amazonischen Regenwälder, die Hyläa, nehmen etwa 40% der brasilianischen Gesamtfläche ein. Die einzigen natürlichen Grenzen der Hyläa sind der Atlantik und die Anden, während sie nach Süden und Norden in trockenere Wälder oder Savannen übergeht. Schwierigkeiten bereitet dabei aufgrund der fließenden Übergänge die Abgrenzung. Man versucht daher die amazonischen Wälder aufgrund typischer Pflanzen, die in den zentralbrasilianischen Wäldern fehlen, von diesen abzugrenzen. Dafür eignet sich besonders gut die Gattung *Hevea* (DUCKE & BLACK 1953:2), auch mit anderen Pflanzen versucht man eine Abgrenzung z.B. *Bertholletia exelsa*, allerdings sind solche Grenzen nicht besonders scharf und teilweise widersprüchlich.

Die Wälder unterscheidet man physiognomisch wie folgt (vergl. BARROS-SILVA et al. 1978:424ff; AMARAL & FONZAR 1982:411ff; MAGNAGO et al. 1983:587ff):

- Floresta Estacional Decidual = jahreszeitlich laubabwerfende Wälder (C): mehr als 50 % der Bäume dieser dichten und hohen Wälder werfen in einer bis zu 5-monatigen Trockenzeit ihre Blätter ab, das Kronendach hat eine durchschnittliche Höhe von 20 m,

- Floresta Estacional Semidecidual = halbimmergrüne Wälder (F): der Anteil der Bäume, die während der Trockenzeit ihre Blätter geschlossen verlieren, ist kleiner als 20 %, das Kronendach ist geschlossen und ca. 20 m hoch,

- Floresta Ombrófila Aberta = offene, tropische, immergrüne Wälder (A): Regenwälder mit offenem Kronendach, stark mit Palmen, Lianen und Bambus durchsetzt,

- Floresta Ombrófila Densa = geschlossene, tropische, immergrüne Wälder (D): dichte, tropische Regenwälder mit typischem Stockwerkbau.

Bemerkenswert ist noch, daß ein jahreszeitlicher Laubabwurf auch für weite Gebiete der oben sogenannten immergrünen Wälder von zahlreichen Botanikern beschrieben wird (z.B. SOARES 1953; VELOSO 1966). BARROS-SILVA et al. (1978:427) akzeptieren zwar einen untypischen jahreszeitlichen Laubabwurf, bleiben jedoch, da dies nur <20 % der Bäume betrifft, bei der Bezeichnung immergrün.

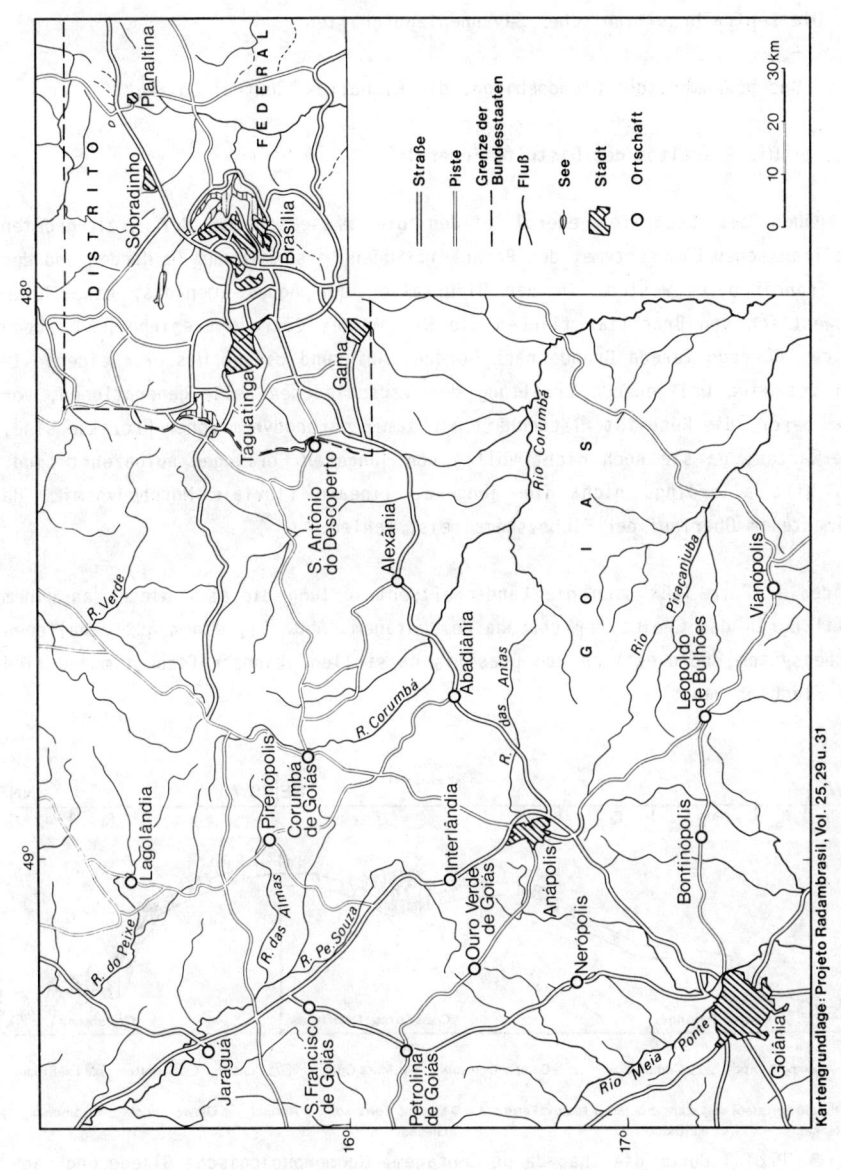

Abb. 8 Übersichtskarte der Region Brasília–Goiânia

Kartengrundlage: Projeto Radambrasil, Vol. 25, 29 u. 31

7 Zur Entstehung ausgewählter Landschaften

7.1 Die Zentralbrasilianischen Savannenlandschaften

7.1.1 Das präkambrische Grundgebirge, die Planaltos "Central Goiano"

7.1.1.1 Die Planaltos des Distrito Federal

Die Höhen des Distrito Federal bilden die Wasserscheide der drei größten brasilianischen Flußsysteme, des Paraná im Süden, des Amazonas im Norden und des São Francisco im Westen. An der Bifurkation der Aguas Emenadas, etwa 30 km nordwestlich von Brasîlia, fließen die Wasser des Côrrego Brejinho nach Süden und des Côrrego Vereda Grande nach Norden. Aufgrund dieser Wasserscheidenposition ist eine weitgehende Erhaltung der verschiedenen Reliefgenerationen, vor allem derer, die Resultat flächenhaft wirksamer morphodynamischer Prozesse sind, zu erwarten, da sie noch nicht völlig von jüngeren Formungen aufgezehrt sind. Dies gilt allerdings nicht für jüngere, lineare fluviale Morphodynamik, da Sedimente im Oberlauf der Flußsysteme meist fehlen.

In idealer Form läßt sich die Landschaftsentwicklung dieses Gebietes an einem Profil durch das Gebiet der Chapada de Contagem (Abb. 9), einem gut erhaltenen Flächensystem, nordwestlich von Brasîlia darstellen. Landschaftsbestimmend sind zwei Flächenniveaus.

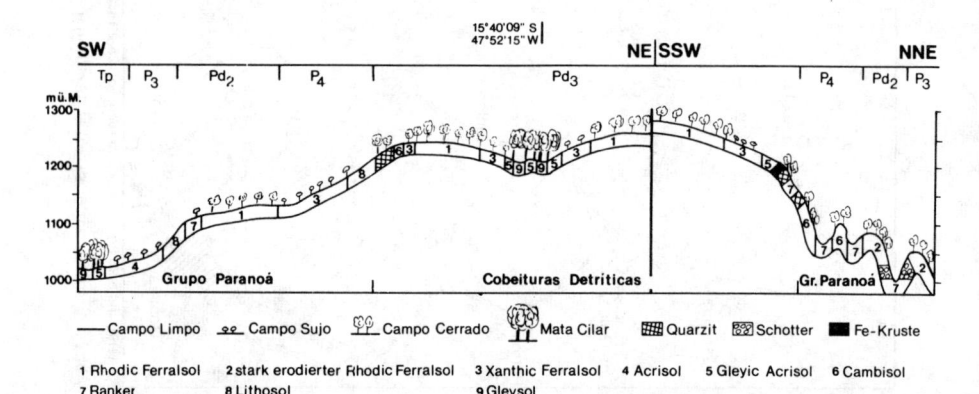

Abb. 9 Profil durch die Chapada de Contagem. Geomorphologische Gliederung nach PENTEADO (1976), Geologie nach FERNANDES et al. (1982)

7.1.1.1.1 Das 1.200 - 1.300 m Flächenniveau

Das höchste Flächenniveau, demnach auch das älteste, reicht von etwa 1.200-1.300 m ü.M., und wird als Pediplano de Contagem bezeichnet (PENTEADO 1976). Dieses Niveau ist im Distrito Federal an morphologisch harte, proterozoische Quarzite oder quarzitische Sandsteine gebunden, die immer an den Flächenkanten ausstreichen. Auf der Fläche stehen, durch die starke Verfaltung des präkambrischen Rumpfes, im kleinräumigen Wechsel auch schiefrige Gesteine an. Der Pediplano de Contagem ist deutlich zweigegliedert, in ein höheres Niveau um 1.260-1.300 m und ein tieferes um 1.200-1.250 m. Das tiefere Niveau ist südlich von Sobradinho und ca. 10 km nordwestlich des Übertragungsturmes besonders gut ausgebildet. Ursächlich für diese Zweiteilung ist offensichtlich eine weitere Quarzitbank. Auch PENTEADO (1976) führt zwei Niveaus an und führt diese auf Gesteinsunterschiede zurück.

Die Fläche ist leicht gewellt, die Böden sind in der Regel von roter bis rotgelber Farbe. Nach KREJCI et al. (1982) handelt es sich um "dunkelrote bzw. dunkelgelbe Latosole". Von geologischer Seite werden sie als Coberturas Detrîticas bezeichnet, das sind in diesem Falle Eluvien, die genetisch mit den Flächenbildungszyklen Sul Americano und Post Gondwana verbunden sind. Verstreute, kantige Quarzite in den siltitisch-tonigen Residuen werden als Beweis für die "in situ"-Bildung angesehen (FERNANDES et al. 1982:139). Cerrado, je nach Reliefsituation in unterschiedlicher Ausprägung, dominiert die Fläche, unterbrochen nur von den Galeriewäldern einiger kleiner Flüsse.

Schaut man sich die typische Bodenabfolge auf der Fläche an, so ergibt sich ein stark differenziertes Bild (s. Abb. 10). In der flachen Mulde verändert sich die Bodenfarbe von rot auf dem flachen "Rücken", zu gelb in Richtung Tiefenlinien. Der südöstliche Teil der Catena ist durch eine Sandgrube beispielhaft aufgeschlossen. Abb. 12 und 13 zeigen den Aufbau der Bodenprofile auf der Kuppe und in der Mulde.

Bei Bodenprofil 1 ist eine deutliche Zunahme des Tongehaltes im IIBt festzustellen, man muß also von einem zweischichtigen Acrisol (Parabraunerde) sprechen. Eine Tonanreicherung nur durch Lessivierung läßt sich nicht eindeutig belegen, obwohl schwache Toncutane erkennbar sind. Bei Bodenprofil 2 in der Mulde ist der Oberboden leicht verbraunt. Eine starke Zunahme des Tongehaltes vom IIBu zum Bv fällt auf. Dies könnte hier durch laterale Toneinschwemmung aus den höher gelegenen Reliefpositionen erklärt werden, da der Bv schwache

Toncutane aufweist. Eine primär tonigere Decklage ist zwar nicht auszuschließen, aber unwahrscheinlich, da die Decklagen außer in den Tiefenlinien der Mulden immer tonärmer sind als der liegende Bodenteil. Eine Ablagerung der feinkörnigeren Sedimente in der Tiefenlinie ist aufgrund der hier zu erwartenden größeren Wassermengen auch unwahrscheinlich. Unterschiede in der Dränage aufgrund der Reliefsituation bedingen die Farbunterschiede der Böden. Nicht unproblematisch ist die Benennung der Unterböden, da die Tongehalte eine Einstufung als Ferralsol bzw. Latosol eigentlich nicht zulassen. Da diese Böden aber die gleiche Genese durchliefen wie die mit ihnen vergesellschafteten Böden aus Phyllit, muß man sie wie diese genetisch als Ferralsol bzw. Latosol sehen.

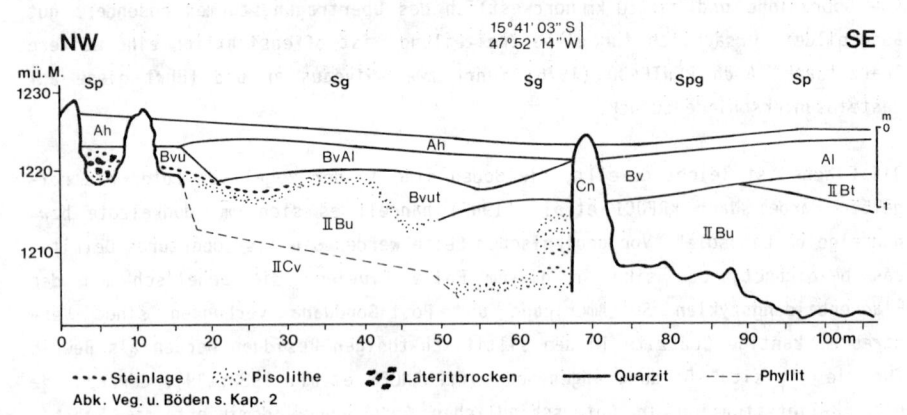

Abb. 10 Boden- und Vegetationsverteilung in einer Mulde auf der Chapada de Contagem

Während im Quarzit die Bodenabfolgen recht homogen sind, erkennt man im Bereich des Phyllits eine kleinräumige Differenzierung. Die Oberböden sind in der Nähe der an die Oberfläche tretenden Quarzitbänke stark gelblich gefärbt und sandig, während die Unterböden intensiv rot gefärbt sind und tonig. Es handelt sich offensichtlich um eine Sedimentdecke, in die Material der Quarzite eingemischt ist. Die Böden sind tief humos, oft bis zu 100 cm Tiefe. Dieser humose Horizont stimmt häufig mit der Grenze des Bodensediments überein. Darunter folgt an einigen Stellen eine dünne Lage Pisolithe und kantengerundete Lateritkrustenstücke mit einem nur geringen Feinmaterialanteil. Im tieferen Unterboden sind die Böden aus Phyllit dann von Grund- bzw. Stauwasser geprägt, diese Erscheinungen fehlen dicht daneben im Quarzit aufgrund der besseren Durchlässigkeit des Quarzitzersatzes.

Daß es sich bei den oberen Horizonten um eine Sedimentdecke handelt, wird durch die Ergebnisse der Schwermineralanalyse bestätigt. Im Unterboden sind nur Turmalin und Zirkon vorhanden, während im Bodensediment auch größere Mengen der leicht verwitterbaren grünen Hornblende hinzukommen. Dies spricht gegen eine lange intensive tropische Verwitterung, da die Hornblenden ansonsten zerstört sein müßten. Desweiteren handelt es sich, da die Hornblende nicht aus dem Untergrund stammt, um Beimischung von Fremdmaterial, das in Anbetracht der Reliefsituation von Bodenprofil 1 (auf einer flachen Kuppe) nur äolisch erklärt werden kann.

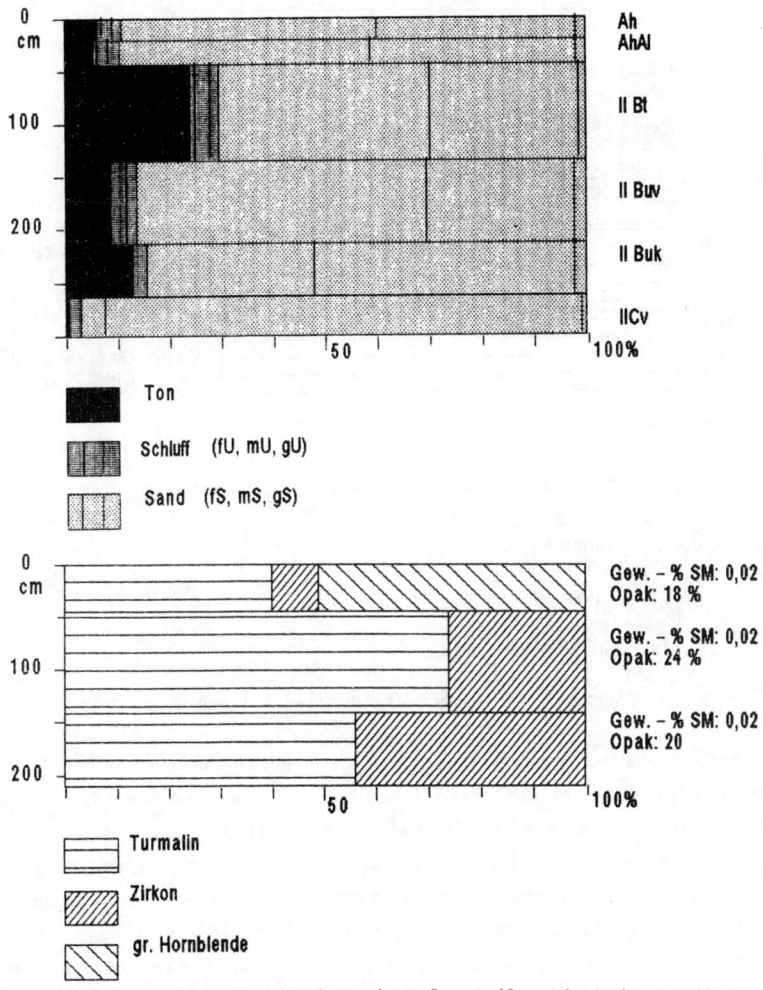

Abb. 11 Korngrößen- und Schwermineralverteilung in Bodenprofil 1

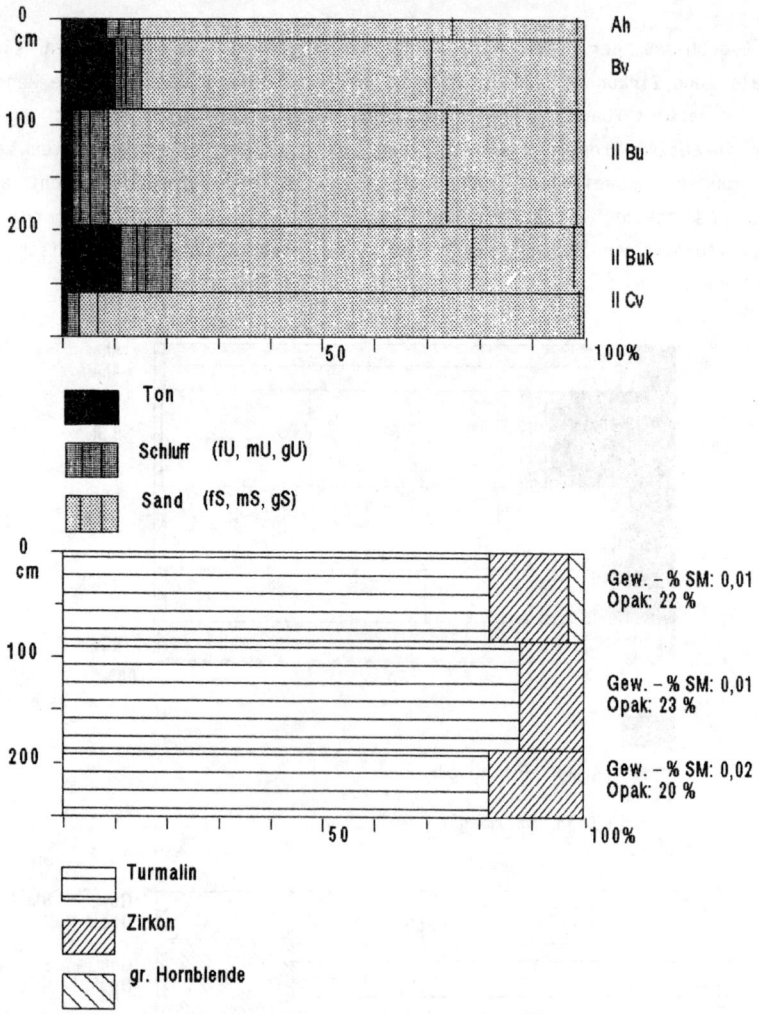

Abb. 12 Korngrößen- und Schwermineralverteilung in Bodenprofil 2

Auch eine Catena im Bereich des mit 1.302 m höchsten Punktes der Chapada de Contagem zeigt ein ähnliches Bild (vergl. Abb. 13). Auch hier treten Quarzitbänke als Härtlinge an die Oberfläche. Deutlich erkennt man, daß gekappte rote, stark tonige Ferralsols (Latosole) aus Schiefer von einem gelben, sandigen, oft tiefgründig humosen Bodensediment überdeckt sind, dessen Herkunftsgebiet die Quarzitbänke sind. Auffallend ist, daß auch in dieser Höhenlage das Grundwasser nahe der Oberfläche steht. Bodenprofil 3 ist durch eine nur 1,20 m tiefe Brunnengrabung aufgeschlossen, die ganzjährig Wasser führt. Im Untergrund tritt fast überall ein Pisolithanreicherungshorizont auf, darunter setzt sich der Latosol fort. Ob es sich dabei um eine Diskordanz handelt, ist nicht einwandfrei zu belegen. Oft trennen die Pisolithe einen tonigen Rhodic Ferralsol (Rotlatosol) (Ls-Tl, 2,5 YR 5/8 - 10 R 4/6) von einem sandigen Ferralsol-Cambisol (Latosol-Braunerde). Genauso häufig kann man keine signifikanten Unterschiede feststellen, so daß man die Pisolithe auch mit den rezenten Grundwasserschwankungen in Verbindung bringen kann. Bemerkenswert ist auch, daß die Ferralsols (Latosole) im Unterboden trotz eindeutig starker Grundwasserbeeinflussung fast keine Bleichungen aufweisen.

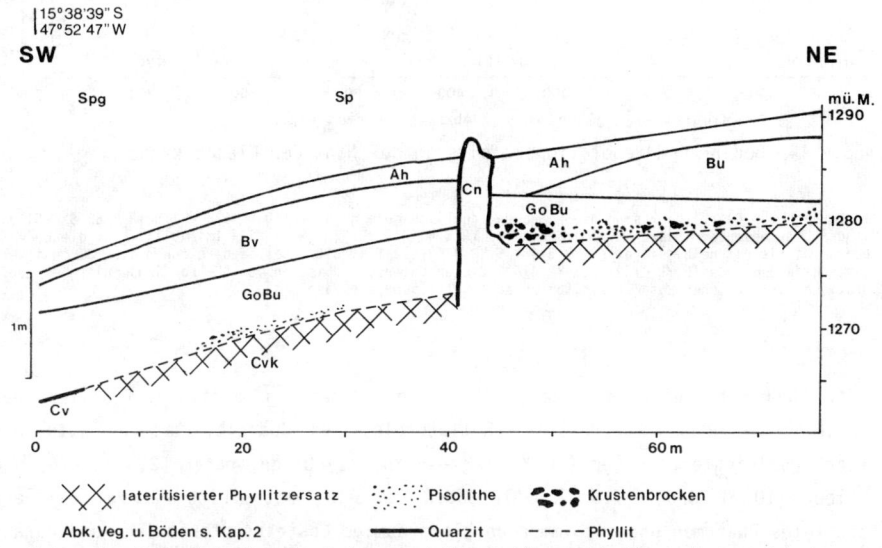

Abb. 13 Beispiel für die Boden- und Vegetationsverteilung im Bereich der Wasserscheide

Mit zunehmender Entfernung von der Quarzitbank sind die Oberböden intensiver rot gefärbt und toniger, bedingt durch die verstärkte Beimischung von phyllitischem Bodenmaterial.

Wie kleinräumig und stark differenziert die Bodenabfolgen auf einer scheinbar homogenen Fläche sein können, zeigt beispielhaft Abb. 14. Verantwortlich für die Unterschiede ist der Wechsel von quarzitischen und schiefrigen Partien im Ausgangsgestein, bedingt durch die starke Verfaltung des präkambrischen Rumpfes und/oder tektonische Verstellungen. Grundsätzlich scheinen sandige, quarzitische Substrate unter rezenten Bedingungen mehr zur Bildung gelblicher Böden zu neigen, während feinkörnigere Substrate mehr zur Rotfärbung tendieren, zumindest unter rezenten Bedingungen (s. Abb. 13 u. 14). Daß auch im Quarzit großflächig

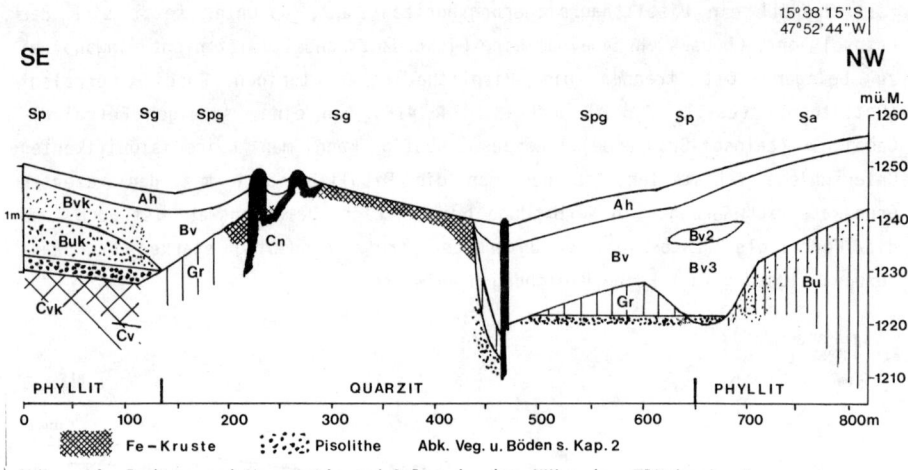

Abb. 14 Boden- und Vegetationsabfolge in der Nähe der Flächenkante

Im Bereich der Quarzitbank sind die Oberböden deutlich gelb gefärbt (10 YR 6/6 - 7,5 YR 6/6)(S12-S13), in den Unterböden dominieren Bleichfarben (10 YR 6/4 - 10 YR 7/3)(S13-Lt2). Im Phyllit sind die Oberböden rot bis rot-gelb gefärbt (5 YR 6/6 - 5 YR 4/6)(Ls2-T1), die Unterböden zeichnen sich durch intensive Rotfärbung aus (5 YR 4/6 - 2,5 YR 4/6). Dieser Unterschied ist in dem SE-Profilabschnitt besonders deutlich. In den Böden aus Quarzit fehlen auch weitgehend die Pisolithe.

rote Böden gebildet wurden, zeigt die weite Verbreitung mächtiger, fossiler oder reliktischer Rhodic Ferralsols (Rotlatosole) aus Quarzit. Das Nebeneinander stark gebleichter, weißer (10 YR 7/3 - 5 YR 8/1) Böden, roter (2,5 YR 4/6) und gelber (10 YR 6/6 - 7,5 YR 6/6) Böden ist ein im Distrito Federal weitverbreitetes Phänomen und ist immer an kleinräumige Gesteinsunterschiede und daraus resultierenden Unterschieden im Bodenwasserhaushalt gebunden. Dafür ist auch Bodenprofil 4 ein schönes Beispiel (Abb. 15), hier lagen, durch einen entwurzelten Baum aufgeschlossen, ein "roter Boden" und ein "gelber Boden" direkt nebeneinander. Der rote Bu unterscheidet sich sowohl in der Korngröße, im pH, besonders stark aber im dithionitlöslichem Eisengehalt von dem gelben Bvu. Das läßt sich nur auf Unterschiede im Ausgangsgestein zurückführen, der rote Horizont zeichnet hier Falten des Ausgangsgesteins nach. Auch in dem in Abb. 14 gezeigten Profil läßt sich der Sedimentcharakter der obersten Bodenhorizonte immer dort gut erkennen, wo quarzitisches Material über schiefrigem liegt. Durch die sandigen Beimischungen ist das Bodensediment meist wesentlich lockerer. Im nordwestlichen Teil des Profiles erreicht das Bodensediment Mächtigkeiten von weit über 1 m. Hier zeichnet es eine ehemalige Mulde nach, die wieder verschüttet wurde. Im Bereich dieser Mulde ist der Oberboden sehr heterogen, immer wieder treten Bänder aus graubraunem Sand (10 YR 5/2) in dem meist lehmigeren Sediment (10 YR 5/6 - 7,5 YR 4/4) auf. Bei dem Bv2 handelt es sich um ein mächtigeres dieser Bänder. Im Unterboden sind die Böden der südöstlichen Profilhälfte stark vergleyt, zum Teil schon mit mächtiger Lateritkruste, wohl bedingt durch das oberflächennahe Anstehende, während in der nordwestlichen Profilhälfte mit den gut dränierten, tiefgründigen Böden Lateritkrusten fehlen, lediglich Pisolithanreicherungen findet man im Unterboden.

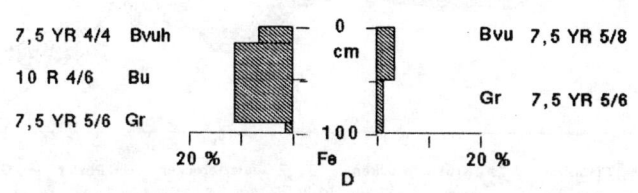

Abb. 15 Abhängigkeit von Farbe und Gehalt an Fe$_d$ in Bodenprofil 4

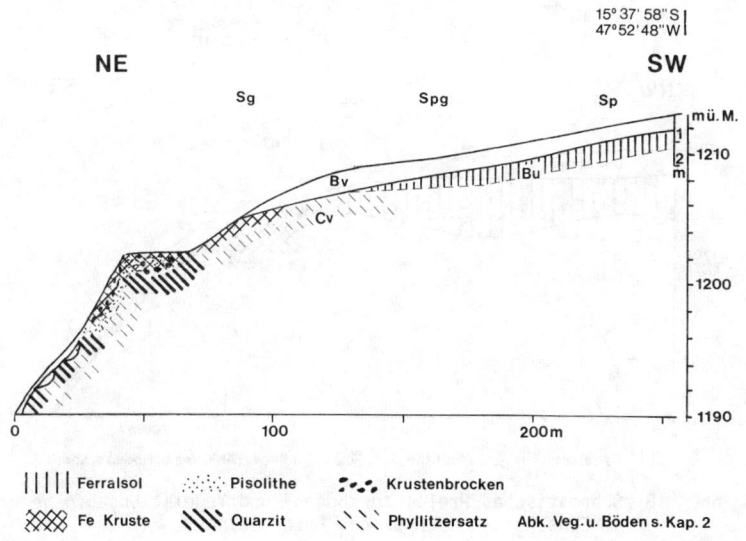

Abb. 16 Boden- und Vegetationsabfolge an der NE-Kante der Chapada de Contagem

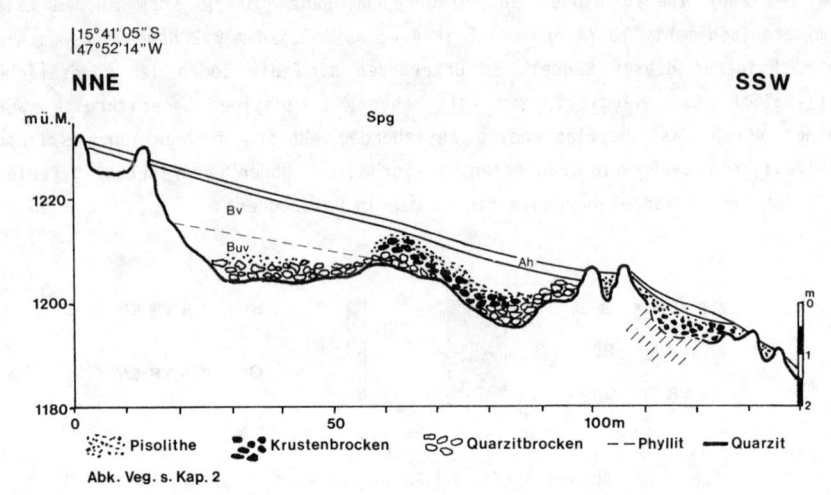

Abb. 17 Boden- und Vegetationsabfolge an der SW-Kante der Chapada de Contagem

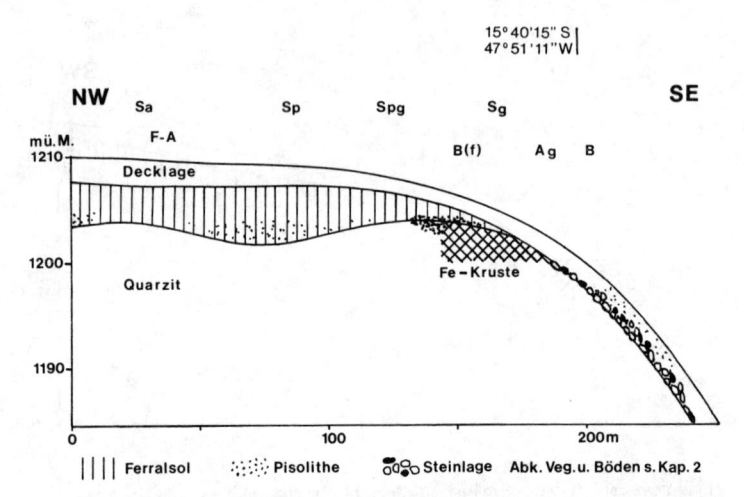

Abb. 18 Schematisches Profil zur Boden- und Vegetationsabfolge am Einschnitt des Ribeirão Paranoazinho

Mächtige Lateritkrusten findet man nur an der NE-Kante der Fläche, sie streichen hier über dem anstehenden Quarzit aus. Die Fläche dacht leicht in diese Richtung ab, die Lateritkrusten hängen also mit der in diese Richtung orientierten Entwässerung zusammen. In diese Richtung ist das gesamte Flächensystem auch wesentlich stärker zerschnitten. Abb. 16 zeigt die Bodenabfolge an der NE-Kante (s. a. Abb. 29), Abb. 17 die an der SW-Kante, hier treten zwar auch vereinzelt Pisolithe und Lateritbrocken auf, die zumindest zum größten Teil umgelagert sind, aber nie mächtige, zusammenhängende Krusten.

Der Sedimentcharakter der oberen Bodenhorizonte wird an einigen Stellen am Einschnitt des Ribeirão de Contagem und des Ribeirão Paranoazinho besonders deutlich. Hier werden die Ferralsols (Latosole) gekappt, während das Bodensediment weiterzieht (vergl. Abb. 18). Des öfteren setzen unterhalb der Kante aus Lateritbruchstücken bestehende Steinlagen an, die eindeutig den das darüberliegende Substrat als Sediment ausweisen. Die Latosole müssen demnach älter als die Flußeinschneidung sein, die Sedimentdecke jünger.

Im Bereich über dem anstehenden Quarzit finden wir stark durchnäßte, tiefhumose Gleyic Cambisols (Braunerde-Hanggleye). Im Bodensediment hat sich der Ah und der Bv ausgebildet. Ein typisches Beispiel eines solchen Bodens zeigt Bodenprofil 5.

Wie gezeigt, werden auch weite Teile der höchsten Fläche von einem allochthonen Bodensediment überzogen, ähnlich dem, wie sie an anderen Stellen Brasiliens schon beschrieben wurden (z.B. SEMMEL & ROHDENBURG 1979; SABEL 1981; SEMMEL 1982a; VEIT & VEIT 1985). Bisher wurden solche Sedimentdecken, oft auch als "hillwash" bezeichnet, aber meist nur in stärker reliefierten Gebieten beschrieben (vergl. SEMMEL & ROHDENBURG 1979:216). VEIT & VEIT (1985:36) führten den Begriff Decklehm ein, da es sich meist um schluffige bis tonige Lehme handelt. Da dies aber großflächig nicht zutrifft und das Bodensediment sehr oft stark sandig ist, wird im folgenden in Anlehnung an den Begriff Steinlage der neutralere Ausdruck Decklage verwendet. Hier zeigt sich nun auch, daß auch auf dem höchsten Niveau im Wasserscheidenbereich Bodensedimentdecken vorkommen. Das Erkennen solcher Decklagen erscheint zunächst schwierig, da keine Steinlage das Hangende vom Liegenden trennt. Allerdings erleichtert der kleinräumige Wechsel schiefriger und quarzitischer Gesteine die makroskopische Unterscheidung.

Fraglich sind die Ablagerungsbedingungen der Decklage. Bodenprofil 1 zeigt, daß das Sediment hier auf einer flachen Kuppe liegt. Es fehlt demnach das potentielle Liefergebiet für einen Transport durch Wasser. Man muß die

Fremdkomponente daher äolisch erklären, will man keine größere postsedimentäre Reliefveränderung annehmen. Gegen eine äolische Herkunft der gesamten Decklage spricht aber, daß keine bevorzugte Exposition bei der Ablagerung in Mulden und Tälern erkennbar ist. Die Hauptmasse des Sediments scheint aquatischen Ursprungs (ob nun fluvial oder solifluidal) zu sein, dafür spricht auch die Tatsache, daß der Anteil der Hornblende in Bodenprofil 2 wesentlich geringer ist. Das deutet auf eine verstärkte Auswaschung der äolischen Komponente in der Mulde hin. Unter dem Mikroskop scheinen die Hornblenden hier auch stärker verwittert, aufgrund des geringen Anteils der Hornblende kann dies jedoch zufällig sein. Es bleibt die Frage, auf welche Weise dabei die äolische Komponente in den Untergrund eingemischt wurde, da sie sonst bei einer nachfolgenden aquatischen Umlagerung als erste abgetragen worden wäre. Die Erklärung hierfür könnte die starke Aktivität der Bodenfauna sein, vor allem verursacht durch die weit verbreiteten Termiten und Ameisen (s.a. FRIED 1983).

Verebnungsníveaus dieser Höhenlage werden im allgemeinen dem Zyklus Sul-Americano (Paläogen) zugeordnet (KING 1956; BRAUN 1971). NOVAES (1984 a-e) sieht darin eine paläogene Etchplain, die durch Klimaschwankungen (hin zum Semiariden) und tektonische Hebung entstanden ist. Auch MAURO et al. (1982:257ff) sehen darin das Resultat verschiedener erosiver Phasen im Paläogen, unter Umständen sogar älter. PENTEADO (1976) konkretisiert die Entstehungsbedingungen aufgrund von Klimaschwankungen. In einer ersten Phase herrschte tropisches wechselfeuchtes Klima, mit etwas stärkeren Kontrasten zwischen der Trocken- und Regenzeit als heute. Danach schlug das Klima zum semi-ariden um. Als Entstehungszeit wird unter Vorbehalt ebenfalls das Paläogen angenommen. Sie prägt auch den Namen Pediplano de Contagem und parallelisiert es, in Anlehnung an die von BIGARELLA & BECKER (1975) in Südbrasilien vorgenommene Gliederung mit deren Pd_3. Diese klimagenetische Interpretation vermutlich paläogener Flächen steht im Widerspruch zur allgemeinen Klimaentwicklung im Alttertiär (s. Kap. 5.1), für das immerfeuchtes, tropisches Regenwaldklima für das Gebiet Zentralbrasiliens belegt wird. PENTEADO (1976) schließt jedoch auf diese klimatische Entwicklung aufgrund von Analysen des Eisengehaltes der Böden. Da diese Böden, wie oben gezeigt, aber von mehr oder weniger mächtigem Bodensediment überlagert sind, das wesentlich jünger ist als die gekappten "in situ"-Ferralsols (Latosole), kann man auch diese Werte nicht mit der Entstehung der Fläche gleichsetzen, sondern höchstens mit der Entstehung des Bodensediments.

7.1.1.1.2 Das 1.000 - 1.100 m Flächenniveau

Das größte landschaftsprägende Flächenniveau liegt in einer Höhe von 1.000-1.100 m, der sogenannte Pediplano de Brasília (PENTEADO 1976). Es ist im Gegensatz zum Pediplano de Contagem in schiefrigen und phyllitischen Gesteinen angelegt.

Die Böden dieses Niveaus unterscheiden sich zum Teil wesentlich von denen des Pediplano de Contagem. Neben den bekannten mächtigen Ferralsols-Acrisols (Latosol-Parabraunerden), die hier nur höhere Tongehalte und eine intensivere Rotfärbung aufweisen, findet man hier mächtige, lateritische Krusten (s. Abb. 19).

Das schiefrige Anstehende ist tief verwittert, im oberen Zersatzbereich ist eine schlackige Eisenkruste ausgebildet, die die Gesteinsstrukturen nachzeichnet. Weiter oben knicken diese säuligen Strukturen in Gefällsrichtung ab und regeln sich ein. Besonders deutlich wird dies dort, wo Quarzgänge im Schiefer anstehen und in der Lateritkruste eine Steinlage bilden. Die Lateritkruste ist also erst nach der Umlagerung gebildet worden. Über der Lateritkruste folgt eine Pisolithlage, die nur wenig rotes Feinmaterial enthält. Darüber liegt eine zweite Pisolithlage mit einem wesentlich höheren Feinmaterialanteil und kleineren Pisolithen. Gegen eine durch Bodenbildung bedingte Anreicherung der Pisolithe spricht die scharfe Grenze der einzelnen Horizonte: oben ein homogenes Sediment mit kleinen, etwa gleichgroßen, ca. 1 cm $\emptyset$ und gleichmäßig verteilten Pisolithen, darunter, mit einer scharfen Grenze abgesetzt, eine Lage großer, ca. 3 cm $\emptyset$ und gleichmäßig verteilter Pisolithe mit sehr wenig Feinmaterial. Bei einer Bodenbildung wäre ein allmähliches Zunehmen der Pisolithe an Zahl und Größe zu erwarten. Über den Pisolithen liegt ein bräunliches Feinsediment, in das einzelne Pisolithe eingearbeitet sind.

Zur Entstehung dieses Profils müssen verschiedene Umlagerungsphasen angenommen werden, die unter rezenten Bedingungen nicht möglich sind. Vor allem die Entstehung der mächtigen Steinlage aus Schiefer und Quarzen bei einer Hangneigung von nur $1 - 2^o$, setzt völlig andere klimatische Bedingungen voraus, mit einem durch Starkregenfälle verursachten hohen Oberflächenabfluß bei starker bis völliger Vegetationsauflichtung. Die Pisolithe stammen wahrscheinlich von der höheren Fläche, im Distrito Federal konnten Pisolithschüttungen von über 5m Mächtigkeit beobachtet werden. Im Gelände kann man umgelagerte Pisolithe von "in situ"-Pisolithen aufgrund ihrer Härte unterscheiden. Eindeutig "in situ" liegende Pisolithe lassen sich zwischen den Fingern zerdrücken, während dies bei umgelagerten nicht möglich ist. Sie härten erst an der Oberfläche bei der Umlagerung aus.

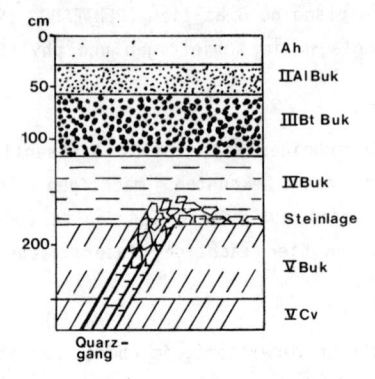

Abb. 19 Schematisches Bodenprofil zur Sedimentabfolge auf dem Pediplano de Brasília

Erwähnenswert ist noch die Tatsache, daß die von dem Pediplano de Contagem bekannte typische Abfolge der "roten" und "gelben" Böden hier wesentlich schwächer ausgebildet ist oder auch fehlt. Zurückführen kann man das auf das weitgehende Fehlen von quarzitischen Gesteinen, die neben dem unterschiedlichen Wasserhaushalt nicht unerheblich die rezente Bodenfarbe bestimmen.

NOVAES (1984a) stellt die Entstehung dieses Flächenniveaus ins Neogen, da die im Miozän andauernde tektonische Ruhephase im Pliozän von einer erneuten tektonischen Aktivitätsphase abgelöst wurde. PENTEADO (1976) parallelisiert es mit dem Pd_2 (BIGARELLA & BECKER 1975) und stuft es ins Eozän-Miozän ein. Die klimatischen Entstehungsbedingungen entsprechen denen des Pediplano de Contagem. Wie gezeigt kann man aber auch hier aus dem rezenten Bodenprofil nicht direkt auf die Entstehung der Fläche schließen, da es in seiner Entwicklung polygenetisch ist.

7.1.1.1.3 Die Pedimente und jüngeren Formen

Von dem Pediplano de Contagem zum Pediplano de Brasília zieht das Pedimentniveau (P_4)(PENTEADO 1976), bedeckt von groben, umgelagerten Pisolithen und Lateritbruchstücken, nur mit einer geringmächtigen Bodensedimentdecke, die stellenweise auch fehlt. PENTEADO (1976) stellt dessen Entstehung ins Paläogen-Eozän. Dies ist insofern nicht ganz schlüssig, da das P_4 auf das Pd_2 eingestellt ist, also schwerlich älter sein kann als dies. Das P_4 muß entweder mit dem Pd_2 genetisch zusammenhängen oder jünger sein.

Auf den Pediplano de Brasîlia folgen noch zwei weitere Pedimentsysteme (P_3 und P_2) und der pleistozäne Talboden (tp). Die Pedimente sind gekennzeichnet durch mächtige Schüttungen von Pisolithen, Lateritkrustenbrocken und Quarzen, die, wo sie angeschnitten werden, auch sekundär zu mächtigen Krusten verbacken sind. Darüber liegt das Bodensediment in je nach Reliefposition unterschiedlicher Mächtigkeit. Bei den Böden handelt es sich hier um Acrisols (Parabraunerden) oder Cambisols (Braunerden), sie sind von gelblicher bis brauner Farbe. Das P_3 unterscheidet sich vom P_2 dadurch, daß zwischen den Pisolithschichten und dem Bodensediment stellenweise noch Ferralsolreste vorhanden sind. Die Entstehung wird ins Pliozän gestellt, während das P_2, bei dem die Ferralsolreste fehlen, ins Mittelpleistozän eingeordnet wird (PENTEADO 1976). NOVAES (1984e) unterscheidet ein mindel- und ein rißzeitliches Pediment und eine würmzeitliche Terrasse. Diese Würmterrasse bezeichnet PENTEADO (1976) als jungpleistozänes Talbodenpediment.

Die Talböden sind durch Wechsellagen von Sedimenten der unterschiedlichsten Korngrößen gekennzeichnet. In etwa 3 m Tiefe folgt meist ein Schotterkörper, der 50 cm Mächtigkeit in der Regel nicht übersteigt. Häufig findet man fossile Ah-Horizonte. Am Ribeirão do Torto findet man unterhalb der Chapada de Contagem folgenden Sedimentabfolge:

- 10 cm   Ah   S12   5 YR 7/1
- 40 cm   M   Sl   5 YR 6/3   Schwemmfächermaterial
- 50 cm   fAh   St   5 YR 3/2 ^{14}C-Alter = 105 $\pm$ 60 (Jahre vor 1950)
- 105 cm   Bv   Slu   7,5 YR 5/8
- 115 cm   Quarz-Steinlage
- 175 cm   Bv   S   10 YR 2/1
- 190 cm   fAh   T   10 YR 2/1 ^{14}C-Alter = 4.570 $\pm$ 85 (Jahre vor 1950)
- 295 cm   Gor   Ts2   10 YR 6/3
  295 cm + Schotterkörper aus Quarziten und Quarzen

Der obere fAh-Horizont wird von einem Schwemmfächer fossilisiert, der sich auf der gegenüberliegenden Flußseite fortsetzt. Seine Entstehung fällt wahrscheinlich mit dem Beginn der Beackerung durch weiße Siedler bzw. der Beweidung zusammen, da intensive Beackerung in größerem Umfang erst mit der Gründung

Brasílias 1960 einsetzte. Der Ribeirão do Torto hat sich demnach erst in jüngster Zeit in die Auensedimente eingeschnitten. Eine Modifikation der fAh-Horizonte durch Grundwasser und somit eine Verfälschung der ^{14}C-Datierungen kann nicht ausgeschlossen werden, allerdings fügen sie sich gut in die Modelle der holozänen Landschaftsentwicklung ein, die in Südbrasilien und Amazonien entwickelt wurden. Der untere fAh-Horizont markiert in etwa das Ende des holozänen Klimaoptimums (7.000-6.000 A.B.P. - Atlantikum)(vergl. VAN GEEL & HAMMEN 1973; SCHMITZ 1980:215ff), dem eine aride Phase zwischen 5.000/4.500 und 2.000/2.500 A.B.P. folgte (MÜLLER 1973; HAMMEN 1968; BIGARELLA 1971) bzw. zwischen 4.200 und 3.500 (ABSY 1982; HAMMEN 1982; SALDARRIAGA & WEST 1986). ^{14}C-Datierungen von GREINERT (1988) aus dem Distrito Federal passen ebenfalls in dieses Bild. Die verstärkte Auenlehmsedimentation spricht für eine teilweise Vegetationsauflichtung in dieser Zeit. Folglich kann auch ein Teil der Decklagen, die sich mit den Auensedimenten verzahnen, holozänen Alters sein. Das Alter der Steinlagen läßt sich hier nicht genau bestimmen. Sie wurden aber vor dem holozänen Klimaoptimum abgelagert. Grobmaterialverspülungen in kleinerem Umfang gab es auch noch im jüngeren Holozän, wie eine zwischengeschaltete Steinlage zeigt.

7.1.1.1.4 Die Vegetationsverteilung auf den Reliefeinheiten

Eine solch kleinräumige Differenzierung der Böden bleibt nicht ohne Einfluß auf die Vegetationsverteilung. In den flachen Mulden auf der Fläche ändert sich, einhergehend mit der Änderung der Bodenfarbe von rot über rot-gelb bis gelb in der Tiefenlinie, die Vegetation von Cerrado (Sa) über Campo Cerrado (Sp) und Campo Sujo (Spg) bis zu Campo Limpo (Sg) in den Tiefenlinien (Abb. 20 u. 21, vergl. a. Abb. 10 u. 14; s.a. Tab. 3-6).

Ähnliche Abfolgen sind in den flachen Einschnitten von Bächen oder kleinen Flüssen zu beobachten. Hier treten dann neben den typischen Cerradoformen auch die Vereda (Ss), eine Überschwemmungswiese, und Mata Cilar (Galeriewald)(Fg) auf, die an hydromorphe Böden gebunden sind. Vereda (Ss) löst dort der normale Campo Limpo (Sg) ab, wo Grundwasser ganzjährig oberflächennah steht. In der Regenzeit sind diese Gebiete sogar häufig überschwemmt. Im Bereich der Tiefenlinie tritt in der Vereda (Ss) häufig die "Buritî"-Palme *(Mauritia vinifera)* auf, ein eindeutiges Zeichen für Naßgleye (Abb. 22).

Während weiter hangaufwärts die Vegetationsabfolge die gleiche wie in den Mulden ist, verändert sie sich mit beginnender Einschneidung des Flusses. Dadurch ändert sich der Grundwasserspiegel. Direkt am Flußufer des verhältnismäßig tief

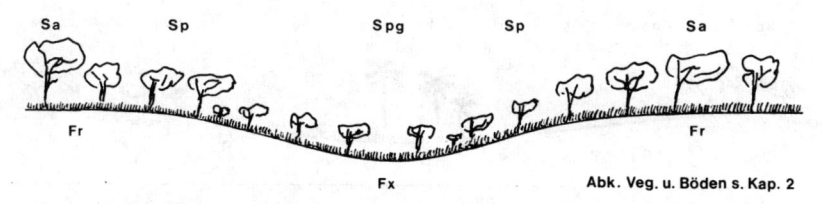

Abb. 20 Schematisches Profil zur Vegetations- und Bodenabfolge in flachen Mulden

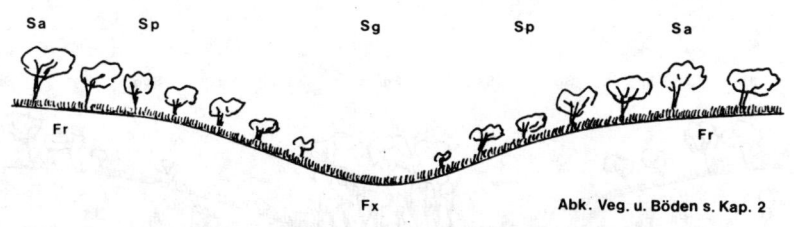

Abb. 21 Schematisches Profil zur Vegetations- und Bodenabfolge in flachen Mulden mit Übergang zu Campo Limpo

in sein Auensediment eingeschnittenen Flusses, nicht mehr im unmittelbaren Grundwassereinflußbereich, treten Galeriewälder (Mata Cilar) auf. Cambisols (Braunerden), die erst im tieferen Unterboden vergleyt sind, sind die am häufigsten auftretenden Böden. Im Übergangsbereich vom Hang zum Talboden steht das Grundwasser wieder oberflächennah, und es stellt sich Vereda (Ss) ein, die weiter hangaufwärts von Campo Limpo (Sg) abgelöst wird. Die weitere Abfolge ist die schon gezeigte (vergl. Abb 23). Häufig treten im Übergangsbereich vom Hang zum Talboden flache Hügel, sog. Murundus, auf. Zwischen den Murundus findet man hydromorphe Böden mit reiner Grasvegetation. Auf den Murundus stocken oft kleinere Bäume und Büsche. Die typischen Böden sind hier Acri- und Cambisols (Parabraunerden und Braunerden), häufig durch Stauwasser beeinflußt und mit vergleyten Unterböden (vergl. Abb. 24).

In sehr engen Tälchen mit einem sehr schmalen Talboden, der in diesem Fall identisch ist mit dem Übergang Hang-Talboden, tritt am Rande der Galeriewälder (Mata Cilar), vereinzelt *Mauritia vinifera* auf, die ansonsten in den Galeriewäldern fehlt. Die Vereda (Ss) ist an ganzjährig nasse Standorte mit typischen Gleysols (Gleyen) gebunden, während die Galeriewälder auf den Uferböschungen stocken, die zwar feucht, aber nicht naß sind. Die Böden sind hier nur im tieferen Unterboden vergleyt. Bei den Oberböden handelt es sich meist um Cambisols (Braunerden)(vergl. Abb. 25).

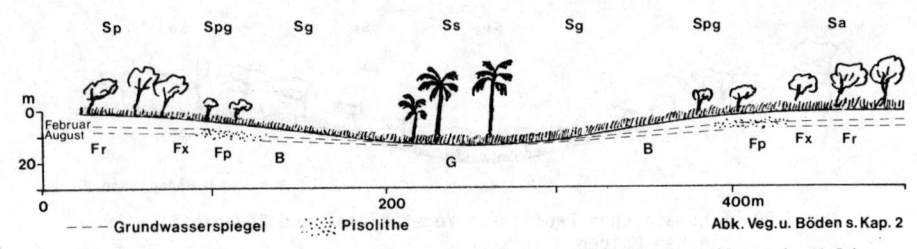

Abb. 22 Schematisches Profil zur Vegetations- und Bodenverteilung in Muldentälern auf den Hochflächen

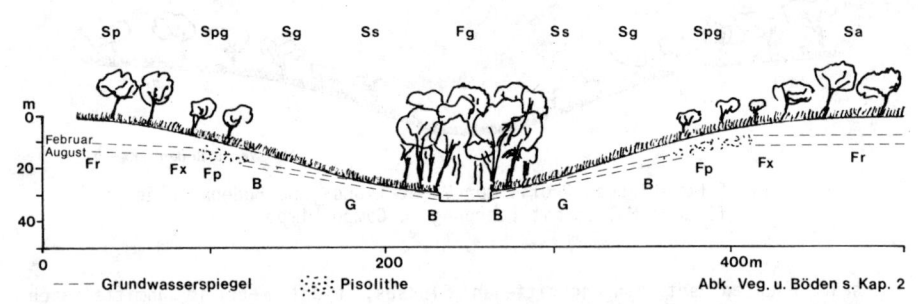

Abb. 23 Schematisches Profil zur Vegetations- und Bodenverteilung in flachen Flußtälern auf den Hochflächen

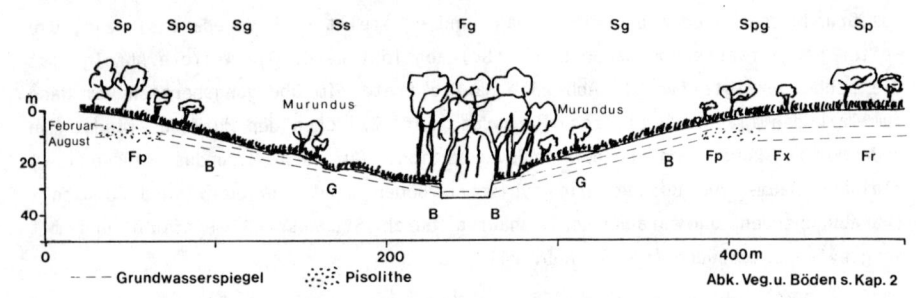

Abb. 24 Schematisches Profil zur Vegetations- und Bodenverteilung in Flußtälern mit "Murundus" auf den Hochflächen

Abb. 26 zeigt das Verteilungsmuster der Vegetation an den Flächenrändern (vergl. a. Abb. 16, 17 u. 18). Zum Flächenrand hin wird die Vegetation lichter, bei gleichzeitiger Änderung der Bodenfarbe von rot nach gelb und Abnahme der Solummächtigkeit. Auf dem am Rande des Pediplano de Contagem häufig zutagetretenden frischen Quarzit stocken Bäume. Gräser fehlen auf diesem stark zerklüfteten Gestein.

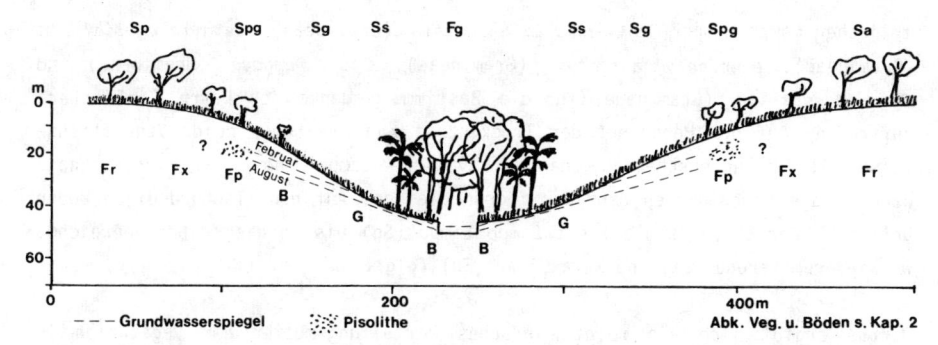

Abb. 25 Schematisches Profil zur Vegetations- und Bodenverteilung in engen
Flußtälern auf den Hochflächen

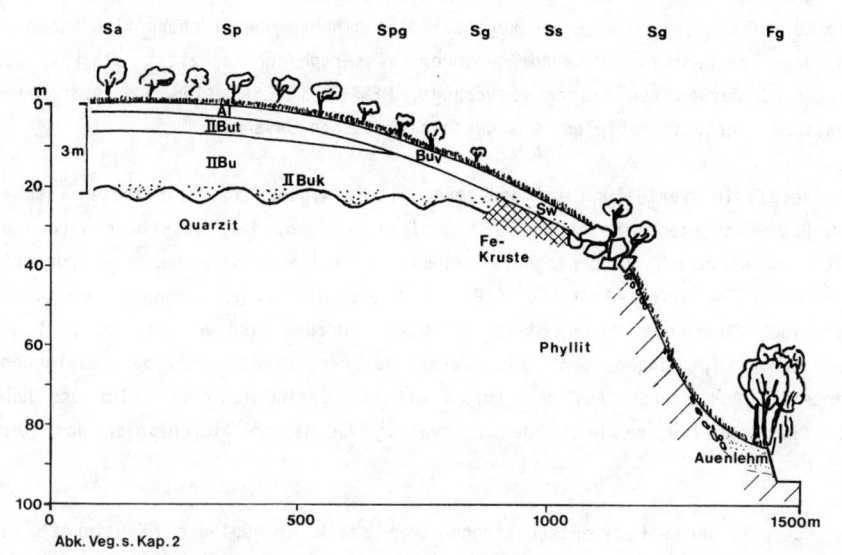

Abb. 26 Schematisches Profil zur Vegetations- und Bodenverteilung an der
Flächenkante der Chapada de Contagem

Auf den Hanggleyen bzw. Stagnogleyen über dem anstehenden Quarzit und/oder Lateritkruste tritt kein typischer Campo Limpo (Sg), sondern eine der Vereda (Ss) ähnliche Feuchtwiese auf, allerdings ohne *Mauritia vinifera*. In diesem Falle reicht eine rein physiognomische Betrachtungsweise nicht aus. Auf der Chapada de Contagem sind die nassen Standorte durch *Paepalanthus amoenus* (Ericocaulaceae), *Lycopodium arum* (Lycopodiaceae), *Rhynchospora tenius* (Cyperaceae), *Pennisetum setosum* (Gramineae) charakterisiert, während in dem typischen Campo Limpo (Sg) *Paspalum chrysites* (Gramineae), *Setaria vertiallata* (Gramineae), *Pennisetum hirsatum* (Gramineae), *Stipa papposa* (Gramineae) und *Cynodon dactylon* (Gramineae) (für die Bestimmung danke ich Herrn E. Fischer) auftreten. Auf dem Höhepunkt der Trockenzeit kann man aber beide Vegetationsformen leicht unterscheiden, da der typische Campo Limpo (Sg) vertrocknet, während die Feuchtwiesen ganzjährig grün bleiben. Auf den flachgründigen Böden unterhalb der Quarzitkante zieht Campo Limpo (Sg) bis in die Talbodenbereiche, wo wiederum Vereda (Ss) und Mata Cilar (Fg) folgt.

Daraus ergibt sich ein recht einfaches Verteilungsmuster der Vegetation in Abhängigkeit vom Bodenwasserhaushalt, der alle weiteren edaphischen Faktoren beeinflußt oder überprägt (vergl. TINLEY 1982:191). Gut dränierte, hochgelegene, tiefgründige Böden weisen relativ dichten Baumbestand auf. Geringmächtige Böden und Reliefbereiche, die in der Regenzeit einen hohen Oberflächenabfluß haben und in der Trockenzeit aufgrund geringer Wasserspeicherkapazität stärker austrocknen, werden von Gräsern bevorzugt. MENAUT & CESAR (1982:82) beschreiben ähnliche Vegetationsabfolgen aus westafrikanischen Savannen.

Die Vegetationsverteilung auf den zerschnittenen, unruhig reliefierten Flächen- und Pedimentresten scheint zunächst weniger homogen. Aber auch hier werden die gut dränierten Kuppenlagen, obwohl stellenweise neben erodierten (Phlinthic)Ferralsols-Acrisols ((Plinthit)Latosol-Parabraunerden) nur geringmächtige Cambisols (Braunerden) vorkommen, vorzugsweise von Cerrado (Sa) oder Cerradão (Sd) eingenommen. Als Wasserspeicher dient hier das tiefgründig zersetzte Anstehende. Auf den Hängen mit nur geringmächtigem Solum und hohem Oberflächenabfluß sowie in den zeitweilig übernäßten Tiefenlinien dominieren Gräser.

Auf den jüngeren Pedimentschüttungen von stark wechselnder Mächtigkeit, auf denen in der Regel ein Acrisol (Parabraunerde) ausgebildet ist, variiert die Vegetation, je nach Sedimentmächtigkeit, von Campo Cerrado (Sp) bis Cerradão (Sd), doch immer dominieren Bäume. Hier herrschen während der Regenzeit gute Abflußverhältnisse, in der Trockenperiode wird ein ausgeglichener Bodenwasserhaushalt durch Hangzuzugswasser gewährleistet.

7.1.1.2 Das Planalto do Alto Tocantins-Paranaiba

Nach Westen hin setzen sich die Flächen zunächst in den Gesteinen des Grupo Paranoá (oberes Proterozoikum) fort. Durch das Einsetzen des weniger homogenen

Grupo Araxá (mittleres Proterozoikum), mit einer großen Variationsbreite der verschiedensten Gesteine, vor allem Glimmerschiefer, Quarzite, Quarz-Glimmerschiefer und Quarz-Muskovitschiefer, wird eine stärkere Zerschneidung der Flächen bedingt. Dieses Gebiet wird als Planalto do Alto Tocantins-Paranaiba bezeichnet (MAMEDE et al. 1981). Das Profil in Abb. 27 zeigt ein typisches Relief aus diesem Gebiet. Die Einschneidung scheint zumindest zweiphasig gewesen zu sein. Sowohl am Córrego do Moniolo, als auch am Ribeirão Retiro tritt im Hang jeweils ein deutlicher Gefällsknick auf. Die Steinlage ist oberhalb zweischichtig, mit einer basalen fast nur aus Quarzen bestehenden, ca. 15 cm mächtigen Schicht und einer hangenden, ca. 20 cm mächtigen Lage aus Quarzen, Pisolithen und lateritisierten Schiefern mit noch frischem Kern. An dem Gefällsknick kommt die Steinlage an die Oberfläche und taucht danach mit stärkerem Gefälle wieder unter einem Bodensediment ab. Ab hier ist sie nur noch einschichtig und besteht aus Quarzen, Pisolithen und lateritisierten quarzitischen Schiefern.

Daraus ergibt sich folgende Entwicklung: Infolge einer ersten Zerschneidungsphase wurde Grobmaterial von der Flächenkante ins Tal gespült, das Feinmaterial wurde durchtransportiert. Mit nachlassender Transportkraft (als Resultat einer langsamen Klimaänderung und sich schließender Vegetationsdecke) wurde nur noch Feinmaterial transportiert. Nach einer erneuten Einschneidungsphase wurde wieder Grobmaterial von der Flächenkante und von der freigelegten Steinlage ins Tal gespült und bei nachfolgender nachlassender Aktivität mit Feinsediment von der Fläche überlagert. Nicht immer korrelliert die Steinlage eindeutig mit einem Schotterkörper. Am Córrego do Moniolo streicht die Steinlage an der Oberfläche über dem Anstehenden aus, in das sich der Fluß eingeschnitten hat. In jüngster Zeit hat sich der Fluß in die Auenlehmverfüllung erneut bis aufs Anstehende eingeschnitten. An der Basis des Auenlehms, der stellenweise von kräftig roter Farbe ist, findet man einen 20-40 cm mächtigen Schotterkörper, der aber anscheinend mit der Steinlage des Gegenhanges korrelliert (Abb. 27b).

Bei den Flächenresten kann man zwei Niveaus unterscheiden, eines bei ca. 1.100 m, mit Rhodic Ferralsols-Acrisols (Rotlatosol-Parabraunerden) und ein weiteres zwischen ca. 1.060 m und 1.100 m mit Xanthic Ferralsols-Acrisols (Gelblatosol-Parabraunerden). Bei dem tieferen Niveau dürfte es sich nur um stärker erodierte Reste der gleichen Fläche handeln, nicht um Zeugen eines anderen Flächenbildungszyklus. Die Rhodic Ferralsols (Rotlatosole) wurden hier vollständig erodiert. Bei den Xanthic Ferralsols (Gelblatosole) handelt es sich um eine jüngere Neubildung. Unterschiede im Ausgangsgestein könnten natürlich ebenfalls entscheidend sein, diese könnten eventuell auch die stärkere Erosion

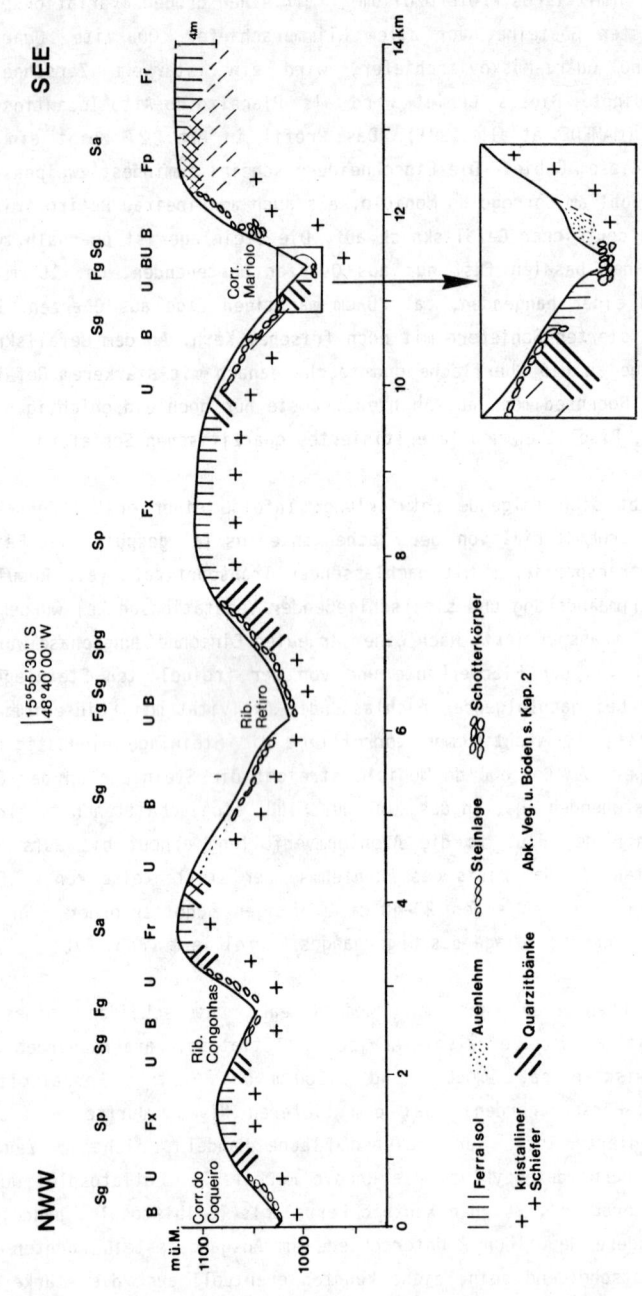

Abb. 27 Profil durch das Planalto do Tocantins-Paranaíba

dieser Bereiche erklären. Wo allerdings das Anstehende auf den Flächen aufgeschlossen bzw. zu erbohren ist, handelt es sich sowohl bei den Rhodic Ferralsols (Rotlatosole) als auch bei den Xanthic Ferralsols (Gelblatosole) um Quarz- oder Quarzitbänke.

Der Cerrado (Sa) ist auf den Rhodic Ferralsol-Acrisols (Rotlatosol-Parabraunerden) dichter als auf den Xanthic Ferralsol-Acrisols (Gelblatosol-Parabraunerden). Die Talhänge werden von Campo Limpo (Sg) dominiert, die im Auenbereich von Galeriewäldern (Mata Cilar)(Fg) abgelöst werden.

Weiter nördlich und nordwestlich stehen zwischen 1.200 und 1.300 m Höhe mächtige S-E streichende Quarzitkämme an. Es sind Reste eines Flächenniveaus, das die direkte Fortsetzung des Pediplano de Contagem bildet. Sie bilden mit dem Pico dos Pireneus, mit 1.349 m der höchste Punkt der Region, die Wasserscheide für die Flußsysteme des Amazonas im Norden und des Rio Paraná im Süden. Besonders deutlich wird hier, wie stark Gesteinsunterschiede heraus gearbeitet werden. Auch im Mikrorelief spiegelt sich das stark gefaltete Gestein wider. Erstaunlich ist, daß auch in dieser Höhe, ohne nennenswertes Einzugsgebiet, das Grundwasser sehr hoch steht. Stellenweise setzt in 1.300 m ü.M. in nur 30 cm unter der Geländeoberfläche ein Gor und in 50-80 cm Tiefe ein Gr im Schieferzersatz ein. Bei nur schütterem Campo Cerrado (Sp) kann hier auch eine rezente Überschüttung der mächtigen Ah-Horizonte mit 15-20 cm grauem Quarzsand beobachtet werden. In einer Höhe von 1.200 m ü.M. sind zwischen den Quarzitkämmen Flächenreste (Abb. 28) erhalten mit über 3 m mächtigen Plinthic Ferralsol-Acrisols (Plinthitlatosol-Parabraunerden), mit folgendem Profilaufbau:

- 40 cm	Ah1	S	10 YR 6/6		stark durchwurzelt, Einzelkorngefüge
-200 cm	BuvAl	Sl	7,5 YR 5/6		durchwurzelt, Einzelkorngefüge, vereinzelt Quarzkörnchen (<2 mm)
-300 cm	IIBut	Ts	2,5 YR 4/6		Polyedergefüge, im oberen Bereich noch sehr schwach durchwurzelt
-350 cm	IIBu	T	2,5 YR 3/6		Subpolyedergefüge, einige kleinere (<5 mm) Pisolithe an der Basis
-380 cm	IIBk	-	7,5 YR 5/8		Kittgefüge, eisenverbacken
380 cm +	IICvGr	T	5 YR 8/3		Kohärentgefüge, zersetzter Phyllit

Die Lateritkruste scheint hier flächenhaft verbreitet, sie wurde immer wieder erbohrt. An der Flächenkante streicht die Kruste aus, überlagert von ca. 20 cm Pisolithschutt und 10-20 cm Sand. Pisolithschutt zieht von hier hangabwärts, von ca. 20-30 cm sandigem Feinmaterial überdeckt, welches auch noch rezent verspült wird.

Die Decklage läßt sich bis zu einem weiteren, ca. 80 m tieferen Flächenrest verfolgen und fossilisiert hier einen ähnlichen Plinthic Ferralsol (Plinthitlatosol) wie auf dem höheren Flächenrest.

Im Bereich der Flächenreste findet man Cerrado (Sa) bis Campo Cerrado (Sp), die zum Flächenrand hin im Wuchs immer niedriger wird. Hier, im Bereich der oberflächennahen Lateritkruste, tritt *Vellozia flavicans* (Velloziaceae) gehäuft auf, eine Pflanze, die man immer in großer Zahl auf sehr geringmächtigen Böden antrifft. EITEN (1982:36) grenzt diese Savannenform von der Cerrado ab und bezeichnet sie als Campo Rupestre (Sr), eine saisonale Savanne, die in ganz Zentralbrasilien auf edaphisch trockenen Standorten mit Rankers und Lithosols vorkommt. Bemerkenswert ist noch das Vorkommen von *Virola sebifera* (Myristicaceae), die eigentlich typisch für flache Tiefländer ist. Sie ist auch in den Wäldern in der Region von Humaitá (Amazonas) weit verbreitet (s. Kap. 7.2.3.1).

7.1.1.3 Die intramontanen Ebenen

7.1.1.3.1 Die intramontane Ebene von Pirenópolis

Im Westen schließt sich an das Planalto do Alto Tocantins-Paranaiba ein System intramontaner Ebenen an, das sowohl in Gesteinen der Grupo Araxá als auch des Complexo Granito-Gnáisico ausgebildet ist.

Vom Pico dos Pireneus folgt ein steiler 500 m Abfall in die intramontane Ebene von Pirenópolis (Abb. 28). Cambisols (Braunerden) aus Schieferschutt mit vereinzelter Beimischung von Pisolithen, die je nach Reliefposition in Rankers und Lithosols übergehen, sind die typischen Böden. Die Hänge werden überwiegend von Campo Cerrado (Sp) eingenommen, der mit abnehmender Solummächtigkeit in Campo Sujo (Spg) und Campo Rupestre (Sr) übergeht.

Vor dem Übergang in die Fläche tritt noch einmal ein Hangknick auf. Hier hat sich an einer abtragungsresistenten Quarzitbank eine Verebnung gebildet. Die Böden sind stark hydromorph überprägt, der Schieferzersatz ist stellenweise eisenverbacken. Über dem Schiefer liegt eine Steinlage aus Quarzen, Pisolithen und lateritisiertem Schieferschutt. Im Oberhang ist auch die Steinlage sekundär

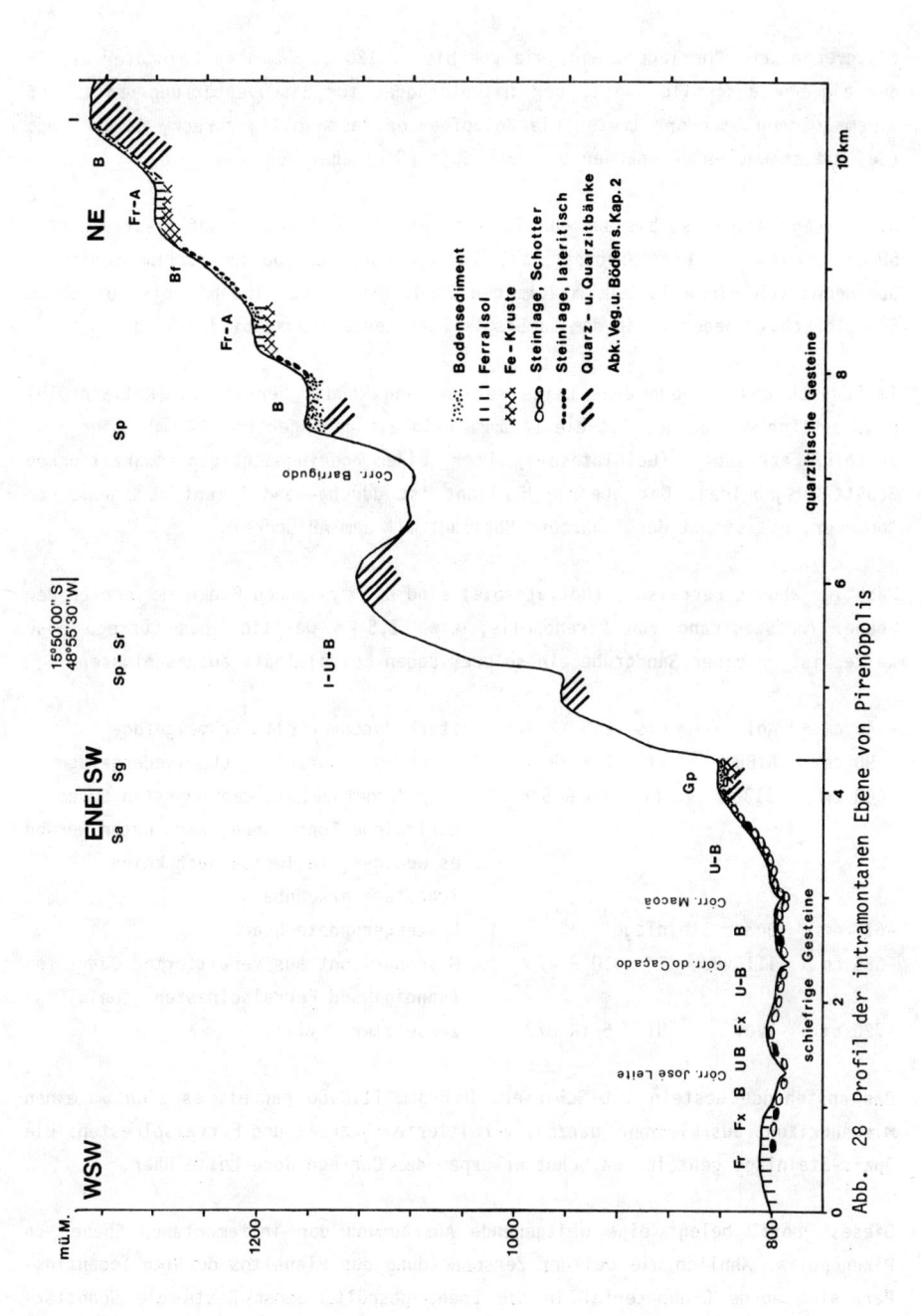

Abb. 28 Profil der intramontanen Ebene von Pirenópolis

eisenverbacken. Überlagert wird sie von bis zu 120 cm sandigem Feinmaterial, in dem ein Gor ausgebildet ist, der im Unterboden zur Eisenverhärtung neigt. Auf einem solchen Standort treten die Holzpflanzen fast völlig zurück, Campo Limpo (Sg) mit schwachen Übergängen zu Campo Sujo (Spg) überwiegt.

Der Côrrego Macoa ist bis auf den Schiefer eingeschnitten. Darauf liegt ein etwa 50 cm mächtiger Schotterkörper aus kantengerundetem quarzitischem Schiefer, überdeckt von einem 70-100 cm lehmigen Sand. Die Hänge sind mit bis zu 50 cm Schieferschutt bedeckt, in dem Cambisols (Braunerden) ausgebildet sind.

Im Bereich des Côrrego José Leite setzen dann Rhodic Ferralsols (Rotlatosole) ein. Östlich des Baches ist die Solummächtigkeit geringer (< 100 cm), hier sind Xanthic Ferralsols (Gelblatosole) über einem geringmächtigen quarzitischem Schutt ausgebildet. Der oberste Horizont ist durchgehend leicht verbraunt und tonärmer, oft stimmt der tonärmere Horizont mit dem Ah überein.

Mächtige Rhodic Ferralsols (Rotlatosole) sind die typischen Böden im Inneren der Ebene. Am Stadtrand von Pirenópolis, etwa 1,5 km westlich des Côrrego José Leite, ist in einer Sandgrube ein solcher Boden beispielhaft aufgeschlossen.

- 40 cm	Ah1	Lts	2,5 YR 4/6	stark durchwurzelt, Krümelgefüge
- 90 cm	AlBu	Lts	2,5 YR 4/8	stark durchwurzelt, Subpolyedergefüge
-600 cm	IIBut	Tl	10 R 5/6	Polyedergefüge, in den obersten 50 cm zahlreiche Toncutanen, nach unten werden es weniger, teilweise auch keine Toncutane erkennbar
-615 cm	Quarz-Steinlage			kantengerundete Quarze
-685 cm	IIICvBu	Ts	10 R 4/6	Mischhorizont aus verwitterten Quarziten (sandig) und Ferralsolresten (tonig)
-720 cm +	IVCv	Ul	5 YR 8/3	zersetzter Phyllit

Das anstehende Gestein ist Schiefer. Bei dem IIICvBu handelt es sich um einen Mischhorizont aus kleinen Quarzen, verwittertem Quarzit und Ferralsolresten. Die Quarz-Steinlage geht in den Schotterkörper des Côrrego José Leite über.

Dieses Profil belegt eine weitgehende Ausräumung der intramontanen Ebene von Pirenópolis. Ähnlich wie bei der Zerschneidung des Planaltos do Alto Tocantins-Paranaiba wurde Grobmaterial in die Ebene gespült, deren Reste die Schotterkörper und Steinlagen sind. Das Feinmaterial wurde durchtransportiert. Mit sich schließender Vegetationsdecke wurde nur noch Feinmaterial transportiert und in der Ebene abgelagert. Rezent ist dieser Vorgang, trotz geringer aktueller Verspülung an den Hängen mit nur schütterer Grasvegetation, weitgehend zum Stillstand gekommen. Die Flüsse haben sich in die Sedimente wieder bis auf das Anstehende eingeschnitten.

An zahlreichen Stellen erscheint es auch hier, als wäre die Zerschneidung zweiphasig gewesen (vergl. Abb. 29, 30, 31). Das Profil in Abb. 31 zeigt erneut ein Phänomen, das auch schon bei den Taleinschnitten auf dem Planalto do Alto Tocantins-Paranaiba auftrat: eine Asymmetrie der Aue. Während an der einen Uferseite, in der Regel am Prallhang, rote Ferralsolsedimente ohne erkennbare Schichtung direkt auf dem Anstehenden oder durch eine Steinlage von diesem getrennt liegen, liegen im Gleithangbereich graue bis braune deutlich geschichtete Auensedimente. Bei den grauen bis braunen Auensedimenten handelt es sich hier wohl um holozäne Ablagerungen. Die roten ferralsolartigen Sedimente sind wahrscheinlich jungpleistozänen Alters, da sie mit der im allgemeinen als jungpleistozän eingestuften Decklage korrelieren (vergl. SEMMEL & ROHDENBURG 1979; ROHDENBURG 1982:104). Die Steinlagen trennen hier nicht die Decklage von den liegenden Ferralsols, sondern Ferralsol- und Zersatzreste von einem meist mächtigen (s.o.) hangenden Ferralsol, darüber folgt dann erst der abschließende verbraunte Boden, der auch tonärmer als der liegende Ferralsol ist. In den ebenen Reliefbereichen kann häufig keine Verbraunung des Oberbodens festgestellt werden (s. Abb. 30 u. 31), nur die Ah-Horizonte sind durchgehend tonärmer als das Liegende. Aufgrund der scharfen, oberflächenparallelen Grenze und der in Mulden zunehmenden Mächtigkeit, scheint es sich hierbei um eine weitere Sedimentdecke zu handeln. Auf jeden Fall sind mächtige Ferralsols im Hangenden der Steinlagen im Gebiet der intramontanen Ebene weit verbreitet. Es müssen also im Holozän bzw. im Jungpleistozän noch Bedingungen geherrscht haben, die Ferralsolbildung zumindest aus Bodensediment erlaubten, da im gleichen Sediment je nach Reliefposition auch braune und gelbe Böden gebildet wurden. Dies spricht gegen eine ausschließlich sedimentär bedingte braune Färbung der Oberböden.

Im Gebiet der intramontanen Ebenen ändert sich auch die Vegetation, weitverbreitet findet man hier laubabwerfende Wälder (C), die allerdings nur noch in Resten vorhanden sind, da das Gebiet intensiv landwirtschaftlich genutzt wird. Die typische Vegetationsabfolge zeigt Abb. 31. Oft hat es auch den Anschein, als sei die Vegetation gesteinsabhängig (vergl. Abb. 29). Dort, wo quarzitische Gesteine anstehen, nimmt Cerrado einen größeren Raum ein, auf Glimmerschiefer und Amphibolitschiefer tritt Wald stärker hervor. Dies ist jedoch nicht immer

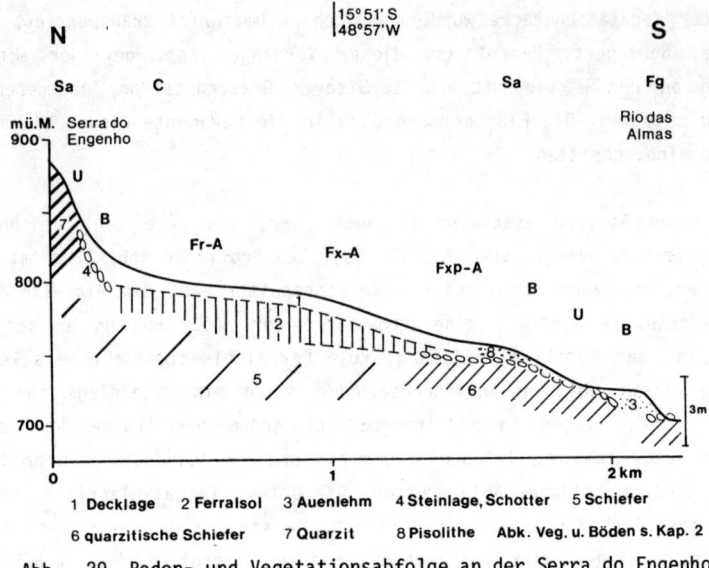

Abb. 29 Boden- und Vegetationsabfolge an der Serra do Engenho

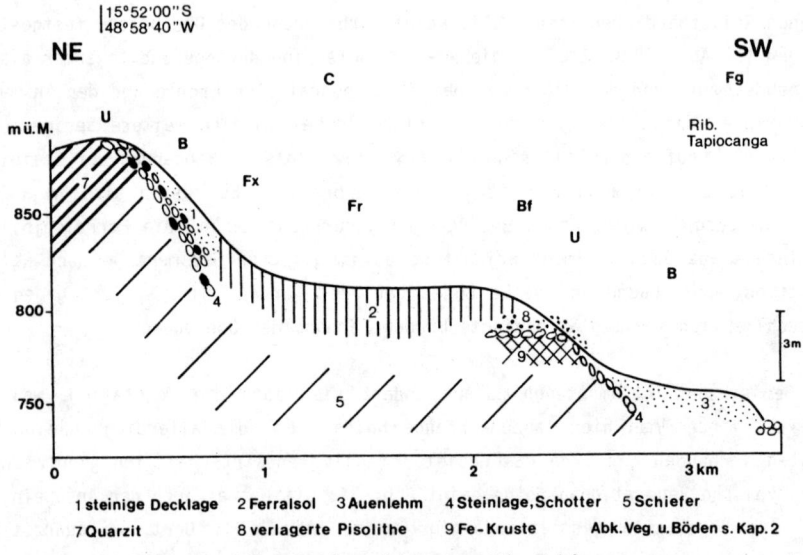

1 Decklage 2 Ferralsol 3 Auenlehm 4 Steinlage, Schotter 5 Schiefer
6 quarzitische Schiefer 7 Quarzit 8 Pisolithe Abk. Veg. u. Böden s. Kap. 2

Abb. 30 Boden- und Vegetationsabfolge am Rio Tabicanga

1 steinige Decklage 2 Ferralsol 3 Auenlehm 4 Steinlage, Schotter 5 Schiefer
7 Quarzit 8 verlagerte Pisolithe 9 Fe-Kruste Abk. Veg. u. Böden s. Kap. 2

```
         |15°55'S
         |48°58'W
SW                                                    NE
 C         Fg          Sa
```

Abb. 31 Boden- und Vegetationsabfolge in der intramontanen Ebene von Pirenópolis

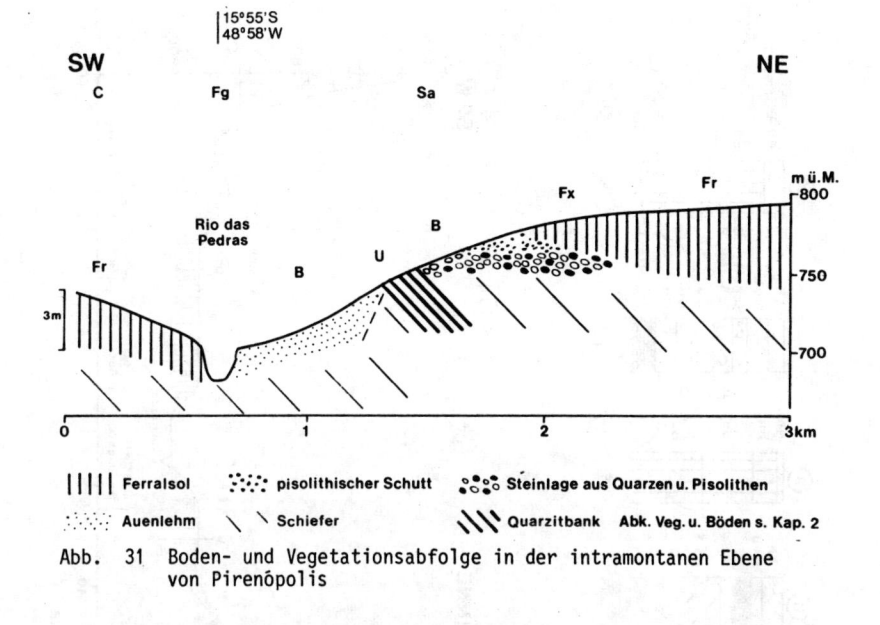

Legend: ||||| Ferralsol   ∴ pisolithischer Schutt   ○●○ Steinlage aus Quarzen u. Pisolithen   ∴ Auenlehm   \\ Schiefer   \\\\ Quarzitbank   Abk. Veg. u. Böden s. Kap. 2

der Fall (vergl. Abb. 30). Viel deutlicher ist der Einfluß des Reliefs und der Solummächtigkeit, was wiederum direkte Auswirkungen auf den Bodenwasserhaushalt hat. Am Hangfuß, dort, wo die Böden tiefgründig sind und der Bodenwasserhaushalt zusätzlich durch Hangzuzugswasser begünstigt wird, wird die Cerrado (Sa) von Wald (C) abgelöst. Dort, wo in Flußnähe das Anstehende durch Abtragung freigelegt ist, und als Böden nur flachgründige Cambisols (Braunerden) oder Rankers entwickelt sind, tritt wieder Cerrado (Sp) auf.

7.1.1.3.2 Die intramontane Ebene von Jaraguá

Aus der intramontanen Ebene von Pirenópolis fließt der Rio das Almas tief eingeschnitten durch ein stark zergliedertes Bergland in westliche Richtung, bevor er dann mit Erreichen eines weiten flachkuppigen Flächensystems nach NNW in den weiten Talboden der intramontanen Ebene von Jaraguá abknickt. Der Flußlauf zeichnet hier genau die Grenze zwischen der Grupo Araxá (mittleres Proterozoikum) und dem Complexo Goiano (DRAGO et al. 1981) bzw. Complexo Granito-Gnáisico (SCHOBBENHAUS et al. 1984) (Archaikum) nach. Im Complexo Goiano überwiegen Gneise und granitische Gesteine. Entlang der rechten Nebenflüsse des Rio das Almas, dem Rio Rosa Maria und dem Córrego Moinho, erweitert sich die Ebene seitwärts. Im Westen begrenzt der mächtige Inselberg der Serra Jaraguá,

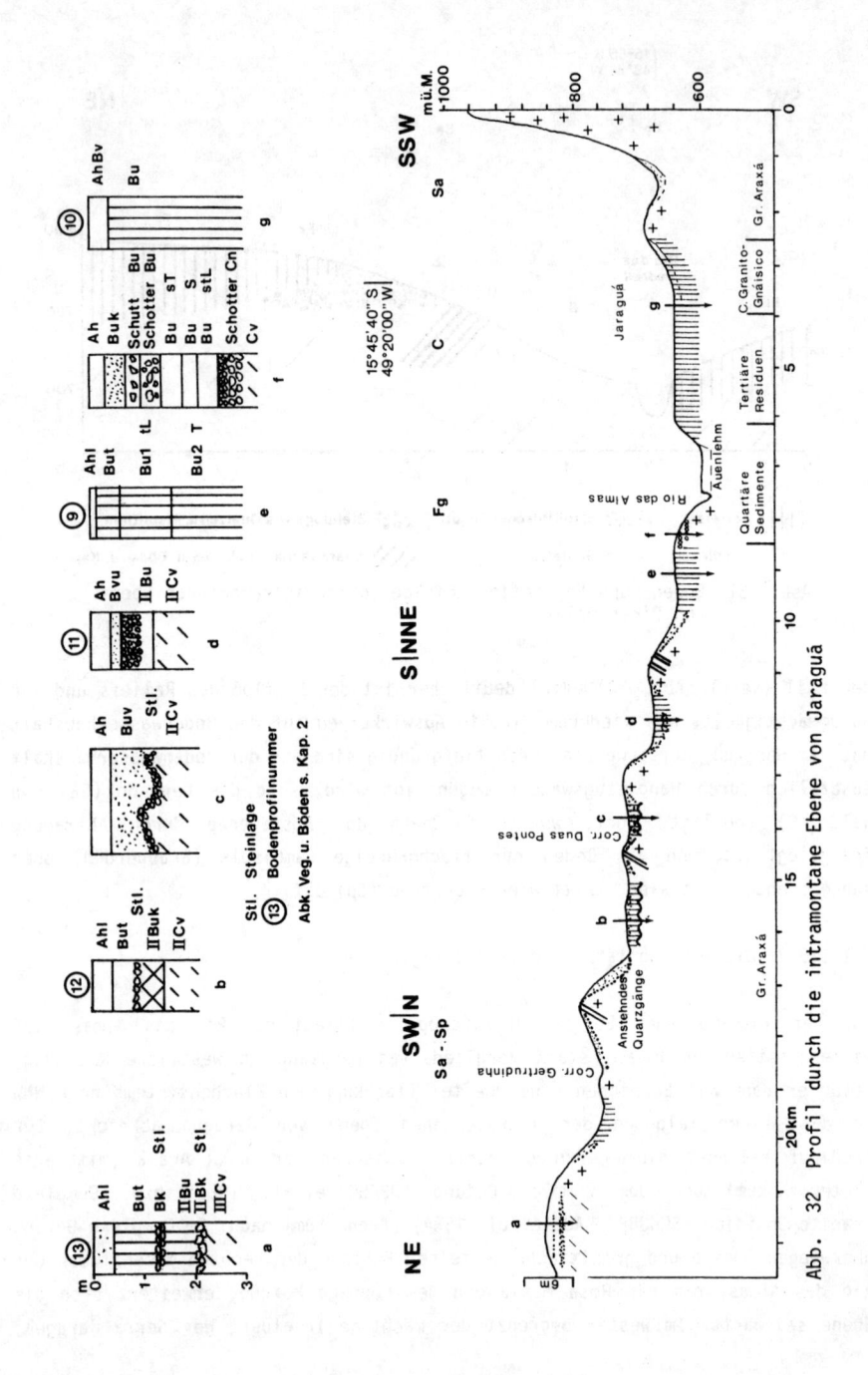

Abb. 32 Profil durch die intramontane Ebene von Jaraguá

aufgebaut aus Quarziten des Grupo Araxá (mittleres Proterozoikum), die Ebene. Mit 1.100 m Höhe bildet er das letzte morphologische Glied in der Fortsetzung des Pediplano de Contagem, bevor man nach Westen in das "tiefergelegte" Planalto de Goiânia kommt.

Abb. 32 zeigt ein Profil durch die intramontane Ebene von Jaraguá entlang des Córrego Moinho. Die Höhen im NE bilden die Wasserscheide zwischen dem Rio das Almas und dem Rio do Peixe, das heißt die Grenze zwischen der intramontanen Ebene von Jaraguá und der intramontanen Ebene von Arturlandia.

Deutlich sind verschiedene Verebnungsniveaus ausgebildet, die sich außer in der Höhenlage auch durch die Böden unterscheiden (vergl. Abb. 32; Bodenprofile 9 - 13). Die einzelnen Stufen sind an Quarzbänke oder quarzitische Pakete im Glimmerschiefer gebunden. Hier setzen auch in typischer Weise Steinlagen an. Die Steinlagen sind auch hier Zeugen einer ehemaligen Oberfläche, die gegen Ende einer stark erosiven Phase von Feinmaterial überschüttet wurden. Bei Bodenprofil 11 (Abb. 32d) deutet auch die Tonmineralintensität auf eine Schichtigkeit hin. Im IIBu ist die Intensität des Gibbsits und des Illits wesentlich höher als in der Decklage, was auf eine ehemals intensivere Bodenbildung und stärkere Verwitterung hinweist. Die Mächtigkeit der Decklage nimmt mit der Höhenlage von oben nach unten zu. Daß die Decklagen auch die höchsten Teile der Kuppen überziehen, wie es SEMMEL & ROHDENBURG (1979) beschreiben, konnte hier nirgendwo beobachtet werden. Meist war keinerlei Feinsediment erhalten und wenn doch, so nur in wenigen Zentimetern Mächtigkeit, dabei handelt es sich aber um eindeutig rezente Verwitterungsprodukte des anstehenden Quarzits, die im geringen Umfang auch rezent verspült werden. Einen Schnitt durch eine solche Kuppe zeigt das Profil in Abb. 36. Hier zeigt sich auch ein weiteres weit verbreitetes Phänomen. Der steilere Hang ist von einem gröberen, geringmächtigeren Bodensediment überdeckt, in dem ein Ferralic Cambisol (Braunerde) ausgebildet ist. Auf dem flacheren Hang geht der Ferralic Cambisol (Braunerde) im Mittelhang in einen Xanthic Ferralsol (Gelblatosol) und mit zunehmender Hangverflachung in einen Rhodic Ferralsol (Rotlatosol) über, der sich bis in die Aue fortsetzt. Eine ähnliche Bodenabfolge zeigt auch das Querprofil durch das Tal des Córrego Moinho (Abb. 35).

Im Anstieg zur Serra do Itaimbé wird die Herauspräparierung der Gesteinsunterschiede in Form von Quarzbänken besonders deutlich. Auf den umrahmenden Serras findet man keinerlei Reste einer Ferralsolbildung mehr, selbst auf der bis zu fast 3 km breiten Serra Jaraguá liegt selten mehr als 10 cm braunes (10 YR 4/3), sandiges (S12) Feinmaterial über dem anstehenden Quarzit. Im günstigsten Fall handelt es sich bei den Böden um flachgründige Cambisols (Braunerden), meist um Rankers und Lithosols (Syroseme).

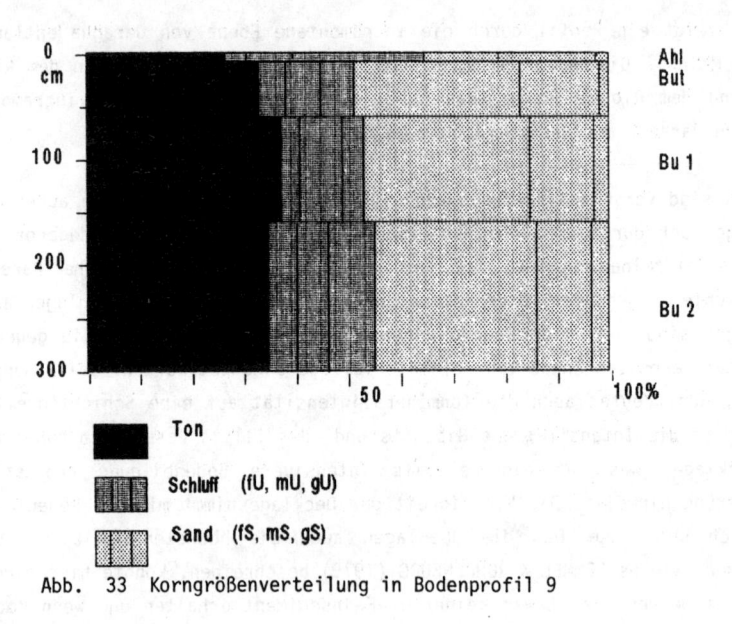

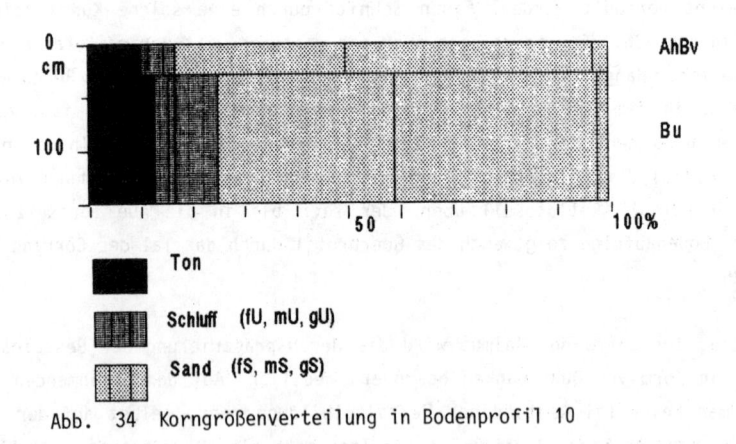

Abb. 33   Korngrößenverteilung in Bodenprofil 9

Abb. 34   Korngrößenverteilung in Bodenprofil 10

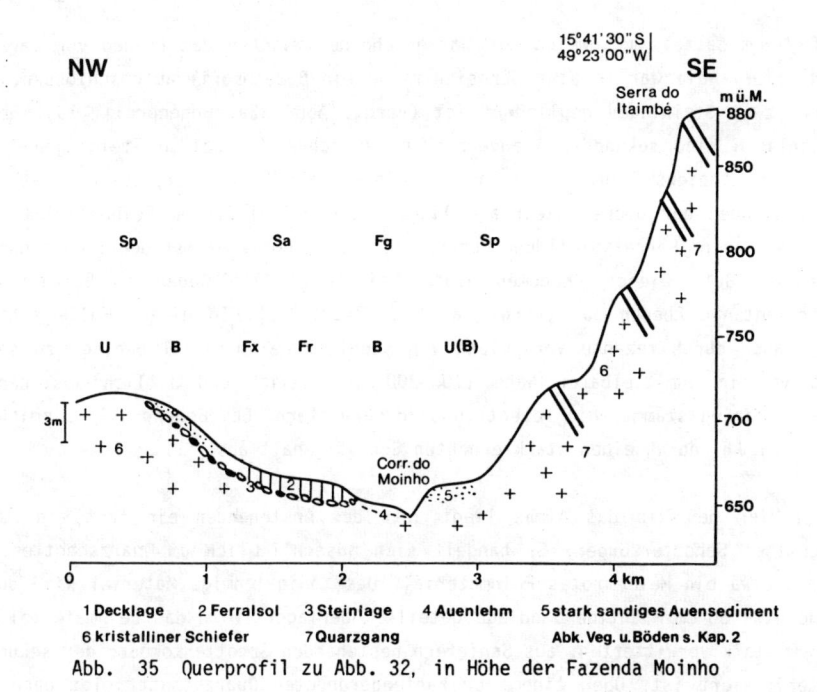

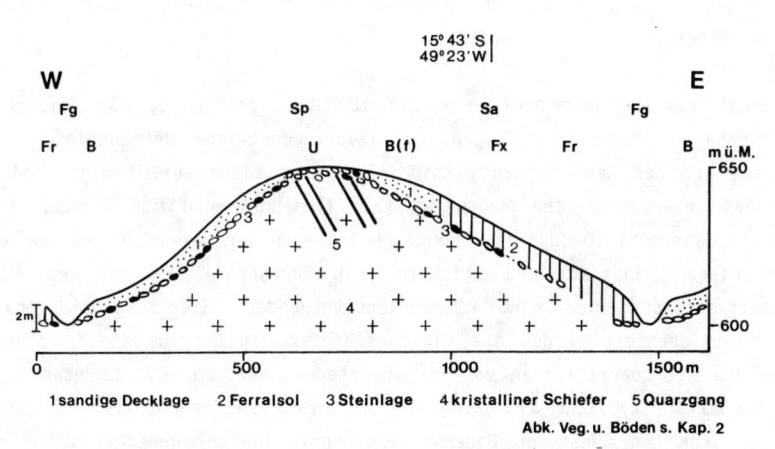

Abb. 35 Querprofil zu Abb. 32, in Höhe der Fazenda Moinho

1 Decklage 2 Ferralsol 3 Steinlage 4 Auenlehm 5 stark sandiges Auensediment
6 kristalliner Schiefer 7 Quarzgang Abk. Veg. u. Böden s. Kap. 2

Abb. 36 Profilschnitt durch eine Kuppe in der intramontanen Ebene, Faz. Bonfim

1 sandige Decklage 2 Ferralsol 3 Steinlage 4 kristalliner Schiefer 5 Quarzgang
Abk. Veg. u. Böden s. Kap. 2

Auf einem Sattel im Bereich der Wasserscheide zwischen den Ebenen von Jaraguá und Arturlandia war in einer Erosionsrinne ein Bodenprofil aufgeschlossen, das durch zwei Steinlagen gegliedert ist (vergl. Abb. 32a, Bodenprofil 13). Beide Steinlagen sind sekundär eisenverbacken. Zwischen den beiden Steinlagen liegt 50-100 cm toniges Feinmaterial, in dem ein Ferralsol (Latosol) ausgebildet ist. Im Hangenden der oberen Steinlage liegen noch einmal 120 cm Feinmaterial, das ebenfalls eine Ferralsolbildung durchlief. Der Ah-Horizont ist deutlich tonärmer als der But. Dieses Phänomen tritt bei fast allen Böden im Bereich der intramontanen Ebenen auf (vergl. a. Kap. 7.1.1.3.1). In diesem Falle scheint dies auch durch rezente Verspülung von sandigem Feinmaterial bedingt zu sein, das von in unmittelbarer Nähe (100-200 m) westlich und östlich anstehenden Quarzitbänken stammt, die rezent zu Sand verwittern. Bei Bodenprofil 9 zeichnet sich der Ahl durch einen stark erhöhten Schluffgehalt aus.

Am E-Ufer des Rio das Almas liegt über dem Anstehenden ein fast ein Meter mächtiger Schotterkörper. Es handelt sich ausschließlich um Quarzschotter. Es folgt etwa ein Meter rotes Feinmaterial. Das tonig-lehmige Material wird durch eine etwa 30 cm mächtige Sandlage geteilt. Überlagert wird das Feinmaterial von einem stark verwitterten, aus Schiefern bestehenden Schotterkörper, der sekundär lateritisiert ist. Über einem nur kantengerundeten Quarzschutt folgt dann ein normales Ferralsolprofil (s. Abb. 32f). Auch am Rio das Almas fällt die Asymmetrie des Talbodens auf. Hier wurden am Prallhang das Anstehende und rote Böden angeschnitten, während am Gleithang graue bis braune geschichtete Auensedimente liegen.

Vergleicht man die Bodenprofile 9 und 10 (Abb. 32e u. g, 33, 34), die in vergleichbarer Position liegen, so fallen deutliche Unterschiede in der Korngröße und den Gehalten an dithionitlöslichem Eisen auf. Bedingt ist dies durch das unterschiedliche Ausgangsgestein (bei Bodenprofil 9 Glimmerschiefer und bei Bodenprofil 10 Quarzit). Deutlich ist auch der wesentlich höhere Gehalt an organischer Substanz und Stickstoff in Bodenprofil 9. Bei der übrigen Nährstoffversorgung sind keine Unterschiede vorhanden. Hier zeigt sich, daß die anscheinend besseren Böden aus Glimmerschiefer von Cerrado (Sa) eingenommen werden und die quarzitischen von laubabwerfenden Wäldern (C). Es handelt sich wiederum um die typische Situation der intramontanen Ebenen: Am Hangfuß tritt bedingt durch den günstigen Bodenwasserhaushalt (leicht geneigt, daher keine Staunässe und ständige Versorgung durch Hangzuzugswasser) überall großflächig laubabwerfender Wald auf. Das Innere der Ebenen, sowie die Steilhänge der umrahmenden Berge hingegen sind Cerradostandorte, die nach den schon genannten

Kriterien wiederum abgestuft sind. Allerdings tritt in den intramontanen Ebenen Campo Limpo (Sg) weitgehend zurück. Es dominieren die Cerradoformen mit dichterem Baumbestand (vergl. Abb. 37).

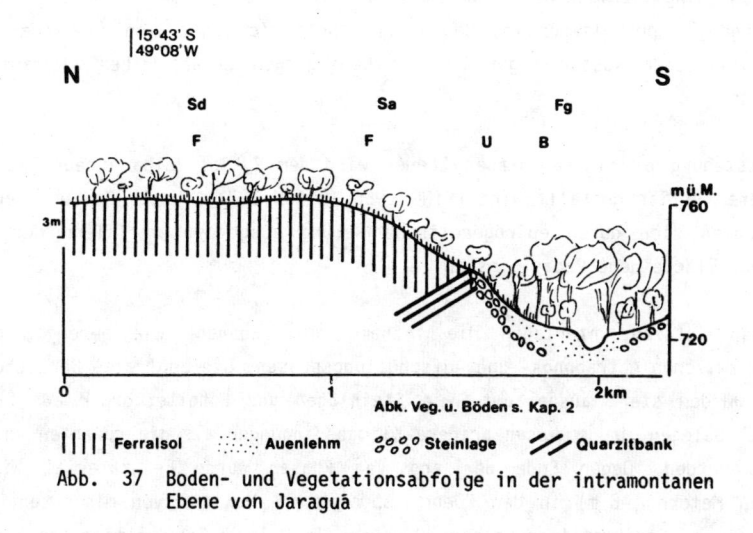

Abb. 37 Boden- und Vegetationsabfolge in der intramontanen Ebene von Jaraguá

7.1.1.3.3 Die pleistozäne Entwicklung

In der pleistozänen Entwicklung sollen sich die intramontanen Ebenen von Goiás von den umliegenden Planaltos unterscheiden, die auch in den pleistozänen Kaltzeiten das Kerngebiet der Cerrados bildeten (OCHSENIUS 1982:66), wenn auch auf eine kleinere Fläche zusammengedrängt (AB´SABER 1977). Das Klima der intramontanen Ebenen von Goiás hingegen tendierte schon immer in Richtung stärkerer Aridität, diese Tendenz wurde im Würm noch verstärkt und Caatinga verdrängte den Cerrado (AB´SABER 1977:9). Wir hätten es also einmal mit Cerradogebieten und auf der anderen Seite mit Caatingagebieten zu tun. Daraus müßte aber auch eine unterschiedliche Morphodynamik resultieren, da die schüttere Caatingavegetation einen wesentlich geringeren Bodenschutz darstellt. Dafür findet man aber keinerlei Anzeichen. Schaut man sich das heutige Klima auf den Planaltos und in den Intramontanen Ebenen an, so fällt auf, daß die Jahresniederschläge in Pirenópolis um fast 350 mm höher liegen als in Brasília (s. Kap. 5.3). Allerdings sind die Monate Juni bis August in Pirenópolis niederschlagsärmer, es liegt also eine geringfügig stärkere Akzentuierung vor, die aber für die Vegetation keine negativen Auswirkungen hat, da das Zuzugswasser aus den umliegenden Höhen in den Ebenen zusammenfließt, wie das Beispiel der laubabwerfenden Wälder im Bereich des Hangfußes zeigt. Auch in arideren Phasen im Pleistozän dürften sich diese Verhältnisse nicht umgekehrt haben, so daß es nicht unbedingt zwingend erscheint, für die intramontanen Ebenen aridere Bedingungen zu postulieren, im Gegenteil könnte die Vegetation durch das hier zusammenfließende Wasser sogar bessere Bedingungen gehabt haben als auf den Planaltos.

Die Entstehung der Intramontanen Ebenen wird dem Zyklus Velha zugeordnet, der ins obere Tertiär gestellt wird (KING 1956; BRAUN 1971). Unter Savannenvegetation legten sich durch epirogenetische Hebung ausgelöst an Tälern der Sul-Americano Fläche neue Pediplains an.

Im Jungpleistozän unterlagen die intramontanen Ebenen, wie gezeigt, einem Wechsel zwischen Abtragungs- und Aufschüttungsphasen. Die zentralen Bereiche der Ebenen wurden stark ausgeräumt, wie Steinlagen und Schotterkörper aus Fremdmaterial belegen. Dazu müssen aridere Klimabedingungen als die rezenten vorausgesetzt werden. Gegen Ende der erosiven Phasen wurde Feinmaterial bis zu mehreren Metern (>6 m) in den Ebenen abgelagert. Man muß von mindestens zwei Erosions- und Sedimentationsphasen ausgehen. Im Holozän wurden mächtige Auensedimente abgelagert, in die sich die Flüsse inzwischen wieder eingeschnitten haben. Die Bodenprofile belegen keinen signifikanten Unterschied der jüngeren Morphodynamik der Planaltos und der intramontanen Ebenen.

7.1.1.4 Das "tiefergelegte" Planalto von Goiânia, der "Mato Grosso de Goiás"

Südlich von 16°S geht das Planalto do Alto Tocantins-Paranaiba nicht in die intramontanen Ebenen über. Zwischen Abadiânia und Anapolis greift das Planalto do Alto Tocantins-Paranaiba von Gesteinen des Grupo Araxá auf Gesteine des Complexo Granito-Gnáisico über, die Fläche im Niveau von 1.000-1.100 m kappt hier die Gneise und Quarzite gleichermaßen. Im weiteren Verlauf nach Westen ist die Fläche durch flache Kuppen zergliedert. Bevor sie dann, westlich von Anapolis, mit einer flachen Pedimentstufe ins "tiefergelegte" Planalto de Goiânia (Planalto Rebaixado de Goiânia) übergeht (MAMEDE et al. 1983). Auch das Planalto de Goiânia ist in archaischen Gesteinen des Complexo Granito-Gnáisico, die immer wieder von proterozoischen Gesteinen des Grupo Araxá abgelöst werden, angelegt und weist eine typische Kuppigkeit auf. Das Relief zeigt keine exakte Abhängigkeit von der Lithologie, bei den Kuppen handelt es sich um Residuen ehemaliger Pediplains, in der Mehrzahl sind es konvexe Formen, Verebnungsreste sind selten (CASSETI 1985:40ff).

Das 1.000-1.100 m Niveau besitzt die gleichen charakteristischen Böden wie der Pediplano de Brasîlia, mit mächtigen Fe-Krusten, die von Pisolithen und Bodensediment überlagert sind, im Wechsel mit bis zu mehreren Metern mächtigen Rhodic Ferralsols (Rotlatosole). Solche Böden sind etwa 5 km westlich von Abadiânia durch Straßeneinschnitte der BR-060 sehr oft aufgeschlossen. CASSETI (1985) parallelisiert diese beiden Niveaus und bezeichnet es als Pd_2, dies entspricht dem Zyklus Sul-Americano (KING 1956).

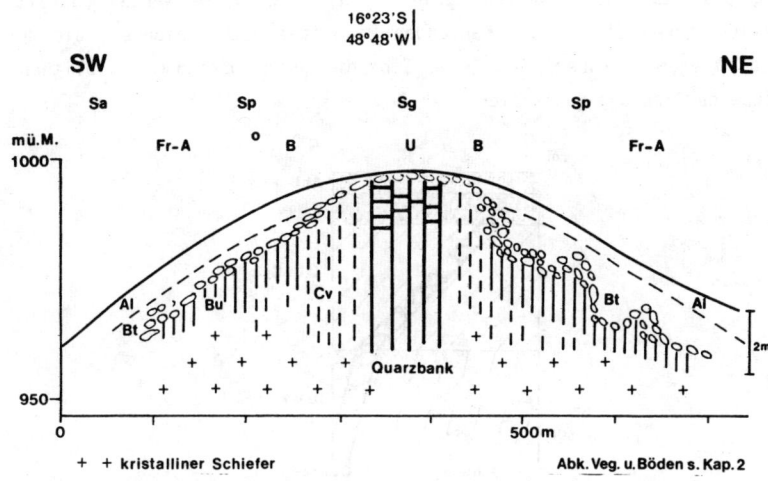

Abb. 38 Schnitt durch eine Kuppe auf dem 1.000 m-Niveau östlich von Anapolis

Bei km 109 der BR-060 ist eine der typischen Kuppen beispielhaft aufgeschlossen (Abb. 38). Das Zentrum der Kuppe bildet eine Quarzbank, der kristalline Schiefer ist stark verwittert. An der Quarzbank setzen Steinlagen an. Nach Osten, zur Fläche hin, ist die Steinlage stark gewellt und deutet auf eine ehemals durch Mulden stark gegliederte Fläche hin. Nach Westen fehlt diese Wellung weitgehend, das Gefälle ist stärker. Hier läßt sich die Steinlage über 1,5 km weit verfolgen, bis sie unter die Auensedimente des Rio das Antas abtaucht. Im Liegenden der Steinlage sind, außer in unmittelbarer Nähe der Quarzbank, Reste eines Rhodic Ferralsols (Rotlatosol)(2,5 YR 4/6)(Tl) erhalten. Im Hangenden liegen vor allem in den Mulden rote Lehme (5 YR 5/6)(Lts), die man im Zusammenhang mit der abschließenden tonärmeren Decklage (7,5 YR 6/4)(Ls4) als Bt ansprechen muß. Es ist aber wahrscheinlich, daß die Unterschiede im Tongehalt durch Sedimentschichtung bedingt sind. Auch hier fehlt die Decklage direkt auf den Kuppen, diese setzt erst weiter unterhalb ein und nimmt hangabwärts an Mächtigkeit zu.

Die Flächenkante ist gekennzeichnet durch bis zu vier Meter mächtige Lateritkrusten. Abb. 39 zeigt ein Beispiel aus einer Sandgrube in der Nähe des Flugplatzes von Anapolis. Auffallend ist wieder das Abknicken des Quarzganges im Bk, wenn hier auch sehr viel schwächer als in dem Profil von dem Pediplano de Brasîlia, so deutet dies auch hier auf eine gewisse solifluidale Bewegung des stark verwitterten Schiefers hin. Teilweise werden quarzitische Gesteinsstrukturen bis in die hangenden Pisolithe nachgezeichnet, die demnach "in situ" liegen. Darüber liegt eine Schicht aus allochthonen Pisolithen, die abschließende Decklage fehlt hier.

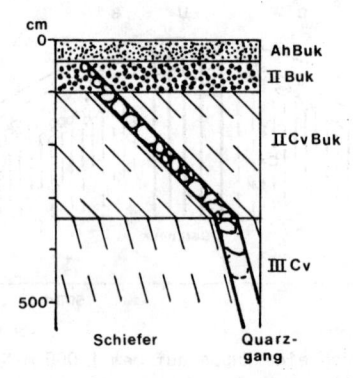

Abb. 39 Schematisches Bodenprofil zur Sedimentabfolge auf dem 1. 000 m-Niveau

Die Pedimentstufe zum Pediplano de Goiânia ist durch eine pisolithische Decklage, die direkt dem Anstehenden auflagert, gekennzeichnet. Im Übergang zur Fläche erreichen die Pisolithschüttungen Mächtigkeiten von mehr als 5 m. Die Basis bildet eine bis zu 5 m mächtige rote (2,5 YR 5/8) Sedimentlage aus groben, bis zu 5 cm ⌀ Pisolithen. Darüber folgt ein 1 m mächtiger gelber (7,5 YR 7/6) Horizont, mit Pisolithen und sandigem Feinmaterial. Abschließend folgt ein grauer (10 YR 5/4) humoser Horizont, aus kleinen Pisolithen (< 2 cm ⌀) und Sand. Es scheint sich hier um eine Profildifferenzierung durch Bodenbildung zu handeln, eine Schichtung ist nicht erkennbar. Im weiteren Verlauf dünnen die Pisolithe aus, tauchen ab und werden von über 6 m mächtigen Rhodic Ferralsols (Rotlatosole) abgelöst.

Abb. 40 Profilschnitt durch das Planalto de Goiânia

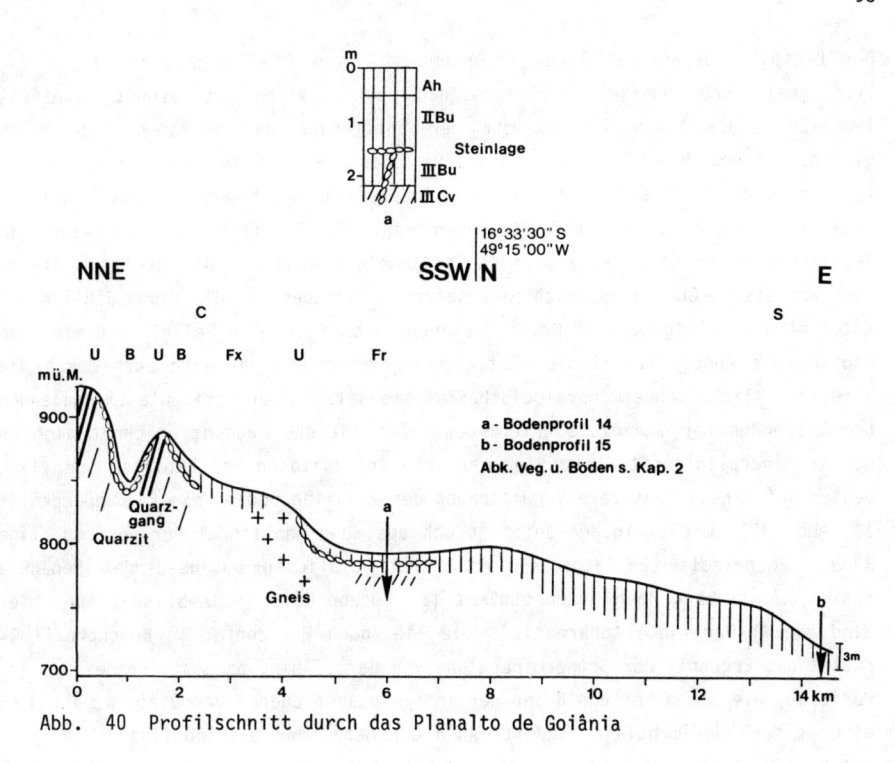

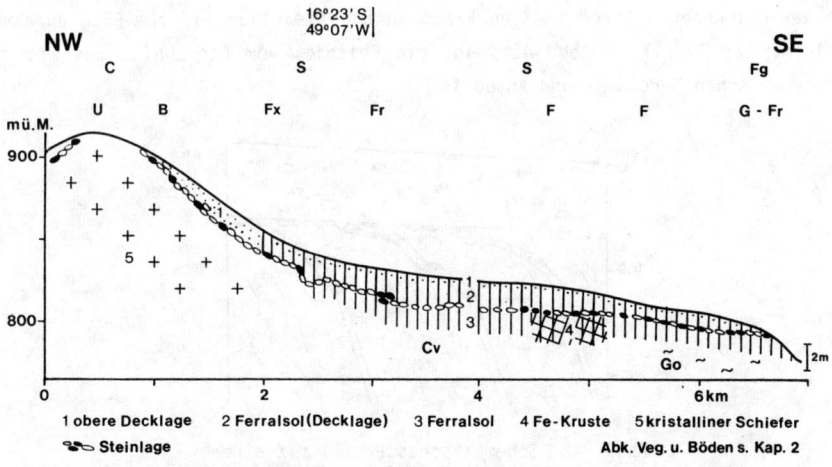

Abb. 41 Profilschnitt durch eine Kuppe auf dem Planalto de Goiânia

Der Pediplano de Goiânia liegt in einer Höhe von 740-790 m und wird als Pd_1 bezeichnet und dem Plio-Pleistozänen Zyklus Velha zugeordnet (CASSETI 1985:42ff). Genetisch ist es mit der Entstehung der intramontanen Ebenen gleichzusetzen (MAMEDE et al. 1983:379). Das Profil in Abb. 40 zeigt die typische Bodenabfolge. Proterozoische Quarzite sind als Kuppen herauspräpariert, unterhalb setzen Stein- und Decklagen ein. In der Decklage haben sich in Verflachungen Xanthic Ferralsols (Gelblatosole) gebildet. An der Kante stehen dann archaische Gneise an, auch hier setzen Steinlagen an, die hauptsächlich aus Material aus Quarzgängen im Gneis bestehen. Auch im ebenen Relief kann man eine Kappung der Rhodic Ferralsols (Rotlatosole) erkennen, das wird auch durch die unterschiedliche schwermineralogische Zusammensetzung der Horizonte im Hangenden und Liegenden der Steinlage untermauert. Die gleiche Tendenz zeichnet sich in der Tonmineralintensität ab. Stark erhöhte Intensitäten bei Kaolinit und Illit deuten auf eine intensivere Verwitterung des fossilen Bodens hin (s. Bodenprofil 14, Abb. 43). Die Steinlage setzt jedoch aus, und man findet nur noch mächtige Rhodic Ferralsols (Rotlatosole) mit einem gelblichen Bodensediment bedeckt, dessen Mächtigkeit nach unten zunimmt (s. Bodenprofil 15, Abb. 44). Auch hier sind die Ah-Horizonte tonärmer als die liegenden Horizonte. In Bodenprofil 14 deutet das Ergebnis der Schwermineralanalyse darauf hin, daß es sich bei dem Ah-Horizont, wie schon bei den Böden der intramontanen Ebenen vermutet, wirklich um eine weitere Sedimentlage handelt. Auch der Gehalt an dithionitlöslichem Eisen ist im Ah wesentlich höher, während der Gehalt an oxalatlöslichem (pedogenem) Eisen konstant bleibt.

An verschiedenen anderen Stellen kann man die Steinlage bis zum Fluß durchverfolgen. Das Profil in Abb. 41 zeigt ein Beispiel vom Einschnitt des Rio João Leite zwischen Nerópolis und Anapolis.

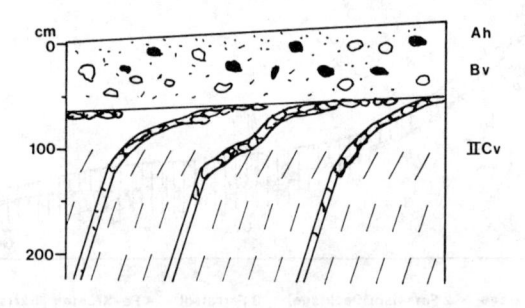

Abb. 42 Schematisches Profil mit einer "in situ"-Steinlage SW Goianópolis

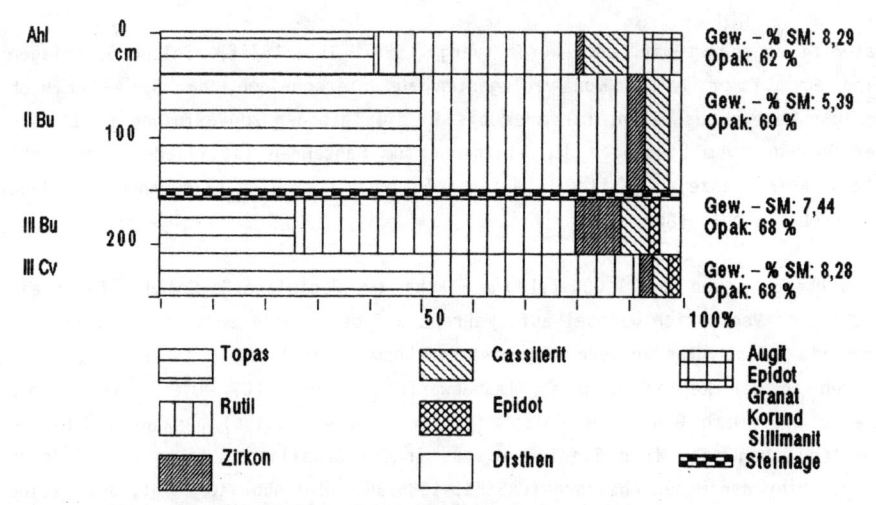

Abb. 43 Schwermineralverteilung in Bodenprofil 14

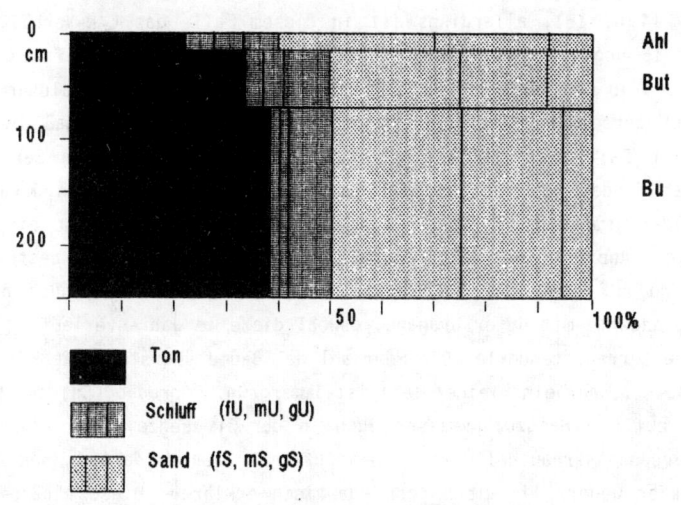

Abb. 44 Korngrößenverteilung in Bodenprofil 15

In dem Gebiet zwischen Anapolis und Bonfinópolis findet man auch häufig Steinlagen, die gegen das Gefälle einfallen (Abb. 42). Bei diesen Profilen handelt es sich wohl zweifellos um "in situ" liegende residuale Steinlagen, die durch Ausspülung der Feinfraktionen, hauptsächlich Ton, entstanden sind. Aufgrund des Einfallens der Steinlagen muß man auch annehmen, daß subterran

Material abgeführt wird oder wurde (vergl. SPÄTH 1981:187ff). Solche Steinlagen sind aber immer leicht von verlagerten zu unterscheiden, da sie meist nach wenigen Metern aussetzen, nie aber bis in die Talböden zu verfolgen sind. Auch der Übergang vom Liegenden der Steinlage zum Hangenden ist fließend und nicht als scharfe Grenze ausgebildet. Häufig folgt auch noch eine allochthone Decklage aus grobem Schutt (Abb. 42).

Beim Übergang von der 1.000-1.100 m Fläche zum Pediplano de Goiânia fällt ein deutlicher Vegetationswechsel auf. Während auf der Fläche zwischen Anapolis und Brasîlia fast flächendeckend Cerrado vorkommt (vergl. Kap. 7.1.1.1.4), dominieren in der Region Goiânia laubabwerfende Wälder (C). Die "guten" Böden dieses als "Mato Grosso de Goiâs" (großer Wald von Goiâs) bekannten Gebietes lockten schon sehr früh Siedler in das Innere Brasiliens, schon 1822 folgten Viehzüchter den Minenarbeitern (CASSETI 1985:38). Wie Abb. 40 zeigt, sind keine direkten Abhängigkeiten zu Relief oder Böden zu erkennen, auch die Nährstoffversorgung ist nicht besser als auf vergleichbaren Cerradostandorten (vergl. Bodenprofil 14 u. 15), allerdings ist in diesem Falle das C/N-Verhältnis bei Bodenprofil 15 ungünstiger. Cerrado findet man immer auf den tiefsten Reliefpositionen und in den Flußauen. CASSETI (1985:41) vermutet, daß Waldformationen an "in situ" zersetztes Material gebunden sind. Abb. 40 zeigt, daß dies nicht unbedingt der Fall sein muß. Zutreffend ist dies wohl für den Bereich der Kuppen. Hier findet man fast überall im gesamten Gebiet zwischen Jaraguâ und Goiânia Wälder, während die Talböden dazwischen meist von Cerrado eingenommen werden (vergl. Abb. 41). Je weiter und flacher die Talböden sind, desto stärker tritt Cerrado auf. Innerhalb der einzelnen Catenen bevorzugen auch hier die Bäume die Standorte mit guter Dränage, obwohl diese im Jahresverlauf trockener sind als die Cerradostandorte. Die Mehrzahl der Bäume übersteht die Trockenzeit durch Laubabwurf, nur ein kleiner Teil ist immergrün. Cerradão (Sd) tritt häufig am Hangfuß auf, wo Hangzuzugswasser auch in der Trockenzeit für einen ausgeglichenen Bodenwasserhaushalt sorgt. Das Auftreten von Wäldern in den Cerrados läßt sich hier weder klimatisch noch edaphisch erklären. Dieses Phänomen läßt sich hier auch nicht alleine mit einer Abhängigkeit vom Bodenwasserhaushalt erklären, da dieser bisher nur die Ausprägung des Cerrado beeinflußte, bzw. die Wälder wie beim Beispiel der intramontanen Ebenen auf den eindeutig günstiger wasserversorgten Standorten auftraten. MAGNAGO et al. (1983:599ff) bezeichnen dieses Gebiet als Region unter ökologischer Spannung, in der Wälder in Cerrado übergehen und umgekehrt.

Falls Cerrado und Wälder auf den gleichen Böden vorkommen, sind die bodenphysikalischen Eigenschaften unter Wald besser, desweiteren begünstigen basische Gesteine und ein geringmächtiges Solum das Aufkommen von Wald (vergl. a. MAGNAGO et al. 1983:597). Eine gewisse Abhängigkeit von der Lithologie kann nicht völlig ausgeschlossen werden, da südlich von Goiânia, wo die proterozoischen Quarzite dominieren, die Wälder eine wesentlich geringere Ausdehnung haben als nördlich von Goiânia, wo archaische Gneise vorherrschen. Zweifellos begünstigt Gneis als Ausgangsmaterial für die Bodenbildung auch das Bodengefüge und somit die bodenphysikalischen Eigenschaften, im Gegensatz zum Quarzit, der immer sandig verwittert. Allerdings kommen Wälder wie gezeigt sowohl auf Quarzit wie auf Gneis vor, es kann sich hier also nur um eine Tendenz, keinesfalls um den Auslöser handeln. CASSETI (1985:37) sieht in den Wäldern Entwicklungen aus verschiedenen Interglazialen, die sich im Post-Würm auf jungen Zerschneidungsformen und Bodenbildungen ansiedelten.

Westlich von Goiânia, etwa in der Höhe von Trindade, beginnt die pflanzenökologische Region der laubabwerfenden Wälder (MAGNAGO 1983:597). Die laubabwerfenden Wälder haben in Zentralbrasilien eine nur geringe Ausdehnung, sie weisen sowohl südbrasilianische als auch amazonische Merkmale auf, zur Zeit breiten sie sich über die Becken von Paraná und Paraguai aus (MAGNAGO et al. 1983:599). Man erkennt eine gewisse Sukzession vom Zentrum der laubabwerfenden Wälder zum Zentrum der Cerrados. Dicht am Zentrum der Cerrados nehmen die Wälder zunächst die Standorte mit dem günstigsten Bodenwasserhaushalt ein. Je näher wir dem Ausbreitungszentrum der Wälder kommen, um so mehr verwischt sich diese Abhängigkeit, da die Progression der Wälder schon länger andauert. Basische Gesteine und junge Bodenbildungen begünstigen diesen Prozeß, der durch die post-würmzeitlichen humideren Klimabedingungen ausgelöst wurde.

7.1.2 Die paläozoischen und mesozoischen Decken

7.1.2.1 Die jurassisch-kretazischen Basalte und Sandsteine in dem Gebiet von Rio Verde

Das Paraná-Becken ist im wesentlichen durch basaltische Gesteine der Jura- und Kreidezeit gekennzeichnet. Zwischen Indiara und Acreúna zeichnet der Rio Turvo in etwa die Grenze der archaischen und proterozoischen Gesteine nach, die von jurassisch-kretazischen Basalten der Formação Serra Geral (JKsg) abgelöst werden. Morphologisch tritt dieser Wechsel nicht in Erscheinung. Es handelt sich um eine weite Fläche in etwa 520-600 m ü.M., in die der Fluß nur schwach eingeschnitten ist. Er wird von einem weiten sumpfigen Gelände mit zahlreichen

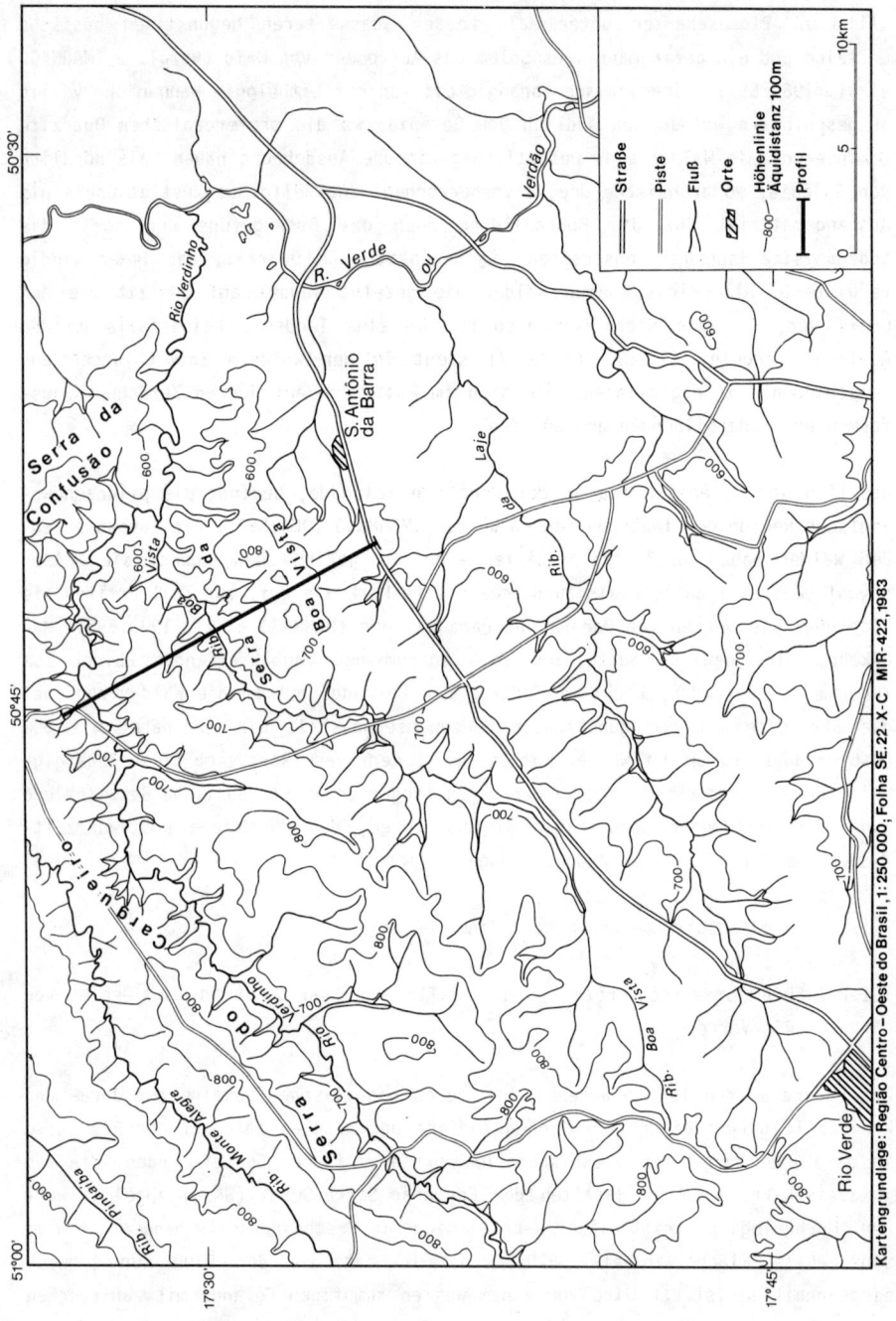

Abb. 45 Karte der Serra da Boa Vista

Seen gesäumt. MAMEDE et al. (1983:380) sehen darin Überreste eines Entwässerungssystems, das an ein arideres Klima als das heutige gebunden war.

Die Basaltfläche wird durch sehr flache Muldentäler gegliedert. Nördlich von Santo Antônio da Barra sind Reste kretazischer Sandsteindecken der Formação Marília (Km) und der Formação Adamantina (Ka) als Zeugenberge erhalten. Hier sind auch kretazische Plutonite des Grupo Iporá (Kip) durch die Basaltdecken aufgedrungen, morphologisch treten sie als mehr oder weniger symmetrische Kuppen in Erscheinung. Die Morphologie des Gebietes zeichnet deutlich die Gesteinsunterschiede nach (s. Abb. 46).

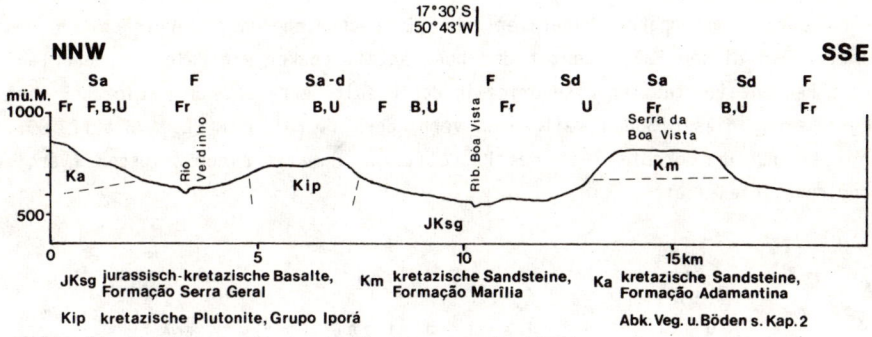

Abb. 46 Profilschnitt durch die Serra da Boa Vista

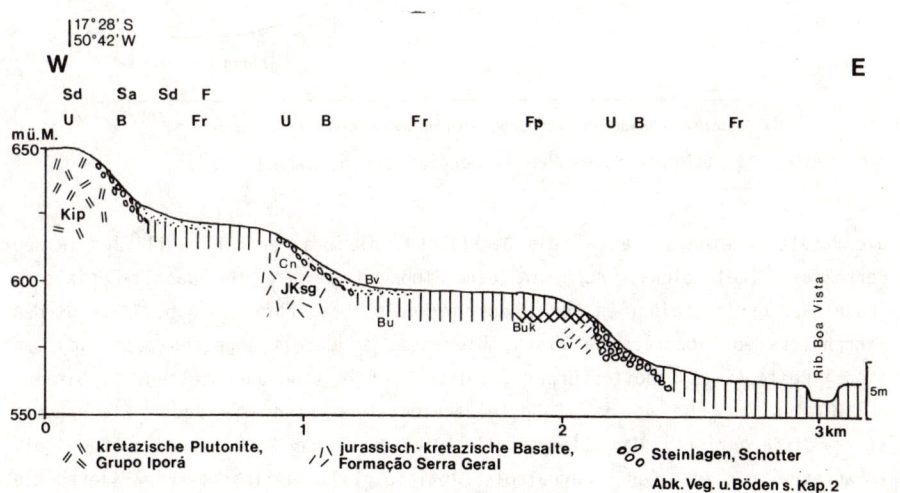

Abb. 47 Profilschnitt durch eine Plutonitgruppe

Tiefgründige Rhodic Ferralsols (Rotlatosole) nehmen die Basaltfläche ein, auch in den Mulden ist keine Veränderung der Böden erkennbar. Eine Verbraunung des Oberbodens ist nicht vorhanden. Auch hier ist der Ah-Horizont tonärmer als der Unterboden (s. Bodenprofil 16). Die schwermineralogische Zusammensetzung deutet wiederum auf eine Diskordanz hin (Abb. 50). Da der Gehalt an opaken Mineralen sehr hoch ist, konnten im IIBu(t) keine 100 durchsichtigen Minerale ausgezählt werden. Die Verteilung ist somit nicht statistisch abgesichert. Allerdings nimmt auch der Anteil der Schwerminerale im Feinsand im IIBu(t) stark ab. Im Ah(1) liegt er mit 14,89 % erstaunlich hoch. SCHNÜTGEN (1981:264) sieht eine Beziehung zwischen dem Gehalt an opaken Mineralen und der Intensität der Verwitterung bzw. dem Reifegrad der Bodenbildung. Nach SPÄTH (1981:194) dokumentiert sich in einem hohen Gehalt an opaken Mineralen eine Eisenanreicherung, hauptsächlich von Hämatit. In diesem Falle deutet der hohe Anteil opaker Minerale wohl eher auf den hohen Anteil stabiler Eisenoxide in den Basalt-Ferralsols hin, die auch eine Degradierung dieser Böden weitgehend verhindern (vergl. SEMMEL 1985:80ff, 89). So ist auch der größte Teil des Magnetits in Hämatit eingeschlossen (vergl. Tonmineralintensität).

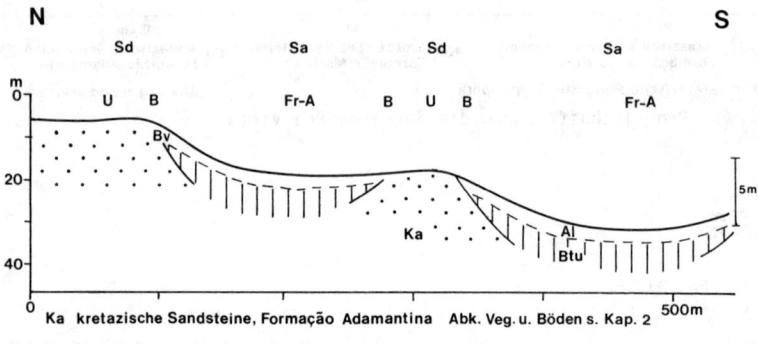

Abb. 48 Schematisches Profil der Sandsteinschichtstufe

Die Basalte treten selten an die Oberfläche, die meisten Flüsse fließen in den Ferralsols (Latosolen). Auch in den Flußauen zeigen die Basalt-Ferralsols (Basalt-Latosole) keinerlei Vergleyungsmerkmale. Das Profil in Abb. 47 zeigt den Einschnitt des Ribeirão Boa Vista, hier ist der Basalt angeschnitten, und man findet Reste eines Schotterkörpers, solche Profile sind aber selten. Im Bereich der Plutonitkuppen und der Sandsteinschichtstufe sind die Böden kleinräumig stark differenziert. Man findet alle Übergänge von Rankers, über Cambisols (Braunerde) bis zu Rhodic Ferralsols (Rotlatosole). Ähnlich stark variieren die Böden im flachen Sandsteinanstieg im Norden. Immer wieder treten unverwitterte

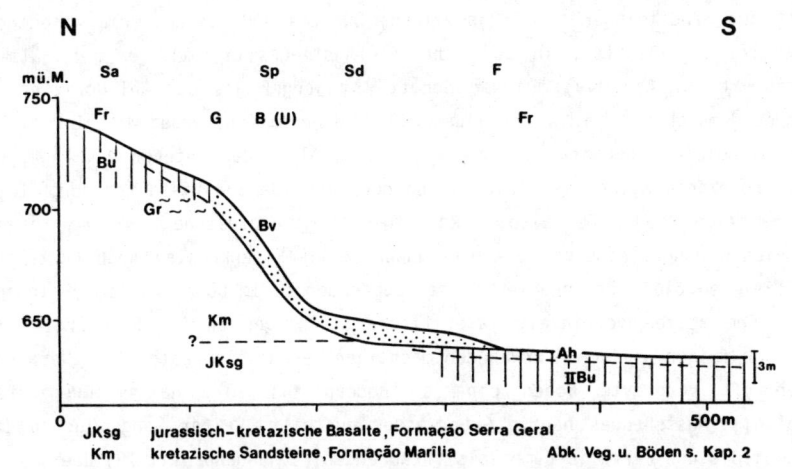

Abb. 49 Schematisches Profil zur Boden- und Vegetationsabfolge an der Stufe zur Serra da Boa Vista

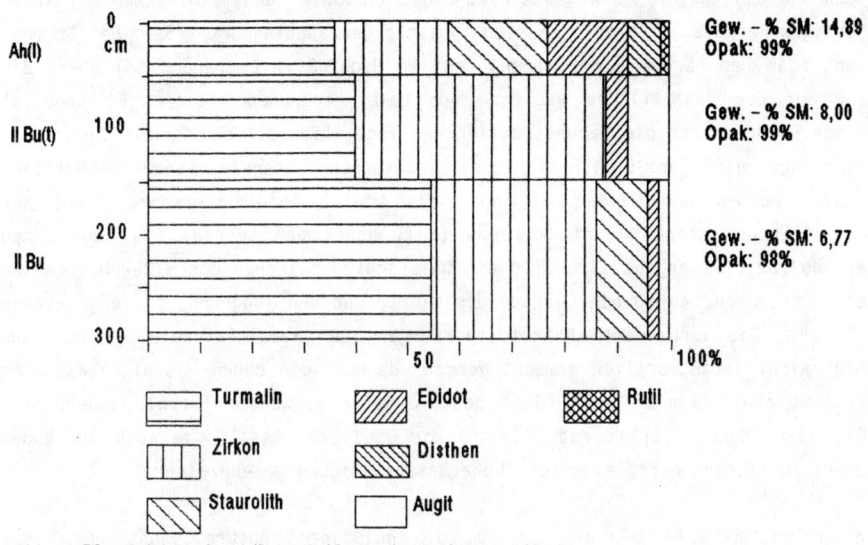

Abb. 50 Schwermineralverteilung in Bodenprofil 16

Sandsteinbänke an die Oberfläche. Hier setzen Decklagen an, die die zwischen den Sandsteinbänken ausgebildeten Rhodic Ferralsols (Rotlatosole) überlagern (s. Abb. 48). Im Bereich der Serra da Boa Vista kann man deutlich eine Überschüttung der Basalt-Ferralsols (Basalt-Latosole) mit Sandsteinmaterial beobachten. Der

Schutt aus Sandsteingeröllen, Pisolithen, Quarzen und Bodenmaterial zieht etwa 200 m über die Basalte, in der Nähe des Anstieges erreicht er mehr als 3 m Mächtigkeit (s. Abb. 49). Dieser Schutt ist jünger als der Ahl-Horizont. Wir haben es demnach mit zwei verschiedenen Decklagen zu tun, wobei die jüngere, bei einem allgemein angenommenen jungpleistozänen Alter der unteren Decklage, wohl (alt?) holozänen Alters ist. Die Fläche der Serra da Boa Vista ist durch bis zu 20 m mächtige Rhodic Ferralsols (Rotlatosole) gekennzeichnet, wie man hier in zahlreichen Hangrutschungen erkennen kann. Weder Eisenkrusten noch Anstehendes stabilisieren die Flächenkanten dieses Zeugenbergs. Im Übergang vom Anstehenden zur Fläche setzen vereinzelt lateritische Steinlagen an (s. Bodenprofil 17). Nach oben folgen die schon erwähnten mächtigen Ferralsols (Latosole). Nach unten setzen oft vergleyte Böden ein (s. Bodenprofil 18), da im Grenzbereich Ferralsol - Anstehendes häufig Grundwasser austritt. Weiter hangab gehen diese in Cambisols und Ferralic Cambisols (Braunerden)(s. Bodenprofil 19) über.

Interessant ist die Vegetationsabfolge in diesem Gebiet, die ähnlich wie die Böden und das Relief stark gesteinsabhängig ist. Die Sandsteinflächen mit ihren mächtigen Ferralsols (Latosole) sind typische Cerradostandorte (Sa). Der Cerrado lichtet an den Hängen auf (Sp) und geht am Hangfuß in Cerradão (Sd) über, die dann auf der Basaltfläche vielfach von halbimmergrünen Wäldern (F) abgelöst werden. Eine lückenlose Rekonstruktion der Vegetation auf den Basaltflächen ist allerdings nicht möglich, da diese inzwischen intensiv landwirtschaftlich genutzt werden und Wälder nur noch als kleine Inseln vorkommen. Auf den Plutonitkuppen stockt meist Cerradão (Sd), aber auch Cerrado (Sa) und Campo Cerrado (Sp). Es ergibt sich also ein Unterschied zwischen den älteren, höheren Reliefbereichen, auf denen Cerrado dominiert, und den jüngeren, tiefergelegenen mit Wald. Die verbesserte Nährstoffversorgung der Basaltlatosole alleine kann dafür nicht verantwortlich gemacht werden, da auch die Böden aus ultrabasischem Plutonit ähnlich gute, wenn nicht bessere Werte aufweisen (vergl. Bodenprofil 20); hier stockt aber Cerrado. Sowohl die Böden aus Basalt wie auch die Böden aus Plutonit sind durch eine sehr hohe Basensättigung gekennzeichnet.

In diesem Falle handelt es sich um die holozänen "Ausbreitungsstraßen" der halbimmergrünen Wälder (F), sie dringen von Süden entlang des Rio Paraná und seiner Nebenflüsse in das Gebiet der Cerrados vor und treten mit den laubabwerfenden Wäldern (C)(vergl. Kap. 7.1.1.4) im Wasserscheidenbereich von Amazonas und Paraná in Verbindung. Auf den höheren und älteren Reliefbereichen hat sich noch der Cerrado gehalten. Wobei auch hier pedologische und lithologische Unterschiede die Tendenzen zu Wald oder Cerrado beeinflussen.

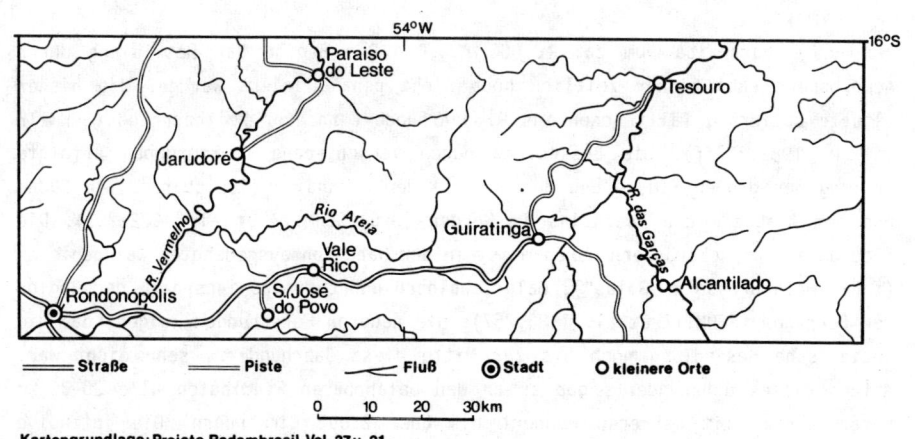

Kartengrundlage: Projeto Radambrasil, Vol. 27 u. 31

Abb. 51   Übersichtskarte Guiratinga-Jarudoré

7.1.2.2 Die paläozoischen Sandsteindecken des nördlichen Paraná-Beckens, im Gebiet von Guiratinga und Jarudoré

Am Nordwestrand des Paraná-Beckens liegen mächtige paläozoische Sandsteindecken. Im Grenzgebiet zwischen Goiás und Mato Grosso schließen sie sich nördlich an die Basaltdecken an. Landschaftsbestimmend sind die Sandsteine der Formação Aquidauana (Karbon-Perm), sie wurden unter kontinentalen Bedingungen abgelagert. Unterlagert werden sie von den marinen Sandsteinen der Formação Ponta Grossa, dem oberen Abschnitt des Grupo Paraná (DEL´ARCO et al. 1982; IANHEZ et al. 1983).

Zur Zeit wird das südliche Mato Grosso ethnologisch-archäologisch detailliert untersucht. Das Projekt ist erst im Anfangsstadium, trotzdem bietet sich hier die in Brasilien seltene Möglichkeit, aufgrund der guten Kenntnis auch der indianischen Besiedlungsgeschichte anthropogene Einflüsse auf die Landschaft zu untersuchen. (Die Ergebnisse über die Besiedlungsgeschichte von Mato Grosso sind bisher noch nicht vollständig ausgewertet und veröffentlicht. Für die Einsicht in ihre laufende Arbeit und die zahlreichen Informationen danke ich Frau I. Wüst und ihren Mitarbeitern recht herzlich.)

Diese Region (ist) war das Siedlungsgebiet der Borôro-Indianer, die ihre weiteste Ausbreitung in der Mitte des 19. Jahrhunderts hatten. Im Norden schließt sich das Gebiet der Kayapó an (SCHMITZ et al. 1982:43f,47). Die älteste bekannte Besiedlung des zentralen Westens durch prä-keramische Jäger ist die der Phase Paranaiba, um ca. 10.000 A.B.P.. Der Beginn der Besiedlung durch Ackerbauern kann bisher zeitlich noch nicht genau fixiert werden, die bisher älteste Datierung fällt schon ins 9. Jahrhundert unserer Zeitrechnung (SCHMITZ et al. 1982:257ff). Die Besiedlung durch verschiedene Volksgruppen erfolgte entlang der großen Flüsse und Becken, wie dem Paranaiba (Tupiguarani) im Süden und dem Araguaia und Tocantins im Norden (Uru)(SCHMITZ et al. 1982:263). Die Siedlungen der Ackerbauern waren meist in der Nähe von ausgedehnten Waldgebieten (z.B. "Mato Grosso de Goiás"), Galeriewäldern und Cerradâo innerhalb der Region der Cerrados (SCHMITZ et al. 1982:257). Die neueren Forschungen zeigen, daß die indianische Besiedlung noch bis zur Mitte diese Jahrhunderts sehr dicht war. Anfang dieses Jahrhunderts gab es an den befahrbaren Flußläufen alle 20-30 km Borôro-Dörfer mit mehreren Hundert bis über 2.000 Einwohnern. Die intensive Besiedlung durch Weiße begann erst in den sechziger Jahren.

Man kann hier mehrere Flächenniveaus unterscheiden, die nach Westen stufenweise abfallen. Das höchste Niveau liegt bei über 680-750 m, dem folgen Niveaus bei ca. 550-650 m und ca. 350-400 m. Der Übergang von Formação Aquidauana zur Formação Ponta Grossa ist durch eine Schichtstufe markiert, die stellenweise auch tektonisch beeinflußt ist (ALMEIDA 1956). Ihr sind zahlreiche Zeugenberge vorgelagert. Der größte ist der 735 m hohe Morro das Araras, mit 4 km Länge und einer Breite von 1,5 km. Das umliegende Flächenniveau liegt bei ca. 350-400 m. Nach Westen im Bereich des Rio Vermelho folgt ein Niveau in ca. 300 m Höhe. Das Niveau wird von einer Vielzahl von Zeugenbergen des 400 m-Niveaus überragt, die teilweise nur noch als bizarre Sandsteinskulpturen in der Ebene stehen. Am Fuße der Zeugenberge findet man immer wieder Indizien prä-kolumbianischer Besiedlung in Form von Wandmalereien und Artefakten.

Die Flächen in den Sandsteinen der Formação Aquidauana zeichnen sich durch eine recht homogene Vegetation aus. Campo Cerrado (Sp) mit nur schwachen Übergängen in Richtung Cerrado (Sa) und Campo Sujo (Spg) herrscht hier vor. Campo Limpo (Sg) kommt praktisch nicht vor. Bei den Böden auf den Flächen handelt es sich um Rhodic Ferralsols (Rotlatosole) bzw. um Ferralic Cambisols (ferrallitische Braunerde)(s. Abb. 52 & 53). Der Farbunterschied zwischen dem Oberboden (7,5 YR 6/8) und dem Unterboden (2,5 YR 5/8) ist immer sehr intensiv. Bei der Korngröße ist keine Veränderung festzustellen, durchgehend handelt es sich um lehmigen Feinsand (Sl) oder stark sandigen Ton (Ts4), nur der Ah ist manchmal etwas schluffiger. Der Begriff Ferralsol (Latosol) ist bei vielen dieser Böden auf Sandstein nicht ganz korrekt, da der Tongehalt zu niedrig (< 15 %) und der Sandgehalt zu hoch ist, und das erdige Gefüge fehlt. Da die Korngrößenzusammen-

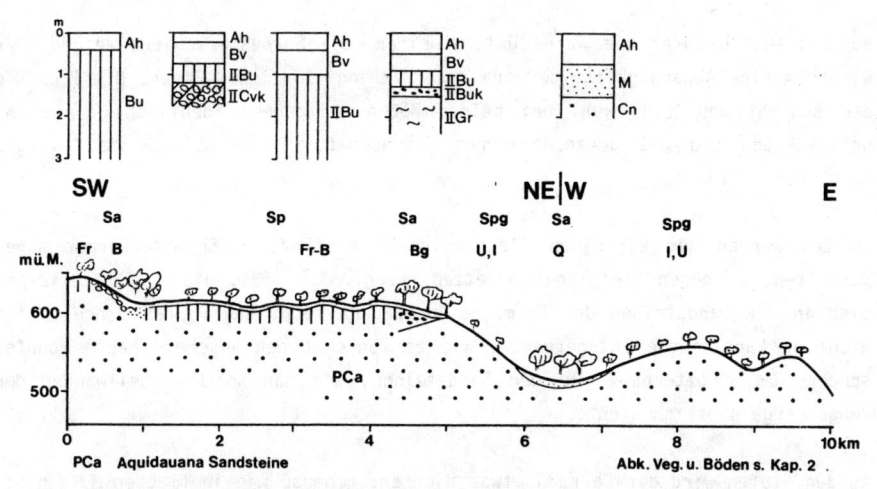

Abb. 52 Boden- und Vegetationsabfolge auf den Flächen in den Aquidauana Sandsteinen

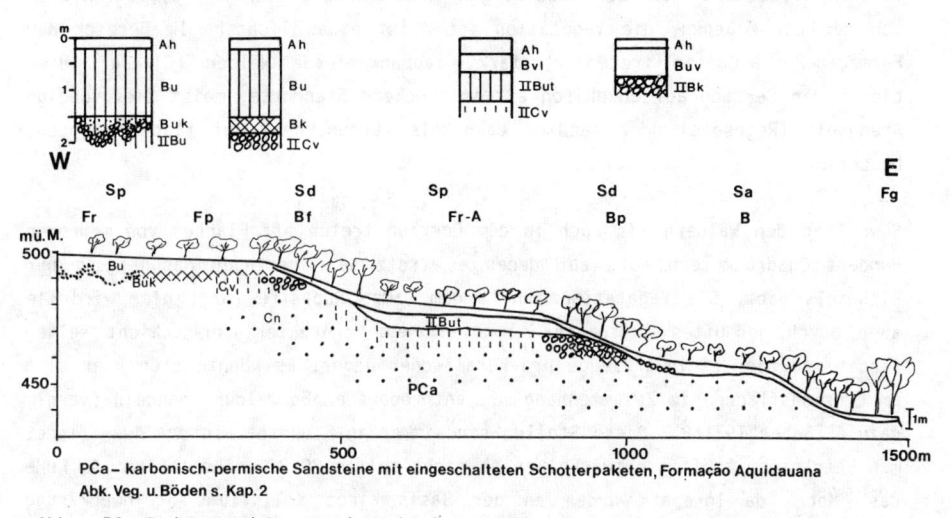

Abb. 53 Boden- und Vegetationsabfolge am Einschnitt des Córrego Barreiro

setzung aber gesteinsabhängig kleinräumig variiert, ist eine Unterscheidung nicht sinnvoll. Es stellt sich nur die Frage, ob man diese Böden überhaupt als Ferralsols (Latosole) bezeichnen soll, da die Bodeneigenschaften sehr stark vom Ausgangsgestein bestimmt werden und nicht von der Bodenbildung. Die Ferralsols (Latosole) sind mit Arenosols (Regosole) vergesellschaftet, die sich fast ausschließlich durch die Farbe unterscheiden. Die Farbunterschiede zeigen hier wiederum eine Abhängigkeit vom Gehalt an dithionitlöslichem Eisen. Die Prozesse der Bodenbildung sind wohl bei beiden Böden weitgehend identisch, die Farbunterschiede und die bodenchemischen Eigenschaften sind m.E. geogen (vergl. Bodenprofil 21 u. 22).

An den Kanten der einzelnen Flächenniveaus sind häufig Schotterkörper angeschnitten, an denen Steinlagen ansetzen (vergl. Abb. 53). Diese Schotterkörper sind in den Sandsteinen der Formação Aquidauana recht häufig, es handelt sich nicht um känozoische Ablagerungen, wie es zunächst den Anschein haben könnte, sondern um Schotterbänke in den Sandsteinen, wie man an den Steilwänden der Zeugenberge deutlich sieht.

An den Stufen wird der Cerrado etwas dichter, genauso wie in flachen Mulden, in denen sich Kolluvium sammelt. Diese Standorte sind bezogen auf den Bodenwasserhaushalt gegenüber den edaphisch trockenen, da sehr gut dränierten Sandflächen verbessert. Auf den Inselbergen unterscheidet sich die Situation kaum von der der Flächen, die Vegetation ist meist etwas lichter. Im Bereich der Formação Ponta Grossa treten verstärkt laubabwerfende Wälder (C) auf. Hier bleibt der Cerrado auf edaphisch extrem trockene Standorte, meist tiefgründige Arenosols (Regosole) oder sandige Cambisols (Braunerden) auf flachen Kuppen, beschränkt.

Sowohl in den Wäldern als auch in dem Cerrado treten oft Flächen von mehreren Hundert Quadratmetern auf, auf denen es trotz sehr geringer Hangneigung nur Lithosols gibt. Die Vegetation ähnelt dem Campo Rupestre (Sr), hier wird sie aber durch gehäuftes Auftreten von *Dychia sp.* charakterisiert. Nicht selten findet man hier Steinwerkzeuge prä-keramischer Jäger. Es könnte sich hier also um Erosionsflächen im Zusammenhang mit anthropogener Entwaldung handeln (vergl. dazu AB´Saber 1971:8). Diese Stellen sind immer in Flußnähe. In den Auen findet man über einem kräftig entwickelten Ah nicht selten 20-80 cm Kolluvium. Am Fuße des "Morro da Igreja" wurden an der Basis eines Kolluviums Steinwerkzeuge gefunden, die nach vorläufigen Schätzungen 2.000-3.000 Jahre alt sind und in den Übergang von der Kultur der Sammler und Jäger zu der der Ackerbauern gehören. ^{14}C-Datierungen von Holzkohlen, die etwas weiter unterhalb in dem Kolluvium in 60 cm Tiefe gefunden wurden, ergaben ein Alter von 1.720 $\pm$ 120 A.B.P. (Dies wäre im Zusammenhang mit den Keramikfunden die älteste Datierung für den Ackerbau in Zentralbrasilien (mündl. Mitt. WÜST 1988)). Diese Datierung stimmt mit dem Ende einer humiden Phase zu Beginn des Subatlantikums überein, die von einer ariden

Phase von 1.500 bis 1.200 A.B.P. abgelöst wurde (ABSY 1982; HAMMEN 1982; SALDARRIAGA & WEST 1986). Die Mächtigkeit dieses hier weit verbreiteten Kolluviums schwankt zwischen 20 und 80 cm. Durch die stark schwankende Mächtigkeit und die dunkelbraune Farbe (10 YR 4/3 - 4/4) unterscheidet es sich von den Decklagen. Hier zeigt sich eine Simultaneität· von Klimaschwankungen und anthropogenen Eingriffen in den Landschaftshaushalt (vergl. SALDARRIAGA & WEST 1986). Die Datierung von Holzkohle über einem fAh in etwa 70 cm Tiefe in der Aue ergab ein ^{14}C-Alter von 595 $\pm$ 50 A.B.P.. Dieser fAh könnte hier das Ende einer humideren Phase markieren, die von einer ariden Phase von 700 bis 400 A.B.P. unterbrochen wurde (ABSY 1982; HAMMEN 1982; SALDARRIAGA & WEST 1986). Eine Veränderung des ^{14}C-Alters durch Grundwassereinfluß kann allerdings nicht ausgeschlossen werden.

Die Artefakte und die Kolluvien mit Holzkohle untermauern eine relativ intensive prä-kolumbianische Besiedlung dieses Gebietes. Die ältesten Spuren reichen nach vorläufigen Ergebnissen bis in die Kultur der Sammler und Jäger (ca. 8.000 A.B.P.). Der Übergang zum Ackerbau, der auch in größerem Umfang Eingriffe in den Landschaftshaushalt voraussetzt, begann ca. 2.000-3.000 A.B.P. (WÜST 1988). Für eine verstärkte Erosion im Bereich der heute noch waldfreien Flächen mit Lithosols findet man keine Hinweise. Der Wald fehlte hier wohl schon primär, und es boten sich daher bessere Siedlungsbedingungen für die prä-keramischen Jägerkulturen.

Besonders gut zeigt sich hier, daß anthropogene Eingriffe nicht allgemein für das Fehlen von Wäldern verantwortlich gemacht werden können. In den Wäldern findet man immer wieder Stellen an denen in der Baumschicht gehäuft *Orbignya sp.* und in der Strauchschicht *Dychia sp.* auftritt. Dies sind sichere Zeichen für ehemals entwaldete Gebiete. Hier findet man auch immer Artefakte der Borôro, manchmal auch von älteren Besiedlungen. Diese Gebiete trugen schon vor dem Eindringen weißer Siedler (vor ca. 50 Jahren) eine Sekundärvegetation. Die Wälder haben sich aber regeneriert und sind nicht dem Cerrado gewichen.

Auch in Cerradogebieten hat sich die Vegetation nach der Besiedlung durch Indianer wieder regeneriert. Allerdings ist die Vegetation ebenfalls verändert. Rund um die ehemaligen Dörfer treten Pflanzen, die auch Nutzpflanzen sind, verstärkt auf. Es sind vor allem *Anarcardium sp.*, *Annona sp.*, *Byrsonima sp.*, *Caryocar brasiliensis*, *Duguetia furfuracea* und *Hancornia sp.*. Von der Vegetationsausprägung unterscheiden sie sich nicht von dem "normalen" Cerrado.

Inwieweit die gesamte Vegetation noch "natürlich" ist, muß man in Zukunft
genauer untersuchen, da wohl auch Gebiete zumindest teilweise besiedelt waren,
die auf den ersten Blick extrem unwirtlich erscheinen. So war zum Beispiel auch
der Gipfel des nur durch einen schmalen Klettersteig zugänglichen Morro das
Araras das Rückzugsgebiet der Prä-Borôro-Indianer. Es wurde aber in erster Linie
die floristische Zusammensetzung verändert, nicht jedoch der Vegetationstyp und
die -ausprägung.

7.2 Die nordwest-brasilianischen Regenwälder

7.2.1 Die paläozoischen und mesozoischen Sandsteindecken im Norden der Chapada dos Parecis

Im Nordwesten Brasiliens erhebt sich die Hochfläche der Chapada dos Parecis, die
vor allem in kretazischen Sandsteinen der Formação Parecis (Kp) angelegt ist.
Deutlich ist hier die Abhängigkeit des Reliefs von unterschiedlich alten und
morphologisch harten Gesteinen zu erkennen. Im Süden folgt der Schichtstufe aus
Parecis-Sandsteinen eine Basaltstufe und die Paraguai-Fläche mit mehreren
Schichtkämmen (BIBUS 1982b, 1983b). Nach Norden folgt der getreppten Schichtstufe eine durch zahlreiche Flußläufe aufgelöste Fläche, die in triassischen
Sandsteinen der Formação Botucatu (?)(TRb) angelegt ist. Mit einer flachen Stufe
folgt der Übergang zu einer wenig reliefierten Fläche, angelegt in karbonisch-
permischen, feinen Sandsteinen und Arkosen (Fazenda Casa Branca (CPcp)) (vergl.
auch SANTOS et al. 1979:62). Das Gebiet gehört zu den wintertrockenen Tropen (Aw
nach KÖPPEN & GEIGER 1928) und dem tropischen Feuchtsavannenklima V1 nach TROLL
& PAFFEN (1968), mit Jahresniederschlägen von mehr als 2.000 mm und einer
Jahresdurchschnittstemperatur von über 20°C (vergl. Klimadaten Vilhena Kap.
5.3). Es liegt aber schon im Übergangsbereich zum Am-Klima (vergl. MACEDO et al.
1979:169). Über die Chapada dos Parecis erstrecken sich die Cerrados finger-
förmig nach Norden in die amazonischen Regenwälder.

Eine Übersicht über die Gesamtsituation vom Nordrand der Chapada dos Parecis,
zwischen Vilhena und Marco Rondon, gibt das Profil in Abb. 55. Die Chapada dos
Parecis liegt in einer durchschnittlichen Höhe von 600-700 m ü.M., ihre
Entstehung führen KUX & BRASIL & FRANCO (1979:149f) auf aride Klimatendenzen im
Alttertiär, verbunden mit der abklingenden tektonischen Reaktivierung
Wealdeniana, zurück. Ihre Erhaltung im Verlauf der känozoischen Zerschneidungs-
phasen verdankt sie bis zu 30 m mächtigen Lateritkrusten. Die Fläche ist durch
zahlreiche flache Mulden und Muldentäler, die in der Regel SW-NE verlaufen,

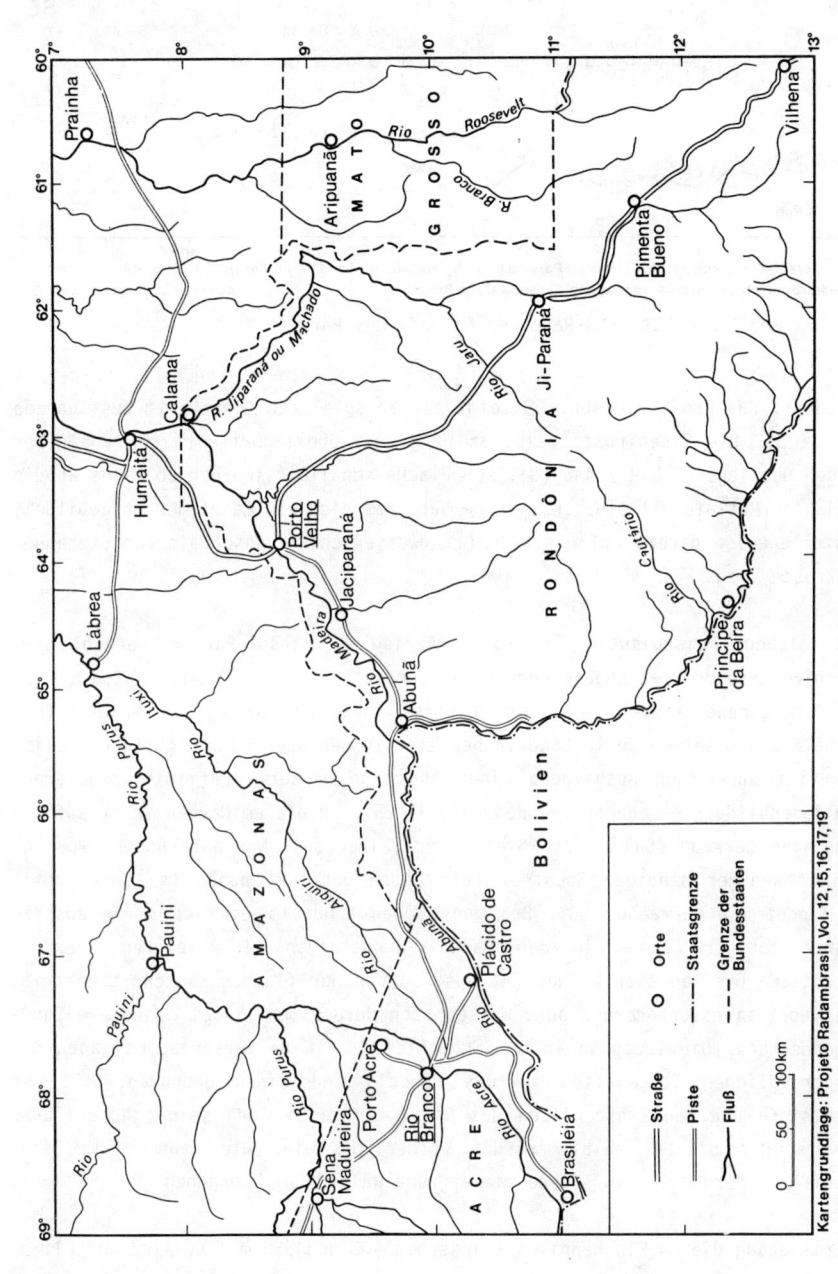

Abb. 54 Übersichtskarte von Rondônia und den angrenzenden Bundesstaaten

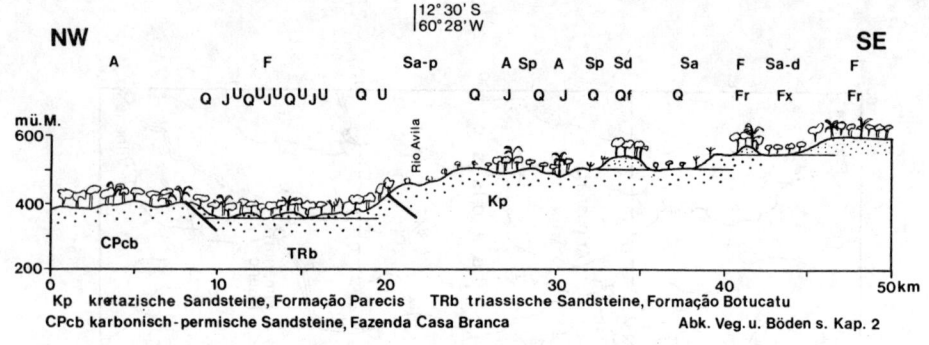

Abb. 55   Profilschnitt am N-Rand der Chapada dos Parecis

gegliedert. Das Profil in Abb. 58 zeigt als Beispiel den Einschnitt des Igarapé Pires de Sá. Die Eisenkruste beißt am Hang aus. Überlagert wird sie von einer sandigen Decklage (7,5YR 7/4-6)(S). Zur Fläche schaltet sich der Bu eines Rhodic Ferralsols (Rotlatosol) ein. In Igarapé Nähe hat sich ein mächtiger Aa gebildet, der stellenweise direkt auf einer im Grundwasserschwankungsbereich entstehenden Eisenkruste liegt.

Neben solchen zweischichtigen Ferralsol-Acrisols (Latosol-Parabraunerden) gibt es auch weit verbreitet Rhodic Ferralsols (Rotlatosole) (s. Bodenprofil 23, Abb. 59). Durchgehend findet man hier dichte, hohe halbimmergrüne Wälder (F). Unterhalb 600 m setzen weite Sandflächen ein. In den über 10 m mächtigen, hellen Sanden ist außer der Ausbildung eines Ah keine weitere Profildifferenzierung durch Bodenbildung erkennbar (s. Bodenprofil 25). In diesem Niveau tritt auf den Verebnungen Cerrado (Sa) an die Stelle der Wälder (F). Nur auf Kuppen, wo sich in einem weniger sandigen Substrat rote Böden gebildet haben (s. Bodenprofil 24), findet man Cerradão (Sd). Bei den Kuppen handelt es sich um herauspräparierte tonigere Lagen in den Parecis-Sandsteinen. In tieferen Igarapé-Einschnitten breiten sich Wälder (A) aus. In den nur flachen Einschnitten tritt keine Vegetationsveränderung auf. Weiter nach Nordwesten findet man diese Sande flächendeckend. Die Treppung in der Schichtstufe ist an verschiedene Lagen mit unterschiedlichen Tongehalten in den Parecis-Sandsteinen gebunden. Mit der Schichtstufe und den Einschnitten des Rio Comemoração und seiner Nebenflüsse setzen wieder dichte, halbimmergrüne Wälder (F) ein, die dann im weiteren Verlauf nach Nordwesten in offene, immergrüne Wälder (A) übergehen.

Die Entstehung dieses Flächenniveaus zwischen 400 und 550 m ü.M. wird auf Klimaschwankungen vom ariden zum humiden Klima im Mitteltertiär und damit verbundener

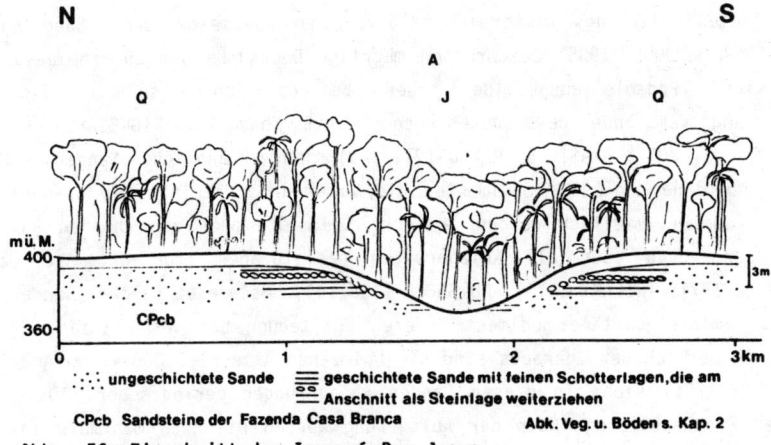

Abb. 56 Einschnitt des Igarapé Bom Jesus

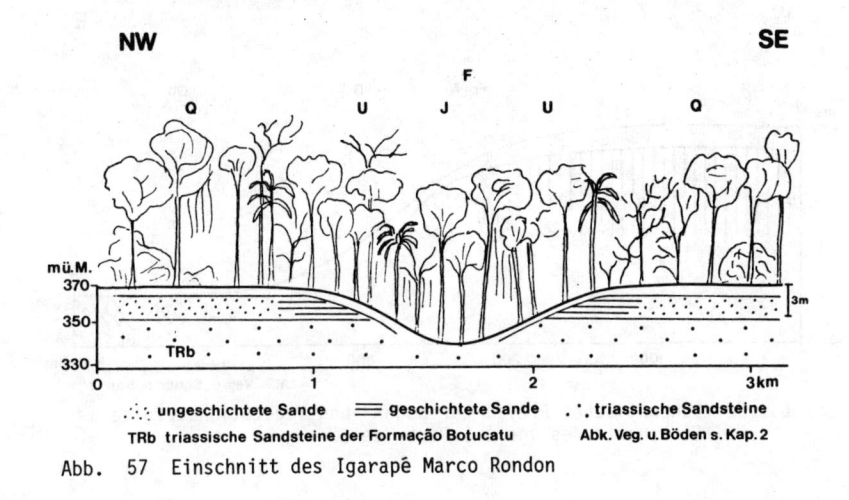

(Legende: ungeschichtete Sande; geschichtete Sande mit feinen Schotterlagen, die am Anschnitt als Steinlage weiterziehen; CPcb Sandsteine der Fazenda Casa Branca; Abk. Veg. u. Böden s. Kap. 2)

Abb. 57 Einschnitt des Igarapé Marco Rondon

(Legende: ungeschichtete Sande; geschichtete Sande; triassische Sandsteine; TRb triassische Sandsteine der Formação Botucatu; Abk. Veg. u. Böden s. Kap. 2)

Pediplanation zurückgeführt (KUX & BRASIL & FRANCO 1979:150). Solche mächtigen Sande ohne oder mit nur sehr schwacher Profildifferenzierung durch Bodenbildung, wie sie hier fast flächendeckend vorkommen, sind eine weit verbreitete Erscheinung. Auch in Mato Grosso und Goiás (vergl. Kap. 7.1.2.2; RIOS & OLIVEIRA 1981; OLIVEIRA et al. 1982; NOVAES et al. 1983), aber auch in Roraima, Amazonas und Pará (vergl. CORREA et al. 1975; NEVES FILHO et al. 1975) findet man solche Arenosols weit verbreitet. Fraglich ist die Herkunft dieser Sande, die offensichtlich nicht an ein bestimmtes Ausgangsgestein gebunden sind. Ihre Hauptvorkommen liegen allerdings im Bereich paläozoischer und mesozoischer Sandsteine. SCHNÜTGEN & BREMER (1985) beschreiben mächtige Decksande aus Südvenezuela, in denen sich Podsole ausgebildet haben, bei den Sanden soll es sich um Verwitterungsrückstände des anstehenden Granits handeln. FIGUEIREDO et al. (1974; zit. in KUX & BRASIL & FRANCO 1979:149) sieht in ähnlichen Sanden in Mato Grosso holozäne, äolische Sedimente, die von den Sandsteinen der Chapada dos Parecis stammen. Vielfach werden äolische Sedimente auch von anderen Autoren beschrieben, dann aber als Ablagerungen pleistozäner Trockenklimate (z.B. VUILLEMIER 1971; TRICART 1979). AB´SABER (1982:49) beschreibt solche Sande als früh- bis mittelquartäre Sedimente, deren Entstehung bis ins Pliozän zurückreicht, im Bereich der Igarapés sind sie holozänen Alters (5.000-4.000 A.B.P.). KING (1956:175f) sieht in diesen Sanden Ablagerungen periodischer Flüsse zur Zeit der Flächenbildung. Nach der Ablagerung wurden sie noch mehrmals äolisch umgelagert.

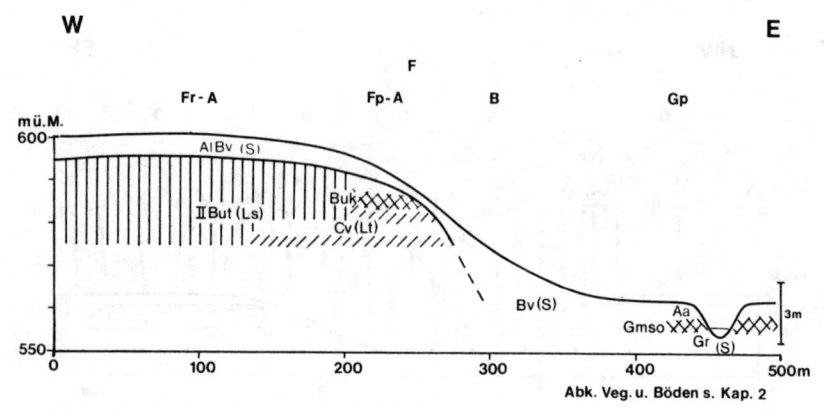

Abb. 58 Schematisches Profil zur Boden- und Vegetationsabfolge am Einschnitt des Igarapé Pires de Sá

Auf den Flächen in den karbonisch-permischen und den triassischen Sandsteinen sind die Sande im Bereich der Igarapés deutlich geschichtet mit Zwischenlagen aus Quarzschottern. Die Schichtung wird von den Ah-Horizonten gekappt, dessen Schichtung die heutige Oberfläche nachzeichnet (s. Abb. 56 u. 57). Hier erscheint es, als handele es sich um fluviale Ablagerungen, die nach der Ablagerung von dem rezenten Gewässernetz wieder zerschnitten wurden. Weiter von den Einschnitten entfernt setzt die Schichtung aus, und man findet mehrere Meter mächtige homogene Sandpakete. Ob es sich bei den Sanden um Verwitterungsresiduen des anstehenden Sandsteins handelt oder um Sedimente, kann hier nicht geklärt

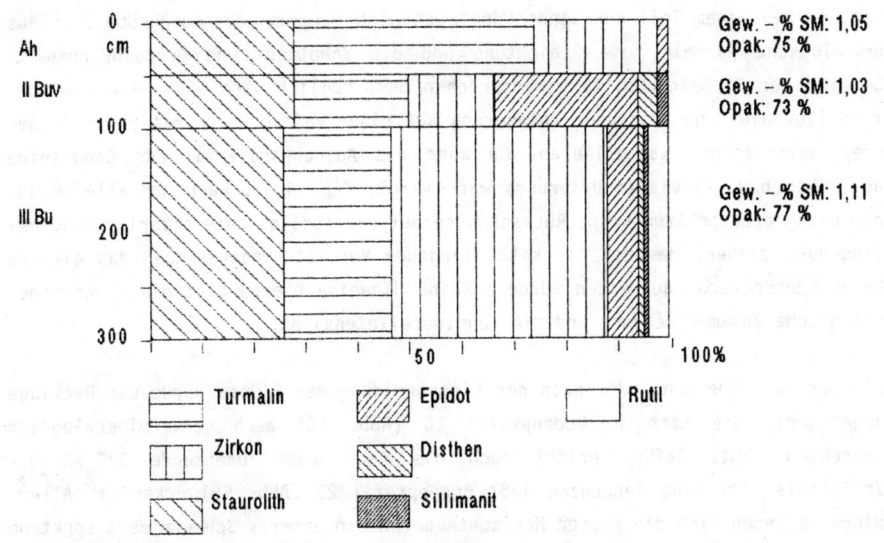

Abb. 59 Schwermineralverteilung in Bodenprofil 23

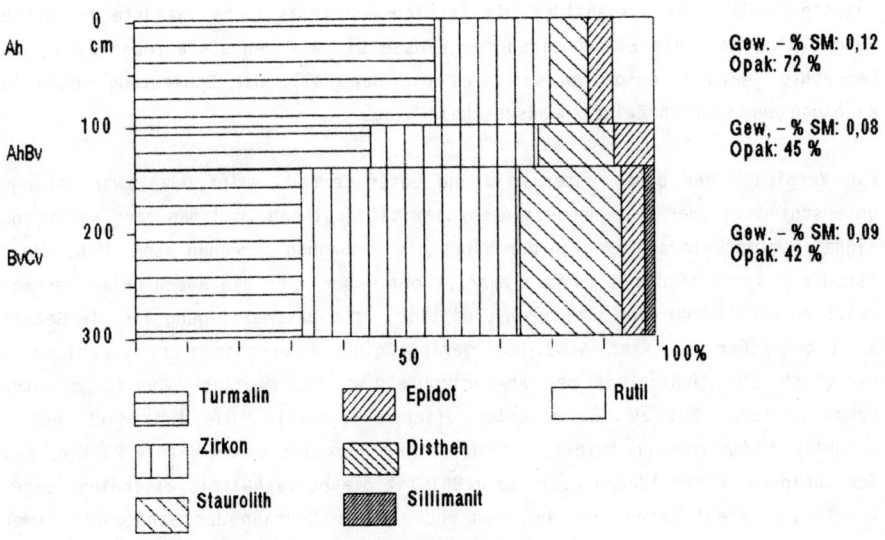

Abb. 60 Schwermineralverteilung in Bodenprofil 26

werden. Bei einem Teil der Sande könnte es sich aufgrund der Korngröße durchaus um Flugsand handeln, die Schichtung und die Schotter- und Grobsandlagen im Bereich der Flußeinschnitte widersprechen dem. Möglich wäre auch eine Kombination fluvialer und äolischer Ablagerung auf einer weiten Ebene mit periodischen oder episodischen Wasserläufen. Da aber das Ausgangsmaterial der Sandsteine äolischen bzw. fluvialen Ursprungs war (vergl. Kap. 4.3), kann man alleine aus dem Korngrößenspektrum keine Rückschlüsse auf eventuelle spätere Verlagerungsbedingungen ziehen, da auch "in situ" liegende Verwitterungsresiduen das gleiche Korngrößenspektrum aufweisen würden. Keine Hinweise hierzu gibt die schwermineralogische Zusammensetzung und die Tonmineralintensität.

Mit der Einschneidung oder nach der Einschneidung der Flüsse wurde die Decklage abgelagert, die sich in Bodenprofil 26 (Abb. 60) auch schwermineralogisch abgrenzen läßt. Dafür spricht auch das nach oben zunehmende SiO_2/Al_2O_3-Verhältnis. Ähnliche Tendenzen läßt Bodenprofil 23 (Abb. 59) erkennen. Allerdings zeichnen sich die oberen Horizonte durch ein ärmeres Schwermineralspektrum aus, was unter Vorbehalt auch mit einer stärkeren Verwitterung des Oberbodens erklärt werden könnte. Dies ist aber aufgrund des Anteils an Rutil und Epidot im Unterboden unwahrscheinlich. Die Unterschiede in der schwermineralogischen Zusammensetzung könnten auch schon primär gesteinsbedingt sein und nur Schichtungen des Ausgangsgesteines belegen. In vielen Fällen ist in den Decklagen der rezente Ah-Horizont ausgebildet. Im Bereich der triassischen Sandsteine konnte auch einige Male ein Einschneiden der Flüsse bis auf den anstehenden Sandstein beobachtet werden. Ansonsten war dies nie der Fall. Die Schichtung setzt in Richtung der flachen Zwischenwasserscheiden aus.

Ein Vergleich der Böden unter Wald und unter Cerrado zeigt, daß zwar geringe Unterschiede in der Kationenaustauschkapazität bestehen, daß man aber nicht von signifikanten Unterschieden in der Nährstoffversorgung sprechen kann. Unter Wald ist die Basensättigung der Böden zwar erhöht, aber auch die Böden unter Cerrado zeichnen sich durch eine überdurchschnittlich hohe Basensättigung aus. Im Gehalt an organischer Substanz sind nur geringfügige Unterschiede zu verzeichnen. Lediglich die Mächtigkeit der Ah-Horizonte variiert deutlich von 50 cm unter Campo Cerrado (Sp) zu 100 cm unter offenem Regenwald. Das läßt sich jedoch leicht mit dem höheren Anfall an organischer Substanz unter Wald erklären. Bei den tonigeren Böden (Bodenprofil 23 u.24) ist dieses Verhältnis allerdings umgekehrt. Das liegt daran, daß bei den Böden unter Cerrado der Sandgehalt immer wesentlich höher ist, was aufgrund des lockereren Gefüges eine bioturbate Einmischung der organischen Substanz in den Mineralboden begünstigt. Diese

Profile zeigen recht deutlich, daß pedologische Unterschiede nicht für die Verteilung von Wald und Savanne verantwortlich sind. Im Gegensatz zur Theorie von FERRI (1980:135) sind die Al^{3+}-Gehalte der Böden unter Wald stellenweise sogar höher als in den Böden unter Cerrado (vergl. Bodenprofil 23 u. 25).

Im Gebiet der Chapada dos Parecis fällt wieder eine Abhängigkeit der Vegetation vom Bodenwasserhaushalt auf. Die tieferen Flächen, die Grundwasser- und Oberflächenwasserzuzug von der Chapada dos Parecis erhalten, sind durchgehend mit Wald bestanden, während die Arenosols der Chapada dos Parecis von Cerrado eingenommen werden. Diese Böden trocknen, wie es in zahlreichen Aufschlüssen beobachtet werden konnte, in den Trockenmonaten bis mindestens 6 m Tiefe aus, während es in der Regenzeit, trotz des sandigen, gut durchlässigen Substrats zeitweise zu starker Übernässung kommen kann. Die Kuppen werden von dichteren Baumbeständen bevorzugt. Diese Standorte vernässen aufgrund des Oberflächenabflusses auch bei Starkregen nicht. Da die Böden toniger sind, besitzen sie außerdem eine höhere Wasserspeicherkapazität.

Allein durch Unterschiede im Bodenwasserhaushalt kann die Gesamtsituation aber auch hier nicht erklärt werden. Von entscheidendem Einfluß ist wiederum die pleistozäne Vegetationsdynamik. Für die Zeit von 18.000-13.000 A.B.P. nimmt AB´SABER (1977) für dieses Gebiet Caatinga oder eine ähnliche Vegetationsform an. OCHSENIUS (1982:66,77f) geht von einer Ausbreitung des Cerrado aus. MÜLLER (1973:190f) nimmt noch für eine aride Phase im Holozän, etwa zwischen 5.000 und 2.000 A.B.P., eine Regression der Regenwälder und eine Expansion der Campos an (vergl. SALDARRIGA & DARREL 1986). Noch zu dieser Zeit sollen die Cerradoinseln bei Porto Velho über die Chapada dos Parecis in Kontakt mit dem Kernland gestanden haben (MÜLLER 1973:190f). Danach expandierten erneut die Wälder (MÜLLER 1973:195). Man muß hier also mit einem sehr labilen Ökosystem rechnen, das in relativ kurzen Zeiträumen auf klimatische Schwankungen durch Wechsel der Vegetationsform reagiert. Die Wälder dringen entlang der großen Flüsse und Becken vor und besiedeln zunächst die tiefergelegenen Reliefbereiche. Auf den alten Hochflächen halten sich noch Reste der ursprünglichen Cerradovegetation. Hier werden zunächst die, vom Bodenwasserhaushalt her gesehen, günstigeren Standorte besiedelt, sowohl in bezug auf das Relief, als auch bezüglich der bodenspezifischen Wasserspeicherkapazität, die durch unterschiedlich starke Sand- und Tongehalte beeinflußt wird. Bei dem Übergang von halbimmergrünen zu immergrünen Wäldern scheint es sich um eine natürliche Sukzession zu handeln, ähnlich dem Übergang von halbimmergrünen zu laubabwerfenden Wäldern in Zentralbrasilien. Floristische Unterschiede treten in diesen ökologisch labilen Gebieten zurück, sie kann man hauptsächlich an den Kerngebieten festmachen. So treten auch in den an die Cerrados anschließenden Wäldern auch die typischen Cerradoarten *Curatella americana* (Dilleniaceae), *Virola surinamensis* (Myristicaceae) und *Vochysia sp.* (Vochysiaceae) auf (s. Tab. 7; vergl. FURTADO 1979:270-272).

7.2.2 Das präkambrische Grundgebirge

Im Nordosten Brasiliens, im Grenzgebiet der Bundestaaten Rondônia, Mato Grosso und Amazonas, treten großflächig die kristallinen Gesteine des präkambrischen Grundgebirges zutage. In erster Linie handelt es sich um archaische Gesteine des Complexo Xingu, der in seiner petrographischen Zusammensetzung dem Complexo Granito-Gnáisico bzw. dem Complexo Goiano entspricht, dies sind meist Gneise und granitische Gesteine, aber auch Amphibolite und Diorite. In geringerer Verbreitung findet man auch mittelproterozoische Sandsteine und Quarzite des Grupo Beneficente sowie die oberproterozoischen Granite Rondônia (LEAL et al. 1978; SCHOBBENHAUS et al. 1984).

Das präkambrische Grundgebirge liegt hier in Höhen zwischen 100 und 200 m Ü.M.. Im Süden ist das Gebiet stark zerschnitten, auf den Höhen sind noch Verebnungsreste vorhanden, diese sind durch tiefe Kerbtäler getrennt. PEIXOTO DE MELO et al. (1978) bezeichnen das Gebiet als "zerschnittenes" Planalto Sul da Amazônia (Planalto Dissecado Sul da Amazônia). Im Norden ist das Gebiet durch zahlreiche Kuppen, zwischen denen sich weite flache Talböden erstrecken, gekennzeichnet, das sogenannte "tiefergelegte" Planalto da Amazônia (Ocidental) (Planalto Rebaixado da Amazônia (Ocidental)). Das Relief wurde durch klimatische Oszillationen von humid nach arid im Neopleistozän gebildet (KUX & BRASIL & FRANCO 1979:150). Die dominierende Vegetationsform in diesem Gebiet sind offene Regenwälder (A) und etwas weniger weit verbreitet geschlossene Regenwälder (D), vereinzelt tritt Cerrado (S) auf (BARROS-SILVA et al. 1978). Das Gebiet gehört zu den Am-Klimaten nach KÖPPEN & GEIGER (1928) und zu den V1-Klimaten nach TROLL & PAFFEN (1968), mit über 2.000 mm Jahresniederschlag und einer Jahresdurchschnittstemperatur zwischen 24° und 26°C (AMARAL FILHO et al. 1978:265ff; BARROS-SILVA et al. 1978:451ff)(s. Kap. 5.3).

Das Profil in Abb. 61 zeigt die typische Situation für das Planalto da Amazônia (Ocidental). Auf dem Gipfel der Kuppe ist der anstehende Gneis freigelegt, hier streichen Quarzgänge aus. Etwas unterhalb setzt eine Steinlage aus Quarzen und Pisolithen ein, die von einem gelben (10 YR 7/8) Bodensediment überlagert ist.

```
SW                                          NE
         D                    A
mü.M.    U       B            Fr-A
200-
```

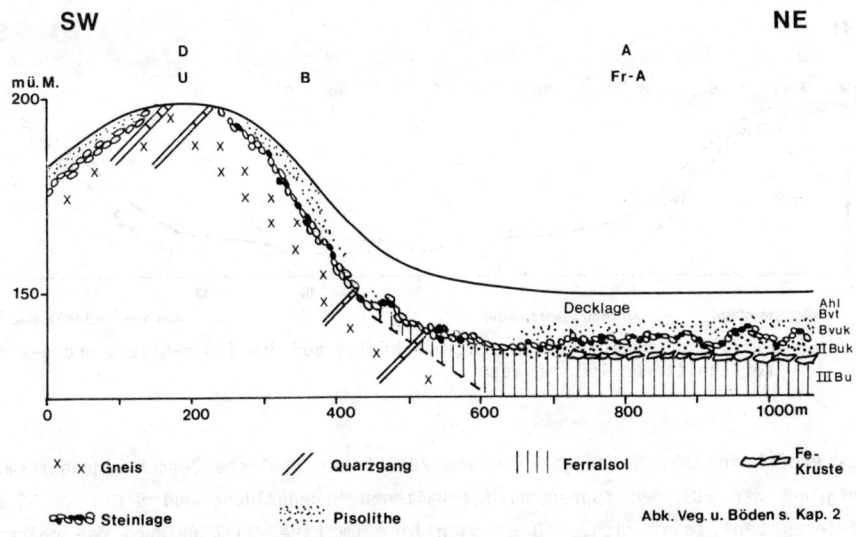

Abb. 61 Profilschnitt durch eine Kuppe auf dem 150 m-Niveau

Im Übergang zum Talboden treten im Unterboden Rhodic Ferralsols (Rotlatosole) auf, die stellenweise von Quarzgängen durchsetzt sind, die von der Steinlage gekappt werden. Im weiteren Verlauf schaltet sich an der Obergrenze des fossilen Ferralsols (Latosol) eine verhärtete Eisenkruste ein, die von Pisolithen überlagert wird, erst darüber folgt die eigentliche Steinlage (s. Bodenprofil 27). Vermutlich hat die Eisenkruste ehemals an der Oberfläche gelegen, wo sie aushärtete, bevor sie überschüttet wurde. Im Hangenden des Ferralsols (Latosol) nimmt der Tongehalt stark ab. Bei dem Buk dürfte dies zumindest zum Teil durch die Eisenverbackung des Feinmaterials bedingt sein. Darüber tritt dann ein neues Sediment auf. Die röntgenographische Analyse zeigt eine wesentlich geringere Intensität im Bereich des Kaolinits und eine etwas geringere Abnahme beim Goethit. Auch die Unterschiede im Gehalt an dithionitlöslichem Eisen deuten daraufhin. Die Gehalte an oxalatlöslichem Eisen nehmen wie bei einer Parabraunerde nach oben leicht zu. Der Ahl ist deutlich tonärmer. Die geringe Mächtigkeit dürfte in diesem Falle auf Erosion infolge landwirtschaftlicher Nutzung zurückzuführen sein.

Die Kuppen werden in diesem Gebiet von dichten Regenwäldern (D) eingenommen, während die weiten Talböden durch offene Regenwälder (A) charakterisiert sind. Stärker reliefierte, gut dränierte Standorte begünstigen auch hier innerhalb der Regenwaldregion dichteren und höheren Baumbestand.

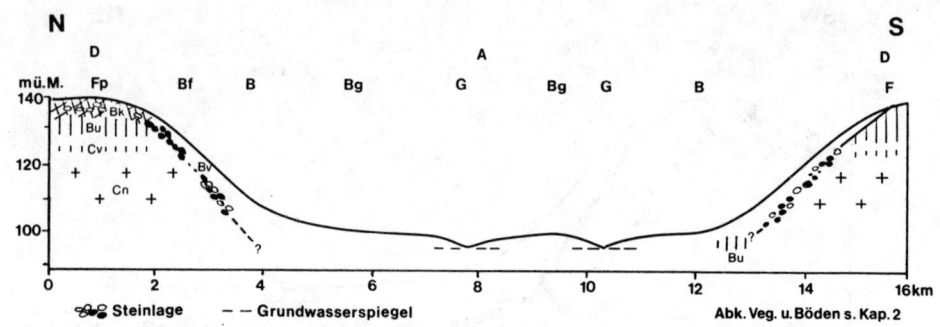

Abb. 62 Profil zur Boden- und Vegetationsabfolge auf dem 100 m-Niveau und dem zerzerschnittenen 150 m-Niveau

Das Profil in Abb. 62 zeigt eine vom Relief her ähnliche Zerschneidungsform. Aufgrund der auf den Kuppen noch erhaltenen Bodenbildung und der etwa 50 m tieferen Lage zeigt sich, daß es sich hier um eine Zerschneidung des obigen Talbodens handelt. Auf der nördlichen Kuppe sind noch Reste einer Eisenkruste über dem Bu eines Rhodic Ferralsols (Rotlatosol) erhalten. An diese Kruste setzt eine Steinlage an, die allerdings bald aussetzt. Auf der südlichen Kuppe fehlt die Eisenkruste, aber auch hier setzt im Mittelhang über dem Zersatz und dem anstehenden Gneis eine Pisolith-Quarz-Steinlage ein, die dann ebenfalls aussetzt. Am Hangfuß konnten unter ca. 2 m mächtigem, sandigem Bodensediment Reste eines Rhodic Ferralsols (Rotlatosol) erbohrt werden. Der Talboden wird von sandigen Sedimenten (S13 - Lts)(10 YR 6/3) gebildet, die nach unten immer toniger werden (Lt3 - T)(10 YR 5/3 - 8/2). Im Bereich der flachen Igarapé-Einschnitte dominieren tonige Sedimente. Der Übergang von dem sandigen Bodensediment der Hänge zu den tonigen Sedimenten der Talböden erfolgt fließend. Auf den Hängen sind Ferralic Cambisols (Braunerden) ausgebildet. Auf den flachen Zwischenwasserscheiden findet man Gleyic Cambisols (Braunerden mit vergleyten Unterböden), die in der Nähe der Igarapés in Distric Gleysols (saure Gleye) übergehen. Auch hier werden die Kuppen von dichten immergrünen Wäldern (D) eingenommen, während die Talböden durch offene immergrüne Wälder (A) gekennzeichnet sind.

Bei km 64 der BR-364 Porto Velho - Rio Branco war im Rahmen von Baumaßnahmen zur Asphaltierung des westlichen Teiles der Transamazônica ein Talbodenprofil beispielhaft aufgeschlossen (s. Bodenprofil 28)(der Standort liegt 15 km südlich des Rio Madeira). Bei den Sedimenten handelt es sich um fluvial verlagertes Material, wie immer wieder eingelagerte Schichten von nur 1 cm Mächtigkeit aus kleinen (ø < 5 mm) Quarzschottern zeigen. PEIXOTO DE MELO et al. (1978:247) sieht darin einen Indikator für die starken Pediplanationsprozesse. Auch hier fällt wieder auf, daß der Ahl deutlich tonärmer als die liegenden Horizonte ist, und ein höheres SiO_2/Al_2O_3-Verhältnis besitzt. Die Nährstoffversorgung dieser Böden unter Regenwald ist durchaus mit denen unter Cerrado vergleichbar. Die ^{14}C-Datierung eines fossilen Ah-Horizontes in 130 cm Tiefe, der auf einer Länge von 75 m in W-E-Richtung aufgeschlossen war und sich in Bohrungen noch ca. 50 m nach Süden verfolgen ließ, ergab ein Alter von nur 1.675 ± 90 A.B.P.. Artefakte konnten in diesem Horizont nicht gefunden werden. Dieser fossile Ah-Horizont würde genau den Beginn einer holozänen ariden Phase dokumentieren, die zwischen 1.500 und 1.200 A.B.P. datiert wird (ABSY 1982; HAMMEN 1982; SALDARRIAGA & WEST 1986). Allerdings ist der fAh stark von Feinwurzeln durchzogen, wodurch das ^{14}C-Alter verfälscht sein könnte. SALDARRIAGA & WEST weisen neben den Klimaschwankungen auch auf starke Eingriffe der prä-kolumbianischen Bevölkerung hin. Das Amazonas-Becken war damals viel dichter besiedelt als heute (SALDARRIAGA & WEST 1986:363). Da Artefakte und Holzkohle fehlen, scheint es sich hier aber um eine natürliche Vegetationsöffnung zu handeln. Das Profil zeigt, daß zumindest ein Teil der Regenwälder sehr jung ist, und es noch im Holozän zu stärkeren Vegetationsänderungen kam.

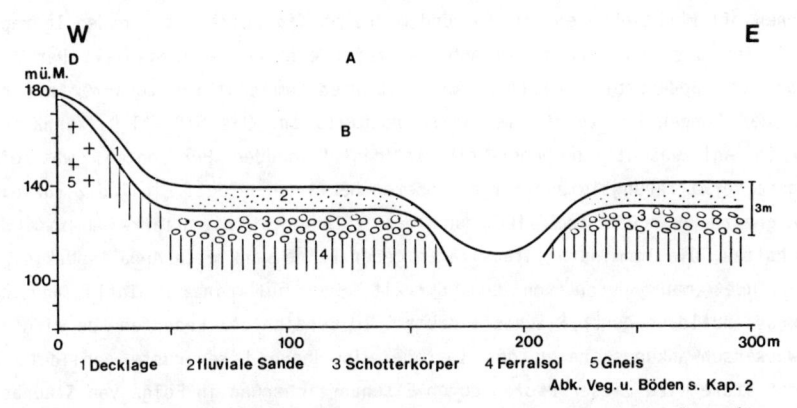

Abb. 63 Schematisches Profil zur Boden- und Sedimentabfolge mit einem Schotterkörper des Rio Madeira

Oberhalb der Stromschnellen des Rio Madeira treten auch großflächig bis zu 10 m mächtige Schotterkörper auf (s. Abb. 63). Der unterste Bereich der Schotter ist eisenverbacken. Das Liegende der Schotterkörper bilden Ferralsols (Latosole) (10 R 4/8)(T). Überlagert werden sie von bis zu 2 m mächtigen Sanden (5YR 7/6)(St2).

Die obigen Profile (Abb. 62 u. 63; Bodenprofil 28) geben deutliche Anhaltspunkte für eine starke fluviale Aktivität in jüngerer Zeit (s.o.), auf jeden Fall auch jünger als die Ferralsolbildung.

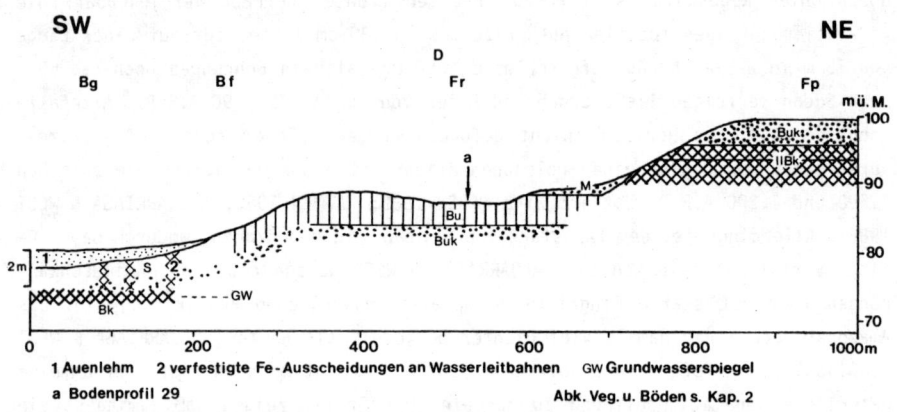

1 Auenlehm   2 verfestigte Fe-Ausscheidungen an Wasserleitbahnen   GW Grundwasserspiegel
a Bodenprofil 29   Abk. Veg. u. Böden s. Kap. 2

Abb. 64 Verschiedene Niveaus der Eisenkrustenbildung westlich von Porto Velho

Mächtige Eisenkrusten sind typisch für die nähere Umgebung des Rio Madeira. Sie erreichen oft Mächtigkeiten von 5 m und mehr. Häufig beißen sie an den Igarapé-Einschnitten aus. Das Profil in Abb. 64 zeigt ein solches Beispiel. Der Ahl-Horizont von Bodenprofil 29 (Abb. 66) ist wiederum deutlich tonärmer als der IIBut, der Tongehalt steigt zum IIIBuk nochmals an. Das SiO_2/Al_2O_3-Verhältnis liegt im Ahl wesentlich höher als in den liegenden Horizonten, was eine geringere Verwitterungsintensität der oberen Decklage belegt. Ein Indiz für eine Schichtgrenze zwischen dem IIBut und dem IIIBuk ist die starke Abnahme des Sandgehaltes. Die Tonmineralintensitäten geben keine konkreten Anhaltspunkte. Im IIBuk findet man Spuren von Lepidokrokit, was auf eine Beeinflussung der Eisenkrustenbildung durch Staunässe deutet. Im Bereich der rezenten Aue wird im Grundwasserschwankungsbereich des Igarapé eine neue Eisenkruste gebildet. Am Fuße der Stufe wird dieser Prozeß durch Eisenanreicherung in Folge von Staunässe verstärkt. Hier wird über der Kruste am Rande stark gebleichter Wasserleitbahnen (7,5 YR N8-8/2) Eisen in konkretionärer oder bankiger Form ausgeschieden (10 R 4/8). Hier laufen also zwei Prozesse, die im allgemeinen als zeitlich getrennte Stadien für die Entstehung von Lateriten verantwortlich gemacht werden, nebeneinander ab (vergl. MOHR et al. 1972:218ff). In Richtung Rio Madeira setzt die Eisenkruste aus, hier liegen geschichtete Sedimente, in denen ein Latosol ausgebildet ist (s. Bodenprofil 30).

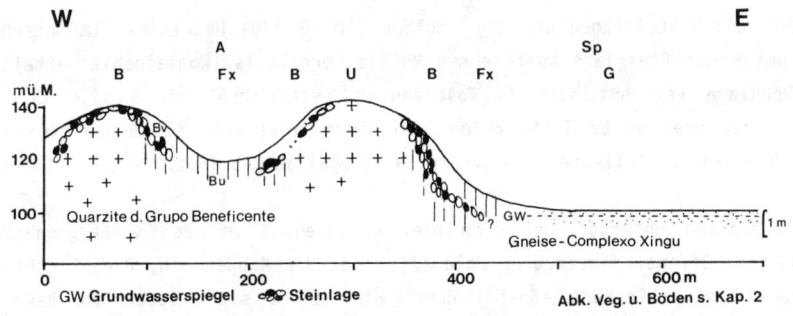

Abb. 65 Profilschnitt durch Kuppen aus proterozoischen Quarziten auf dem 100 m-Niveau

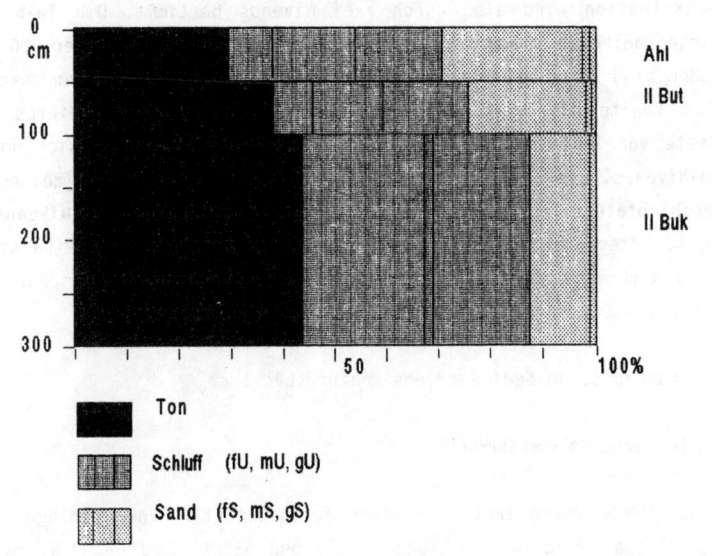

Abb. 66 Korngrößenverteilung in Bodenprofil 29

Eine ähnliche Situation wie die bereits bekannten, zeigt das Profil in Abb. 65. Die Kuppen sind hier nicht in archaischen Gneisen, sondern in proterozoischen Quarziten angelegt. Östlich von Abuna findet man zahlreiche solcher Kuppen aus Quarziten des Grupo Beneficente und vereinzelt auch aus Graniten Rondônia, die die in den Gesteinen des Complexo Xingu angelegte Fläche überragen. Die Kuppen im Quarzit sind in der Regel etwas steiler, mit einem weniger konvexen Oberhang als die Kuppen im Gneis oder Granit. Sie weisen keine Bodenreste mehr auf, stellenweise liegt auf ihnen ein lateritischer Schutt. Die Hänge hinunter ziehen

Quarz-Pisolith-Steinlagen und die gelben (10 YR 7/8) Decklagen. Im Unterhang sind unter der Steinlage Reste eines Rhodic Ferralsols (Rotlatosole) erhalten. Die Decklage verzahnt sich im Talboden mit stark gebleichten (7,5 YR N7/) Sanden, die über weite Teile keine Schichtung aufweisen. Als Böden sind hier Albic Arenosols, stellenweise Gleysols (Naßgleye) ausgebildet.

Die Vegetation unterscheidet sich hier grundlegend von den vorhergegangenen Standorten. Offener immergrüner Wald (A) nimmt die Kuppen ein, dieser geht zum Talboden hin in Cerrado (Sa-Sd) über. Hier zeigt sich wieder die bekannte Abhängikeit vom Bodenwasserhaushalt. Die übernäßten, in der Regenzeit auch überfluteten Standorte sind nicht bewaldet.

Die Gesamtsituation wird also durch zwei Niveaus bestimmt. Die Talböden des ersten liegen bei etwa 150 m ü.M., die Kuppen reichen bis etwas über 200 m ü.M.. Die Talböden sind durch gekappte Ferralsols und lateritische Krusten charakterisiert. Das zweite Niveau liegt etwa 50 m tiefer. Die Kuppen dieses Niveaus weisen Reste von Lateritkrusten und Ferralsols auf. Es handelt sich um Zeugen des 150 m-Niveaus. Die Talböden dieses Niveaus, in ca. 100 m ü.M., zeichnen sich durch geschichtete, fluviale Sedimente aus. Die Böden dieses Niveaus sind, zumindest im Unterboden, meist vergleyt. In der Nähe des Rio Madeira streichen oft bis zu 5 m mächtige Lateritkrusten dieses Niveaus aus. Der Rio Madeira fließt heute 10-20 m unterhalb dieses Niveaus.

7.2.3 Die känozoischen Sedimente des Amazonasbeckens

7.2.3.1 Die Savannen von Humaitá

Nördlich von Porto Velho treten in einer durchschnittlichen Höhenlage von 75 - 100 m ü.M., etwa zwischen 7°30´ und 8°30´S und 65°00´´ und 63°00´W, mitten im tropischen Regenwald inselartig größere Areale mit Cerradovegetation unterschiedlicher Ausprägung auf. Sie sind mehrere Zehnerkilometer lang, aber meist nur bis zu 10 km breit und wie das Gewässernetz in N-S Richtung orientiert.

Diese Savanneninseln zwischen dem Rio Madeira und dem Rio Purus sind schon seit den ersten Forschungsreisen von LABRE 1872 und 1881 bekannt. Sie wurden damals als ergiebige, natürliche Graslandschaften mit optimalen Böden beschrieben (zit. in BRAUN & RAMOS 1959:446). Erste Untersuchungen über die ökologischen Verhältnisse dieser Savannen stammen von DUCKE & BLACK (1953). Sie machen die Bodenverhältnisse für die Existenz dieser isolierten Savannen verantwortlich und stellen einen engen floristischen Bezug zu den zentralbrasilianischen Cerrados fest. Im Rahmen einer weiten wirtschaftlichen Erschließung Amazoniens führten BRAUN & RAMOS (1959) eine agrogeologische Studie der "Campos von Humaitá" durch und kommen zu dem Ergebnis, daß die anfänglich positive Einschätzung in bezug auf die Bodenqualität nicht haltbar ist.

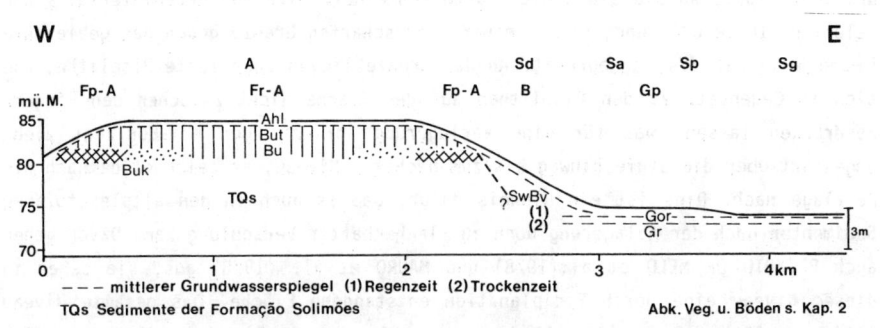

Abb. 67 Schematisches Profil durch die Wasserscheide Amazonas - Rio Madeira

Das Gebiet ist Teil des Amazonasbeckens, in das zumindest seit dem Mesozoikum ständig sedimentiert wurde. An der Oberfläche stehen Sedimente der Formação Solimões (TQs) an, die vom mittleren Pliozän bis zum oberen Pleistozän abgelagert wurden. Es sind geschichtete weiße bis rote Sande, Schluffe und Tone eluvialen und kolluvialen Ursprungs (LEAL et al. 1978:112f; ARA JO et al. 1978:60ff). SCHOBBENHAUS et al. (1984:87) weisen das Gebiet als Formação Içá (QPi) aus, die sich von der Formação Solimões dadurch unterscheidet, daß sie vorwiegend aus Sand besteht, mit einigen grauen Ton- und Torflagen. Die Formação Içá liegt diskordant auf der Formação Solimões und ist pleistozänen Alters. Westlich und nördlich von Humaitá zwischen Rio Madeira und Rio Ipixuna findet man altholozäne Alluvien (Hai) (ARA JO et al. 1978). SCHOBBENHAUS et al. (1984:87) stellen diese Sedimente (QP) ins Jungpleistozän, genauer ins Riß-Würm.

Das Relief zeichnet sich durch weite Ebenen aus, nur durch einige flache Stufen von durchschnittlich 5-10 m Höhe und flache Flußeinschnitte gegliedert. Das Profil in Abb. 67 zeigt die Situation im Wasserscheidenbereich von Rio Madeira und Rio Purus. Es gibt zwei ausgedehnte Niveaus, die sich grundlegend durch die Böden und die Vegetation unterscheiden. An der Kante des 85 m-Niveaus streichen Eisenkrusten aus. Auf der Fläche findet man einen jüngeren Acrisol, der über einem älteren Ferralsol liegt (Latosol-Parabraunerde)(s. Bodenprofil 31,

Abb. 71), dessen tieferer Unterboden oft vergleyt ist. Der Ahl-Horizont stimmt auch bei diesen Böden mit der Decklage überein. Das SiO_2/Al_2O_3-Verhältnis liegt in der Decklage deutlich über dem des liegenden Ferralsols. Zum Flächenrand hin schaltet sich zwischen den Bu- und den Gr-Horizont ein pisolithischer Horizont ein, der immer kräftiger wird und an der Kante in eine kompakte Eisenkruste übergeht. Dort, wo die Stufe die Kruste schneidet, wird das Bodenmaterial stark gelblich (10 YR 6/6) und ist mit einer sehr scharfen Grenze gegen das gebleichte Liegende (10 YR 6/4) abgegrenzt. An der Grenze liegen auch feste Pisolithe, die sich im Gegensatz zu den Pisolithen auf der Fläche nicht zwischen den Fingern zerdrücken lassen, was für eine Verlagerung spricht. Der Ahl-Horizont zieht ungestört über die Stufe hinweg bis zum nächsten Niveau, er zeichnet demnach die Decklage nach. Dies ist ein Hinweis dafür, daß es auch in den altpleistozänen Sedimenten nach der Ablagerung noch zu flächenhafter Verspülung kam. Davon gehen auch PEIXOTO DE MELO et al.(1978) und MAURO et al. (1978) aus, sie sehen in diesem Niveau eine durch Pediplanation entstandene Fläche. Das gesamte Niveau ist von offenem Regenwald (A) bestanden. An der Stufe dünnt die Vegetation allmählich aus und verändert sich in Richtung Cerrado. Der Übergang erfolgt stetig von Wald über Cerradão (Sd), Cerrado (Sa), Campo Cerrado (Sp), Campo Sujo bis zu Campo Limpo (Sg) im tiefsten Bereich des unteren Niveaus.

Im Bereich des 75m-Niveaus geht der gebleichte gelbe Boden (10 YR 6/4) ohne scharfe Grenzen in einen Gor-Horizont (2,5 Y N7/ - 10 R 5/8) über und der mächtige Ahl in einen nur ca. 20 cm mächtigen Ah. Die typischen Böden für dieses Niveau sind Plinthic Gleysols (eisenreiche Gleye) mit Pisolithausscheidungen. Je näher das Grundwasser der Geländeoberfläche steht, um so mehr treten Baumpflanzen zurück und machen schließlich einer reinen Grasflur (Sg) Platz. Die Grenze vom Gor zum Go liegt in einer durchschnittlichen Tiefe von 20 - 50 cm unter der Geländeoberfläche.

Das Profil in Abb. 68 zeigt eine ähnliche Abfolge, hier fehlt aber die lateritische Kruste an der Stufe, die auch wesentlich flacher ausgebildet ist. Sobald jedoch das Gefälle der Stufe in das Verebnungsniveau übergeht, bleiben höhere Bäume aus, und die Vegetation geht in Campo Sujo über. Im tiefsten Bereich treten dann flache Hügel. auf, sogenannte Murundus, eine auch in den Auen auf den zentralbrasilianischen Planaltos bekannte Erscheinung (s. Kap. 7.1.1.1.3). HUBER (1982:237) beschreibt solche Hügel aus dem rezenten Überschwemmungsbereich in den amazonischen Wäldern.

Die Bodenprofile 31 u. 32 zeigen die typische Situation für diese Niveaus (Abb.

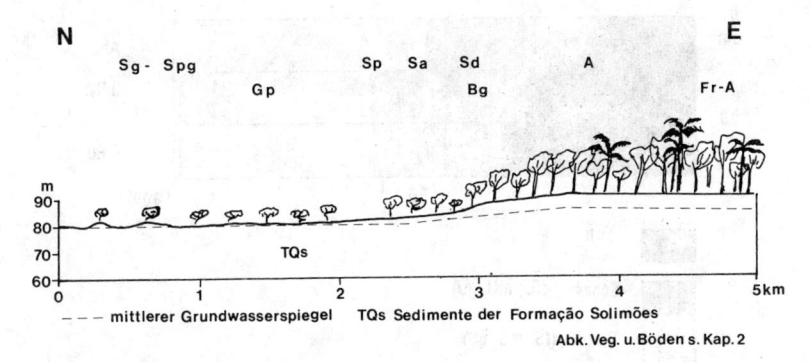

Abb. 68 Schematisches Profil zur Vegetationsabfolge an der Stufe vom 90 m- zum 80 m-Niveau

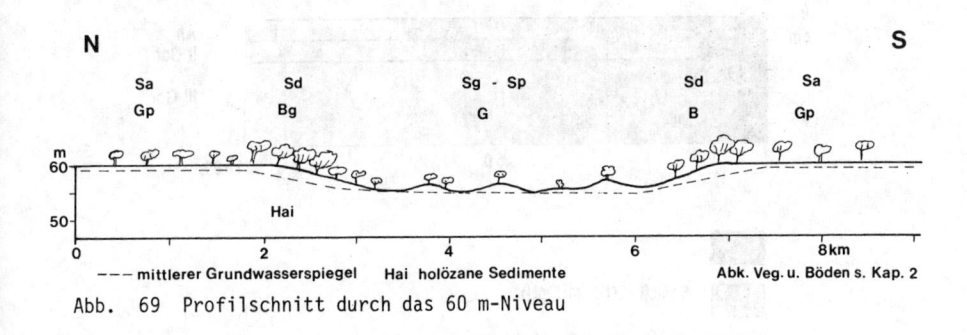

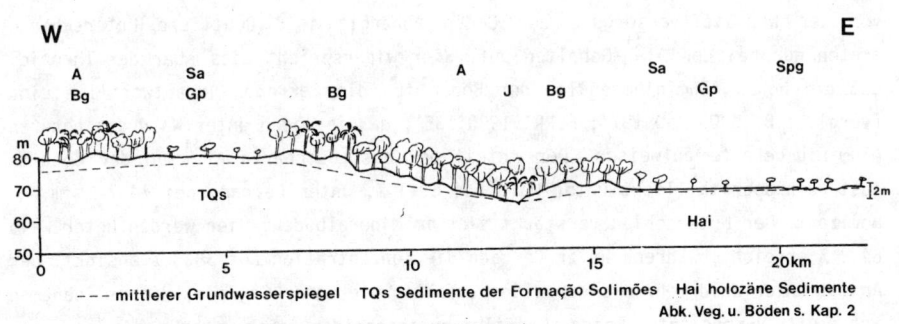

Abb. 69 Profilschnitt durch das 60 m-Niveau

Abb. 70 WE-Profil durch das 80 m- und 60 m-Niveau

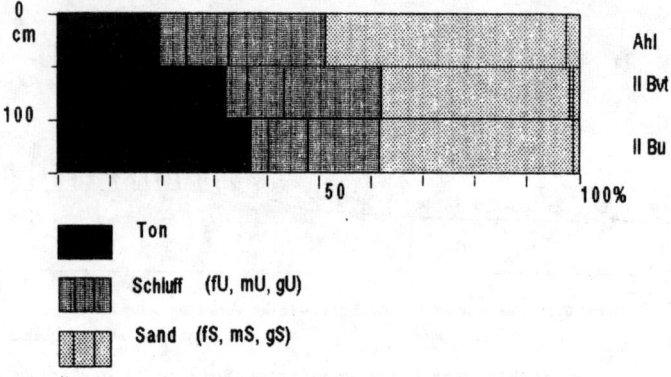

Abb. 71 Korngrößenverteilung in Bodenprofil 31

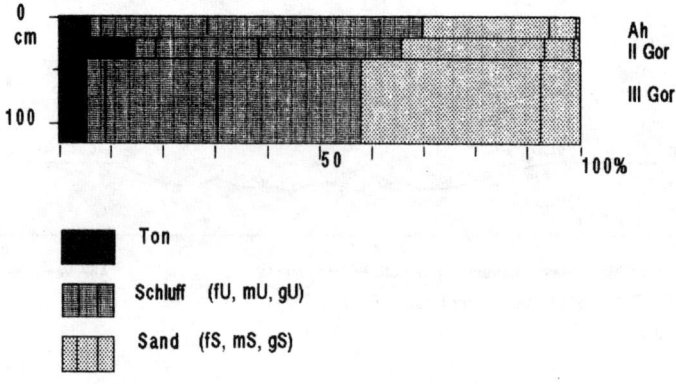

Abb. 72 Korngrößenverteilung in Bodenprofil 32

71 u.72). Hier zeigt sich wieder, daß die Verteilung Wald-Cerrado nicht direkt von der Nährstoffversorgung der Böden abhängig ist. Deutliche Unterschiede treten nur bei den Al^{3+}-Gehalten auf. Hier widerspricht dies aber der Theorie, daß die hohen Aluminiumgehalte der Böden für die Cerrados verantwortlich sind (vergl. z.B. GOODLAND 1971; FERRI 1980:135), da die Böden unter Wald die höheren Aluminiumgehalte aufweisen. Der Anteil des austauschbaren Al^{3+} an der Gesamtaustauschkapazität liegt unter Wald bei 83,1 %, unter Cerrado bei 74,7 % im Ah-Horizont. Der Unterschied verstärkt sich im Mineralboden. Hier werden unter Wald 84,2 % erreicht, während unter Cerrado die Konzentration auf 38,3 % absinkt. Der Ah ist unter Wald mehr als doppelt so mächtig wie unter Cerrado, dieses Phänomen ist weit verbreitet. Beide Profile unterscheiden sich stark im Ton- und

Schluffgehalt, während bei dem Plinthic Gleysol (eisenreicher Gley) die Konzentration mit über 50 % beim Schluff liegt, fällt der Ferralsol-Acrisol durch einen wesentlich höheren Tongehalt auf. In beiden Böden folgt unter dem Ah ein erheblich tonreicherer Horizont. Schwach ausgebildete Toncutane sprechen bei Bodenprofil 31 für Tonverlagerung, wahrscheinlich war aber die Decklage auch schon primär tonärmer.

Die morphologische Situation des Profils in Abb. 69, parallel dem Rio Madeira, wenige Kilometer südlich von Humaitá, ähnelt weitgehend der Situation in Abb. 68. Allerdings liegt das gesamte Profil etwa 20 m tiefer, und bei dem Ausgangsgestein handelt es sich um jüngere Ablagerungen, entweder um altholozäne Alluvien (Hai)(ARAJO et al. 1978) oder jungpleistozäne, fluvi-pluviale Sedimente (QP)(SCHOBBENHAUS et al. 1984). Hier werden beide Niveaus von Cerrado dominiert, nur an der oberen Stufenkante wird die Vegetation dichter (Cerradão (Sd)). Das untere Niveau wird von fast reiner Grassavanne (Campo Limpo (Sg)) eingenommen, nur vereinzelt treten kleinere Büsche (Campo Sujo (Spg)) auf, vor allem auf den auch hier in den Tiefenlinien auftretenden Murundus. Bei den Böden handelt es sich auf beiden Niveaus um Plinthic Gleysols (eisenreiche Gleye), bei den Gleysols (Gleyen) auf dem oberen Niveau steht das Grundwasser etwas tiefer und schwankt im Jahresverlauf stärker. Dadurch ist der Gor hier zwar mächtiger, jedoch schwächer ausgeprägt als auf dem unteren, wo das Grundwasser höher steht (Naßgley). Je kräftiger der Plinthithorizont ausgebildet ist, um so mehr treten die Baumgewächse zurück. Im Bereich der Stufe sind Hanggleye ausgebildet, der Gor ist mehr als 50 cm mächtig.

Ein Querprofil von Westen nach Osten durch diese Savanneninseln ergibt ein ähnliches Bild (Abb. 70). In der Umgebung des Rio Madeira ist in ca. 60 m Höhe ein weitgestrecktes Niveau ausgebildet. Gekennzeichnet durch Gleysols (Gleye bis Naßgleye), die einen geringmächtigen, aber gut ausgebildeten Plinthithorizont aufweisen. Cerrado (Sa-Sp) bildet hier die typische Vegetation. Im Übergang zu den flachen Rücken, die nur wenige Meter hoch sind, wird die Vegetation dichter und geht in offenen Regenwald (A) über. In den Böden kann man, außer dem Absinken des Grundwasserspiegels und der damit verbundenen Zunahme der Gor-Mächtigkeit und des Ah, keine Veränderung feststellen. Gelegentlich schaltet sich auch ein Bv ein (s. Bodenprofil 33). Dieses flachkuppige, unruhige Relief steigt flach bis zu einem etwa 20 m höher gelegenen Flächenniveau an. Mit Beginn der Fläche setzt sofort wieder Cerrado (Sa) ein, das Grundwasser auf diesem Niveau steht nicht so hoch wie auf der tieferen, hier findet man keine Naßgleye mehr. Die Vegetation ist auch etwas dichter und tendiert in Richtung offene

Baumsavanne (Sa).

Es ergeben sich also für das Gebiet der Savanneninseln von Humaitá drei verschiedene Flächenniveaus. Das oberste, in einer Höhe > 85 m, wird von Regenwald dominiert, Ferralsol-Acrisols sind die typischen Böden. An den Flächenstufen beißen stellenweise mächtige Eisenkrusten aus. Das mittlere Niveau liegt in einer Höhe von ca. 80 m, bestimmt wird es von Cerrado (Sa-Sp) auf Gleysols (Gleye), die einen schwach ausgebildeten Plinthithorizont besitzen. Den Abschluß bildet ein Niveau bei ca. 60 m. Hier tritt lichter Cerrado (Sp-Sg) auf Plinthic Gleysols mit hoch stehendem Grundwasser (Naßgleyen) und mit einem teilweise kräftig ausgebildeten Plinthithorizont auf. Der Übergang von einem Niveau zum anderen erfolgt nicht immer durch eine einheitliche Stufe, sondern häufig ist dieser Übergang durch ein unruhiges, schwach kuppiges Relief mit einzelnen, kleineren Flüssen bestimmt. Diese Bereiche werden von Regenwald (Fa) eingenommen.

Die Vegetation der Cerradoinseln ähnelt in ihrer Zusammensetzung der der Planaltos "Central", sie sind aber artenärmer (vergl. DUCKE & BLACK 1953:41; COLE 1982). Von den am häufigsten auftretenden Holzpflanzen (s. Tab. 8) sind vor allem *Bowdichia sp.* (Leguminosae), *Byrsonima verbascifolia* (Malpighiaceae), *Byrsonima sp.* (Malpighiaceae), *Curatella americana* (Dilleniaceae), *Maceirea sp.* (Melastomataceae), *Miconia sp.* (Melastomataceae), *Palicourea sp.* (Rubiaceae), *Tibouchina sp.* (Melastomataceae) und *Qualea grandiflora* (Vochysiaceae) zu nennen, die auch im zentralen Westen weit verbreitet sind. *Bellucia imperialis* (Melastomataceae), *Cassia sylvestris* (Leguminosae) und *Cinchonia amazonensis* (Rubiaceae) kommen dagegen im Zentralen Westen nicht vor. Die auf den Planaltos bis zur Chapada dos Parecis weit verbreiteten *Bombax sp.* (Bombacaceae), *Kielmeyera sp.* (Guttiferae), *Licania sp.* (Rosaceae), *Pseudobombax sp.* (Bombacaceae) und *Stryphnodendron sp.* (Leguminosae) fehlen jedoch hier, ebenfalls wie die für Zentralbrasilien typische *Dalbergia sp.* (Papilioniodeae). Bei den Graspflanzen kommt *Paspalum sp.* (Gramineae) in beiden Räumen häufig vor. Auffallend ist, daß in den Cerradoinseln die Dominanz von Byrsonima sp. vom höheren zum tieferen Niveau immer stärker wird. Der Artenreichtum scheint von oben nach unten abzunehmen. Zur Unterstützung dieser Annahme sind aber pflanzensoziologische Detailuntersuchungen notwendig. In den umliegenden Wäldern fällt das häufige Vorkommen von *Virola sebifera* (Myristicaceae) auf, die in Tiefländern sowohl in Regenwäldern als auch in Cerrado vorkommt. Einen Überblick über die wichtigsten vikariierenden Pflanzenarten der amazonischen und zentralbrasilianischen Cerrados gibt VELOSO et al. (1975:329).

Auch bei diesen Beispielen fällt eine deutliche Abhängigkeit der Vegetationsausprägung und -verteilung vom Bodenwasserhaushalt auf. Während das 85 m-Niveau mit seinen mächtigen, gut dränierten Böden von Regenwald eingenommen wird, sind die beiden tieferen Niveaus mit grundwasserbeeinflußten Böden durch Cerrado bestimmt, und auch hier treten die Bäume mit abnehmender Gor-Mächtigkeit, also mit erhöhtem Einfluß von Grundwasserschwankungen, zurück. Die Plinthithorizonte sind hier nicht Ursache für das Fehlen von Wald, sondern sind Resultat der Unterschiede im Bodenwasserhaushalt. Die flach kuppigen Bereiche, wo es durch einen verstärkten Oberflächenabfluß zu einem ausgeglicheneren Bodenwasserhaushalt kommt, sind ebenfalls Regenwaldstandorte. Die weniger hydromorph geprägten Böden sind auch wesentlich tiefer durchwurzelt, da die Wurzeln nie bis in den Grundwasserbereich vordringen (vergl. a. HEYLIGERS 1963:117ff).

Savannen, die in den Regenwäldern auf sumpfigen Böden vorkommen, sog. "swamp savannas", sind keine Seltenheit (s. z.B. DENEVAN 1968b; FERRI 1980:27; HUBER 1982). Ungewöhnlich ist hier die enge Übereinstimmung (sowohl floristisch als auch physiognomisch) mit den xeromorphen zentralbrasilianischen Cerrados. Quartäre Klimaänderungen veränderten den Bodenwasserhaushalt auf den weiten, sandigen Ebenen natürlich wesentlich nachhaltiger als auf den weniger vom Grundwasser beeinflußten Waldstandorten. Schon minimale Grundwasserspiegelabsenkungen führten dazu, daß die weiten Sandflächen edaphisch trocken wurden.

Sowohl bei diesen Savannen wie auch bei denen westlich von Porto Velho (s. Kap. 7.2.2) handelt es sich um Relikte einer ehemals durchgehenden Cerradovegetation (HAMMEN 1972, 1979, 1982; WIJMSTRA & HAMMEN 1966; AB´SABER 1977, 1982; OCHSENIUS 1982). Ungeklärt bleibt die Frage nach dem Alter dieser Relikte. HUBER (1982:221) sieht in solchen Savannen in Venezuela aufgrund ihrer floristischen Zusammensetzung prä-quartäre Relikte. Weitgehend unbestritten ist, daß diese Savannen hier während der ariden Phasen im Pleistozän Verbindung mit den Cerrados Zentralbrasiliens und den Savannen nördlich des Amazonas-Beckens hatten. MÜLLER (1973) und AB´SABER (1982) nehmen aber eine jüngste Savannenexpansion bzw. Waldregression für das Holozän (Beginn ca. 4.000-5.000 A.B.P.) an. Demnach handelte es sich um holozäne Relikte. Dem kann hier aufgrund fehlender Datierungen weder widersprochen noch zugestimmt werden. Daß aber zumindest ein Teil der Wälder sich erst im jüngeren Holozän endgültig etablierte, wurde in Kap. 7.2.2 gezeigt. Ein Teil der Cerrados steht wohl auf holozänen Sedimenten, kann dort also erst nach deren Ablagerung eingedrungen sein (vergl. AB´SABER 1982:50). Ob es sich dabei aber um eine überregionale Savannenausbreitung oder nur um ein lokales Vordringen des Cerrado auf die bei schon geringer Grundwasserspiegelabsenkung edaphisch trockenen Sandflächen handelt, ist nicht zu klären. Um eine weitgehende Waldregression im Holozän zu belegen, müßten in größerem Umfang korrelate Sedimente einer verstärkten Abtragung gefunden werden.

7.2.3.2 Die Regenwälder von Acre

Westlich an die letzten Ausläufer des präkambrischen Grundgebirges und an die jüngeren Sedimente des Amazonasbeckens anschließend, liegen ältere känozoische Ablagerungen. In Acre handelt es sich dabei um Sedimente der Formação Solimões. Nach SCHOBBENHAUS et al. (1984:85f) sind diese Sedimente tertiären Alters. SILVA et al. (1976) machen diese Unterscheidung nicht, sie weisen für die Formação Solimões eine wesentliche weitere Verbreitung nach und stellen sie ins Plio-Pleistozän (vergl. a. Kap. 7.2.3.1). Im östlichen Teil von Acre wird das Relief durch weite Ebenen bestimmt, die durch die Einschnitte zahlreicher Wasserläufe gegliedert sind. Die Jahresniederschläge liegen etwas unter 2.000 mm, die Jahresdurchschnittstemperaturen über 20°C. Das Gebiet gehört zur Zone der Am-Klimate nach KÖPPEN & GEIGER (1928) bzw. zu den V1-Klimaten nach TROLL & PAFFEN (1968)(vergl. Kap. 5.3). Flächendeckend findet man hier offene und geschlossene immergrüne Wälder (A & D) als natürliche Vegetation.

Auch hier lassen sich ähnlich wie zwischen Porto Velho und Humaitá zwei Niveaus unterscheiden. Das höhere liegt zwischen 190 und 200 m ü.M.. Dieses Niveau ist eben und nur schwach zerschnitten, während ein zweites Niveau, zwischen 180 und 190 m ü.M., durch zahlreiche Flußläufe, die durch flache Rücken voneinander getrennt sind, gegliedert ist. Die Profile in Abb. 73 u. 74 geben die typische Situation wieder. Auf den Flächen findet man an der Basis eines braunen Oberbodens (7,5 YR 5/6) einen Pisolithanreicherungshorizont. Diese Pisolithe sind, da schon ausgehärtet, wahrscheinlich umgelagert. Der braune Oberboden bzw. das Bodensediment erreicht Mächtigkeiten von bis zu 150 cm. Die basale Pisolithlage dünnt häufig aus oder fehlt ganz. Darunter findet man Reste eines Ferralsols (Latosol). Die Abgrenzung der Bodenbildung zum Anstehenden ist hier meist schwierig, da dieses aus farbigen oft roten Tonen besteht. An Flußeinschnitten oder an der Stufe zum tieferen Niveau werden die Pisolithe gekappt und ziehen, eingemischt in eine etwa 20 cm mächtige Decklage aus Feinsediment, den Hang hinunter und setzen sich im Talboden in der Decklage weiter fort. Bodenprofil 34 (Abb. 75) zeigt ein typisches Bodenprofil für das 200 m-Niveau. Es handelt sich wiederum um ein polygenetisches Profil, einen Acrisol über einem Ferralsol (Latosol-Parabraunerde). Die Mehrschichtigkeit wird durch die Ergebnisse der Schwermineralanalyse untermauert. Auch die Unterschiede im Gehalt an dithionitlöslichem Eisen weisen in diese Richtung. In der oberen Decklage ist außerdem das SiO_2/Al_2O_3-Verhältnis wesentlich höher als in den liegenden Bodenhorizonten. Die Nährstoffversorgung dieses Bodens unter Regenwald zeigt im Vergleich zu den Böden unter Cerrado keine signifikanten Unterschiede, die Werte sind durchaus vergleichbar, obwohl das niedrige C/N-Verhältnis auf eine hohe biologische Aktivität schließen läßt. Auch bei diesen Böden ist der Ahl deutlich tonärmer als der II(?)Bu(k)t. Dieser Unterschied ist wohl nicht nur durch Lessivierung zu erklären, zumal der Tongehalt in den nach unten folgenden Horizonten annähernd konstant bleibt.

Auf den Rücken und Kuppen des zerschnittenen Niveaus liegen stellenweise die Pisolithe an der Oberfläche. An den Hängen sind sie aber von einer braunen Decklage bedeckt, die in den Tiefenlinien über 300 cm mächtig werden kann. Auf

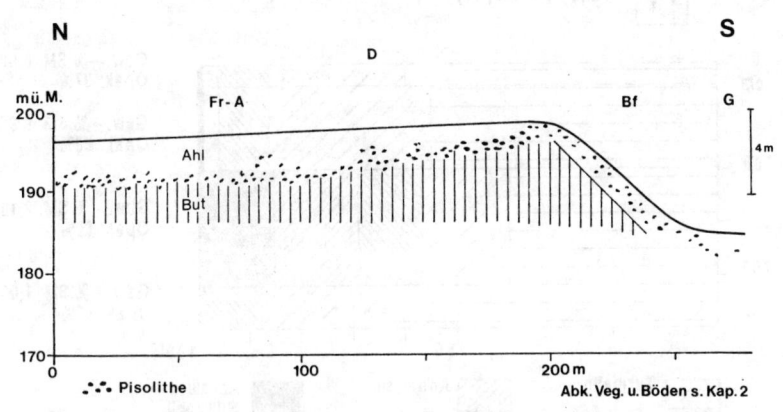

Abb. 73 Schematisches Profil zur Boden- und Sedimentabfolge auf dem 200 m-Niveau

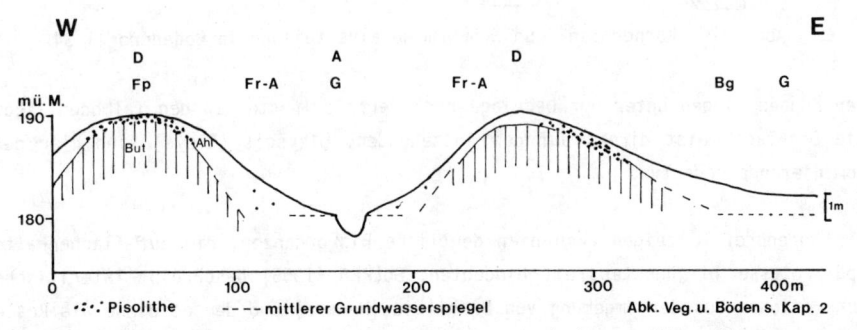

Abb. 74 Schematisches Profil durch das zerschnittene 200 m-Niveau

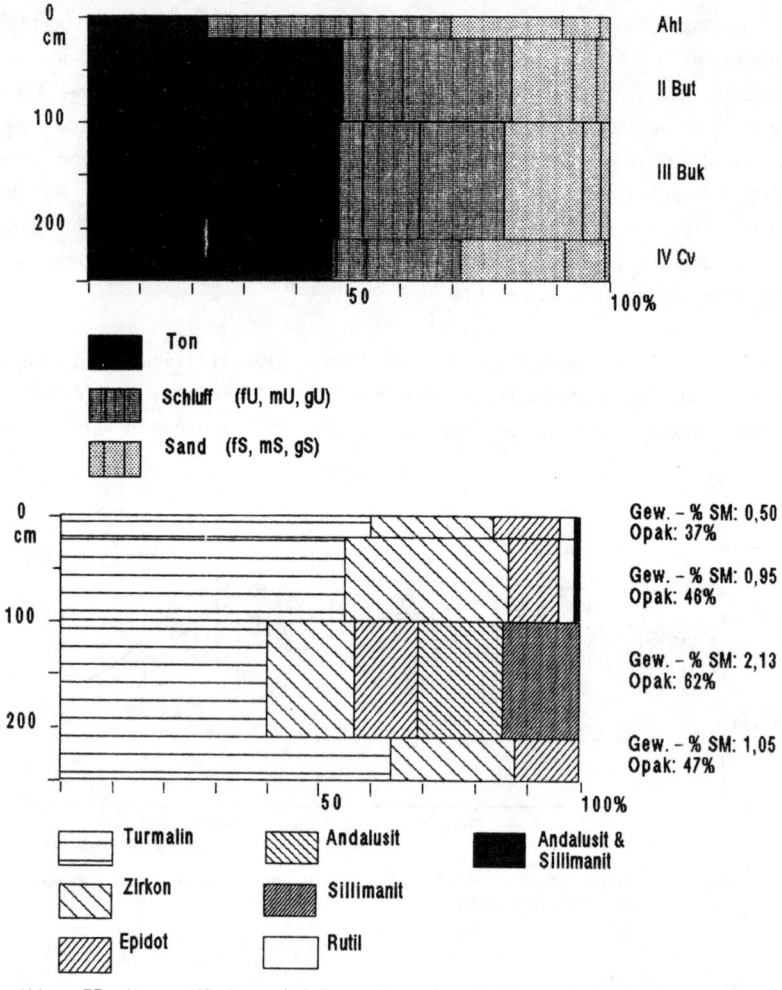

Abb. 75 Korngrößen- und Schwermineralverteilung in Bodenprofil 34

den Kuppen liegen unter der Decklage noch Ferralsolreste. In den Talböden liegt die Decklage meist direkt auf dem Anstehenden. Gleysols (Gleye) sind hier der dominierende Bodentyp.

Die Bodenprofile zeigen auch hier deutliche Diskordanzen, die auf flächenhafte Spülprozesse in jüngster Zeit hindeuten. GUERRA (1965) beschreibt lateritische Konkretionen aus der Umgebung von Brasileia (N-Acre) und deutet diese als Reste eines Einebnungsniveaus. PEIXOTO DE MELO et al. (1976:149ff) bestätigen die

Existenz einer weiten Pediplain in Ost-Acre. Da diese in erster Linie in pliopleistozänen Sedimenten der Formação Solimões angelegt ist, muß sie ihres Erachtens pleistozänen Alters sein. Im Osten kappt diese Pediplain auch archaische Gesteine. Da aber SCHOBBENHAUS et al. (1984:85f) die Formação Solimões ins Tertiär stellen, ist das pleistozäne Entstehungsalter dieser Pediplain nicht abgesichert. Die flachen Rücken und Kuppen des tieferen Niveaus sind Residuen, praktisch Inselberge dieser Pediplain (PEIXOTO DE MELO et al. 1976:151). Die Pisolithe weisen auf ein wechselfeucht tropisches Klima mit einer stark ausgeprägten Trockenzeit zum Ende des Pleistozäns hin. Im Übergang vom Pleistozän zum Holozän kam es zu einer verstärkten Aridität. Die Zwischenwasserscheiden wurden zerschnitten. Zu dieser Zeit war das Gebiet waldfrei. Die Wälder etablierten sich erst im Holozän mit zunehmender Humidität (PEIXOTO DE MELO et al. 1976:151ff).

Deutlich wird hier, daß auch in Gebieten, die rezent großräumig von immergrünen Wäldern eingenommen werden, pleistozäne Klimaschwankungen zu radikalen Wechseln in der Vegetation führten. Die Böden sind fast durchgehend mehrschichtig, obwohl eine makroskopische Bestimmung in den tertiären Sedimenten schwierig ist, da das Ausgangsmaterial weitgehend der Bodenbildung gleicht. Umgelagerte Pisolithe zeigen aber deutlich Diskordanzen an. Daß man hier wirklich mit flächenbildenden Prozessen in der schon primär ebenen Aufschüttungslandschaft aus tertiären Sedimenten rechnen muß, zeigt die Tatsache, daß die Verebnung im Osten übergangslos auf das Planalto da Amazônia (Ocidental), das hier in archaischen Gesteinen angelegt ist, übergreift, somit mit dessen Entstehung korreliert (vergl. PEIXOTO DE MELO et al. 1976:148ff). Meines Erachtens kann man aber nicht ausschließen, daß es sich bei der Formação Solimões um die korrelaten Sedimente der Abtragung im Gebiet des Grundgebirges handelt, und daß nur die jungpleistozänen Abtragungs- und Sedimentationsphasen beide Bereiche gleichmäßig überformten. Die Sedimente der Formação Solimões in Acre weisen einen deutlich höheren Tongehalt und eine wesentlich kräftigere Färbung auf als die Sedimente, die von ARA JO et al. (1978) für das Gebiet zwischen Porto Velho und Humaitá beschrieben werden (vergl. Kap. 7.2.3.1). Zweifellos ist allerdings eine flächenhafte Kappung der Ferralsols (Latosole) und eine anschließende Überschüttung mit Feinmaterial zu erkennen. Wahrscheinlich erst in einer zweiten Phase kam es zu einer stärkeren Zerschneidung der Fläche, mit einem erneuten flächenhaften Abtrag von Bodenmaterial und einer anschließenden sedimentären Überdeckung. Diese Bodensedimente korrelieren mit denen auf dem kristallinen Grundgebirge. AB´SABER (1977), BROWN & AB´SABER (1979:14) und OCHSENIUS (1982:66) weisen für dieses Gebiet würmzeitlichen Cerrado aus.

8 Diskussion der Ergebnisse und Schlußfolgerungen

8.1 Die Faktoren der Vegetationsverteilung

8.1.1 Das Klima

Die Untersuchungen bestätigen die Annahme, daß die enge Vergesellschaftung von Wäldern und Savannen, insbesondere in Zentralbrasilien, aber auch im Nordwesten, klimatisch nicht erklärt werden kann. Wie schon in Kap. 6.1.2 angesprochen, zeigten RAWITSCHER & RACHID (1946) schon frühzeitig, daß Wassermangel nicht für das Fehlen geschlossener Wälder verantwortlich ist. Dies wurde nach ihnen von anderen Ökologen wiederholt bestätigt (FERRI 1944, 1955, 1980:54; RAWITSCHER 1948; ARENS 1959; GRISI 1971; RIZZINI & HERINGER 1962; RIZZINI 1965; WALTER 1979:92ff; AMARAL FILHO 1983; WALTER & BRECKLE 1984b:141ff). Demnach gibt es kein typisches Cerradoklima (CAMARGO 1962, 1968; AUBREVILLE 1968; GARNIER 1968; REICHARDT 1976), im Gegensatz zur Caatinga, die an semi-arides Klima gebunden ist (REIS 1971; CAMARGO et al. 1976). Dichte Wälder kommen häufig in direkter Nachbarschaft zu offenen Savannen auf edaphisch eindeutig trockeneren Standorten vor (vergl. Kap. 7.1.1.4 u. 7.2.1), ohne daß man lokalklimatische Unterschiede hierfür verantwortlich machen könnte, wie sie HUECK (1966:272) annimmt. Auch die scharfe Grenze, mit der zwei floristisch verschiedene Vegetationsformen oft aneinanderstoßen, spricht gegen eine klimatische Implikation (vergl. Kap. 7.2.3.1). Bei einer klimatisch bedingten Grenze wären kontinuierliche Übergänge zu erwarten (AUBREVILLE 1968). Mikroklimatische Unterschiede ergeben sich natürlich durch die unterschiedliche Vegetationsdichte und der damit verbundenen stärkeren Insolation in dem Cerrado (CAMARGO 1962; vergl. VARESCHI 1980:240ff). Unbestritten ist, daß der Wald durch zunehmende Niederschläge begünstigt wird, da sein Anteil an der Gesamtvegetation weiter nach Nordwesten, mit dem Übergang vom Aw zum Am-Klima (KÖPPEN & GEIGER 1928), deutlich zunimmt. Im Aw-Klima dominiert Savanne und im Am-Klima Wald, so daß eine klimatische Verknüpfung zunächst naheliegend erscheint.

8.1.2 Die Nährstoffversorgung und die Aluminium-Toxizität

Die vielfach vertretene Ansicht, daß es sich bei den Cerrados um eine durch Nährstoffmangel bedingte Vegetation handelt (ARENS 1962; FERRI 1980:135; WALTER 1979; MÜLLER-HOHENSTEIN 1981:83ff; WALTER & BRECKLE 1984a&b; vergl. a. Kap. 6.1) läßt sich durch die vorgeführten Catenen nicht belegen, da keine signifikante Abhängigkeit zwischen dem Nährstoffgehalt der Böden und der Vegetationsausprägung feststellbar ist (vergl. Tab. 1, Abb. 76-79). Auch andere Untersuchungen bestreiten eine Signifikanz solcher Abhängigkeiten (ASKEW et al. 1971; AMARAL FILHO 1983:15). Ein direkter Zusammenhang von hohen Al^{3+}-Gehalten der Böden und Cerrado, wie sie GOODLAND (1971) und FERRI (1980:135) annehmen, ist in den untersuchten Profilen nicht festzustellen. Im Gegenteil, eine statistische Auswertung der Daten zeigt, daß die Korrelation bei den Al^{3+}-Gehalten der Böden positiv ist, so daß die höheren Al^{3+}-Konzentrationen in den Böden unter Wald auftreten (vergl. Kap. 7.2.1 u. 7.2.3.1). Die Korrelationskoeffizienten sind bei einer Irrtumswahrscheinlichkeit von 5 % nicht signifikant (s. Tab. 1 u. Abb. 76). Nur der prozentuale Anteil des Al^{3+} an der Gesamtaustauschkapazität im B-Horizont korreliert signifikant auf dem 5 %-Niveau. Bei solch hohen Konzentrationen von bis zu 80 %, wie sie unter Wald gefunden wurden, müßte die Aufnahme anderer Kationen für die Pflanze stark gehemmt sein (vergl. GOODLAND 1971b) und damit die toxische Wirkung des Aluminiums, die ja teilweise auf einer Verdrängung von für die Pflanze essentiellen Kationen beruht, am stärksten sein. AMARAL FILHO (1983:15) weist ebenfalls daraufhin, daß gerade in Acre und Rondônia die Böden unter Wald bis zehnmal so hohe Aluminiumwerte aufweisen wie normalerweise unter Cerrado (vergl. a. Kap. 7.2.2 u. 7.2.3). Eine Bestätigung der von FÖLSTER (1982) geäußerten Vermutung, nicht die Al^{3+}-Konzentration, sondern das Ca^{2+}/Al^{3+}-Verhältnis beeinflußten die Verteilung von Wald und Savanne, war, bei den immer gleichmäßig geringen Gehalten an Ca^{2+}, nicht möglich.

Da der Probenumfang der eigenen Untersuchungen verständlicherweise nur recht klein ist, wurden zur Kontrolle 266 Beispielprofile der Bodenkarten 1:1.000.000 der Blätter SE.22 Goiânia, SD.23 Brasîlia, SD.22 Goiás, SD.20 Guaporé, SC.20 Porto Velho und SB.20 Purus statistisch ausgewertet (vergl. Tab. 2). Bei Blatt SB.20 Purus fanden nur Profile Berücksichtigung die noch auf den Blättern 1:250.000 SB.20-Y-C Lâbrea, SB.20-Y-D Humaitâ, SB.20-Z-C Rio Maica und SB.20-Z-D Rio Roosevelt liegen, da weiter nördlich (7°S) keine eigenen Untersuchungen durchgeführt wurden. Außerdem kann der Übergang zum Af-Klima nach KÖPPEN & GEIGER (1928) eventuelle edaphische Einflußfaktoren verwischen. Die Korrelationen der bodenchemischen Kennwerte mit der Vegetationsausprägung sind bei der Gesamtauswertung gering, teilweise sogar Null, wie beim Al^{3+}-Gehalt im Ah und der Austauschkapazität in den B-Horizonten. Im ganzen zeigt sich, daß eindeutige Abhängigkeiten zwischen den chemischen Bodenkennwerten und der Vegetationsausprägung nicht bestehen. Eine Ausnahme bildet der pH-Wert, hier ist die Korrelation zwar signifikant auf dem 5 %-Niveau, jedoch sind die Unterschiede der durchschnittlichen pH-Werte sehr gering. Daraus resultiert auch die Umkehrung der Vorzeichen der beiden Auswertungen.

Korrelationskoeffizient r, Achsenabschnitt a und Steigung b

		r	a	b
AK_{pot}-Ah	n=24	0.30	5.32	0.66
AK_{pot}-B	n=24	0.37	3.21	0.73
V-Wert - Ah	n=24	0.33	0.31	3.84
V-Wert - B	n=24	0.17	9.60	2.25
%C	n=32	-0.19	0.94	-0.05
%N	n=30	0.02	0.06	0.00
C/N	n=30	-0.12	0.16	0.00
pH-Ah	n=34	-0.26*	4.68	-0.07
pH-B	n=34	-0.38	5.32	-0.15
Al^{3+}-Ah	n=15	0.05	1.01	0.09
Al^{3+}-B	n=15	0.24	-0.80	0.46
$%Al^{3+}$-Ah	n=15	0.22*	23.35	5.18
$%AL^{3+}$-B	n=15	0.59	-28.17	15.70
Ak_{eff}-Ah	n=15	-0.07	3.44	-0.18
Ak_{eff}-Ah	n=15	0.02	2.12	0.05

0,1 %-Niveau: 13 FG = 0,760; 22 FG = 0,629; 28 FG = 0,570; 30 FG = 0,554;
35 FG = 0,519

1 %-Niveau: 13 FG = 0,641; 22 FG = 0,537; 28 FG = 0,463; 30 FG = 0,449;
35 FG = 0,418

5 %-Niveau: 13 FG = 0,514; 22 FG = 0,404; 28 FG = 0,361; 30 FG = 0,349;
35 FG = 0,325

* = signifikant auf dem 5 %-Niveau

Die Werte zur Überprüfung des Korrelationskoeffizienten auf Signifikanz gegen Null wurden der Tab. von SACHS (1974:330) entnommen.

Tab. 1 Korrelationen der Vegetationsausprägung mit den bodenchemischen Eigenschaften.

Daß aber in zahlreichen Fällen doch Abhängigkeiten zwischen dem Aluminiumgehalt der Böden und der Vegetationsausprägung festgestellt wurden (z.B. RIZZO et al. 1971), kann, wenn es sich nicht um zufällige Einzelfälle handelt, auch daran liegen, daß sich gerade viele hydromorphe Böden durch einen extrem hohen Al^{3+}- Gehalt auszeichnen. Werte von über 6 mval/100 g sind keine Seltenheit (vergl. z.B. KREJCI et al. 1982:359ff). Wie schon gezeigt, zeichnen sich aber gerade

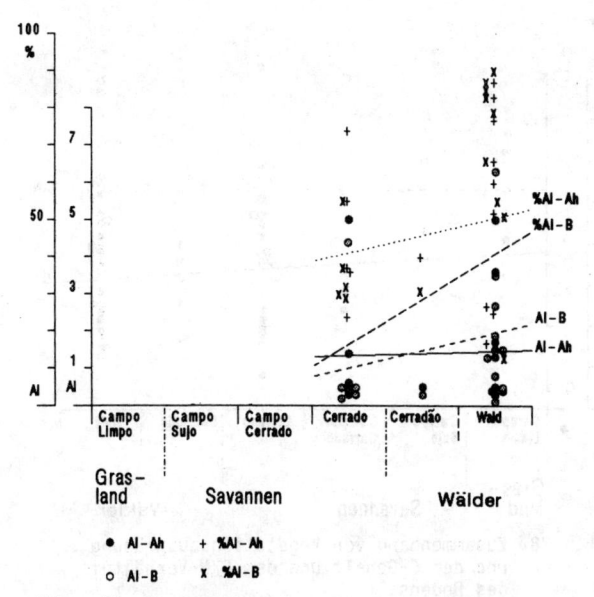

Abb. 76 Zusammenhang von Vegetationsausprägung und dem Al^{3+}-Gehalt des Bodens

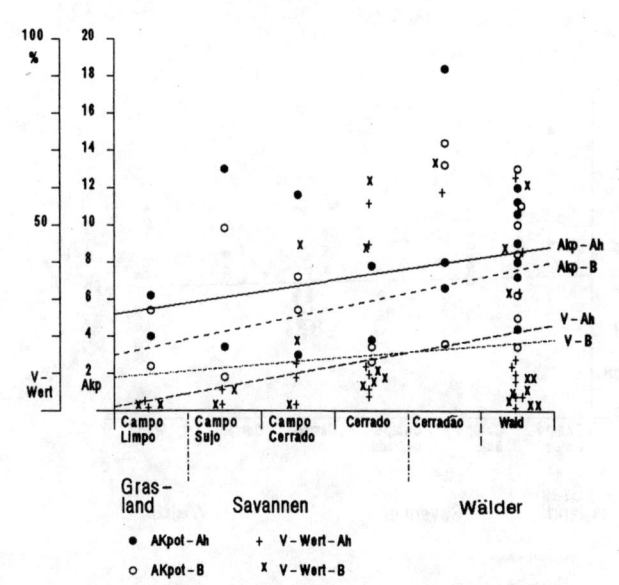

Abb. 77 Zusammenhang von Vegetationsausprägung und der potentiellen Austauschkapazität und Basensättigung des Bodens

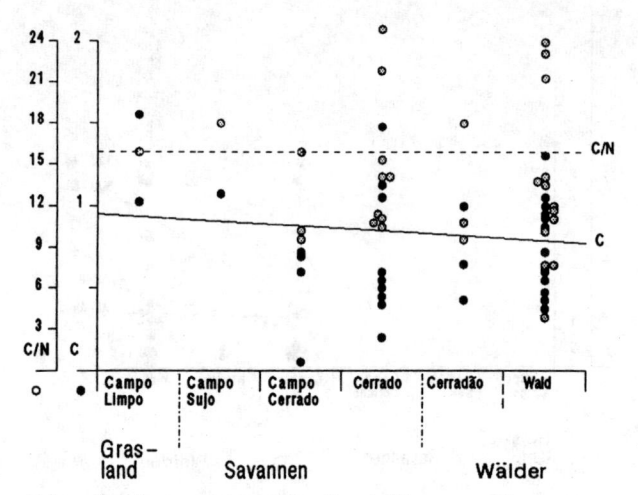

Abb. 78 Zusammenhang von Vegetationsausprägung und dem C-Gehalt und dem C/N-Verhältnis des Bodens

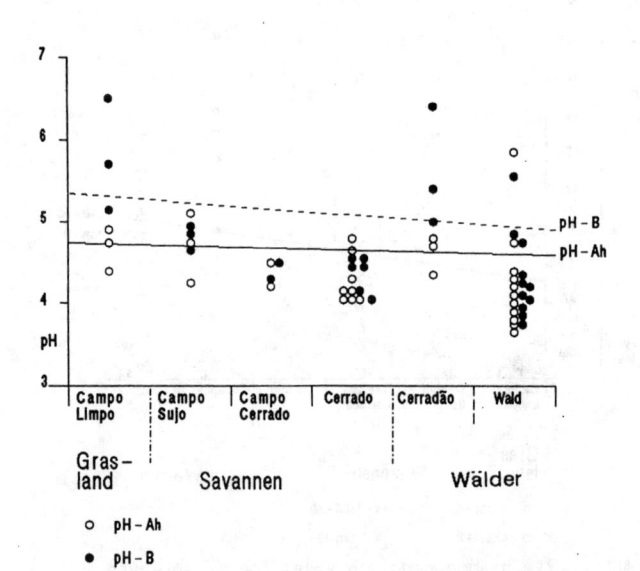

Abb. 79 Zusammenhang von Vegetationsausprägung und dem pH-Wert des Bodens

○ pH-Ah
● pH-B

solche Standorte durch von Gräsern dominierte Vegetationsformen aus. Dies ist aber nicht auf den hohen Aluminiumgehalt zurückzuführen, sondern auf die extremen Bedingungen im Wasserhaushalt, die wohl auch die hohe Aluminiumkonzentration im Zusammenhang mit der Ausbildung von Gso-, Gkso- oder Gmso-Horizonten bedingen. Es ist außerdem unwahrscheinlich, daß ein Element alleine für eine großräumig vorkommende Vegetationsform verantwortlich ist. Hohe Aluminiumkonzentration kann allerdings bei Pflanzen einen Krüppelwuchs, wie er in dem Cerrado ja vorkommt, verursachen (vergl. ELSTNER 1984:101f,235).

Korrelationskoeffizient r, Achsenabschnitt a und Steigung b

	r	a	b
cm-Ah	0.13*	20.63	1.26
pH-Ah	0.12*	4.01	0.07
pH-B	0.19*	4.03	0.07
C%-Ah	-0.05	2.21	-0.06
C/N-Ah	0.04	9.60	0.14
Al^{3+}-Ah	0.00	0.85	0.00
Al^{3+}-B	-0.04	0.99	-0.03
Ak-Ah	0.04	9.03	0.26
Ak-B	0.00	7.71	-0.01

n=266

0,1 %-Niveau: 250 FG = 0,206; 300 FG = 0,188
1 %-Niveau: 250 FG = 0,162; 300 FG = 0,148
5 %-Niveau: 250 FG = 0,124; 300 FG = 0,113

* = signifikant auf dem 5 %-Niveau

Die Werte zur Überprüfung des Korrelationskoeffizienten auf Signifikanz gegen Null wurden der Tab. von SACHS (1974:330) entnommen.

Tab. 2 Korrelationen der Vegetationsausprägung mit den bodenchemischen Eigenschaften für die Werte von AMARAL FILHO et al. 1978, LEÃO et al.1978, MACEDO et al. 1979, RIOS & OLIVEIRA 1981, KREJCI et al. 1982, NOVAES et al. 1983.

Eine gewisse Rolle spielt in einigen Fällen auch der Nährstofffaktor (vergl. DENEVAN 1968a&c; TAYLOR 1968; ASKEW et al. 1971; RATTER et al. 1976), da auf basischen und karbonathaltigen Gesteinen meist Wald oder zumindest dichte Baumsavanne (Cerradão)(Sd) wächst (vergl. Kap. 7.1.2.1). Auch die Vegetationsvitalität weist, bei gleicher Ausprägung, auf quarzitischen Sandsteinen und feinschiefrigen Gesteinen Unterschiede auf (vergl. Kap. 7.1.1). Auf jungen Sedimenten, in denen wenig verwittertes Anstehendes und lateritisches Material eingemischt ist, ist die Vegetation ebenfalls vitaler (vergl. Kap. 7.1.1.1.4, 7.1.1.3.1, 7.1.1.3.2). Verbesserte Nährstoffverhältnisse können aber auch eine sekundäre Erscheinung sein. Dort, wo sich Wald erst einmal etabliert hat, kommt es automatisch zu einer Verbesserung der Bodenverhältnisse, da die Humusneubildung und der Mineralgehalt des Bestandsabfalls größer ist (EITEN 1982:33). Der Wasserhaushalt kann dabei der entscheidende Faktor zugunsten der Waldvegetation sein. Hat sich der Wald dann etabliert, verbessern sich die Böden (EITEN 1982:33). Die eventuell erhöhte Fruchtbarkeit der Böden unter Wald muß also keine Ursache für den Wald, sondern kann Resultat des Waldes sein.

8.1.3 Der Bodenwasserhaushalt

Im Gegensatz zu den Mineralgehalten zeigt sich eine deutliche Abhängigkeit der Vegetationsausprägung vom Bodenwasserhaushalt und zwar sowohl innerhalb des Cerradokomplexes (s. Abb. 80) als auch im Kontaktbereich Cerrado (Savanne)-Wald. Diese wird um so deutlicher, je näher man den Zentren des Cerrado bzw. der Wälder kommt. In den Übergangsgebieten ist eine solche Abhängigkeit nicht mehr so eindeutig gegeben, hier trifft sie jeweils nur für die einzelnen Reliefgenerationen zu (vergl. Kap. 7.2.1). Es ist dabei weniger wichtig, wieviel Wasser vorhanden ist, sondern wie es im Jahresverlauf verteilt ist. Dabei wirkt sich sowohl eine temporäre Übernässung als auch ein temporäres Austrocknen des Bodens negativ auf die Baumvegetation aus. Die Gesamtheit der Profile zeigt, daß der Cerrado in bezug auf die Wasserversorgung ein sehr breites Anpassungsspektrum besitzt, sowohl übernäßte als auch edaphisch äußerst trockene Standorte sowie sämtliche Zwischenstadien verträgt sie gut. Der Bodenwasserhaushalt ist aber unter Cerrado innerhalb der Profilreihen einzelner geomorphologischer Einheiten immer relativ unausgeglichener als unter Wald, bzw. innerhalb des Cerrado variiert die Ausprägung von Campo Limpo bis Cerrado in Abhängigkeit von der Ausgeglichenheit des Bodenwasserhaushaltes. Besonders deutlich wird dies zu Beginn der Trockenzeit, dann sind die Gräser des Campo Limpo schon vertrocknet und gelb, während die Gräser des Cerrado noch grün sind. Einen Einfluß des Bodenwasserhaushaltes auf die Vegetationsverteilung in Zentralbrasilien bestätigen auch ASKEW et al. (1970a, 1971; vergl. a. DENEVAN 1968b; PURI 1968; TROPPMAIR 1973). Bei Untersuchungen in Südafrika kommt TINLEY (1982:191) zu ähnlichen Schlußfolgerungen, daß nämlich der Bodenwasserhaushalt der wichtigste edaphische Faktor ist, der alle anderen edaphischen Faktoren beeinflußt oder überspielt.

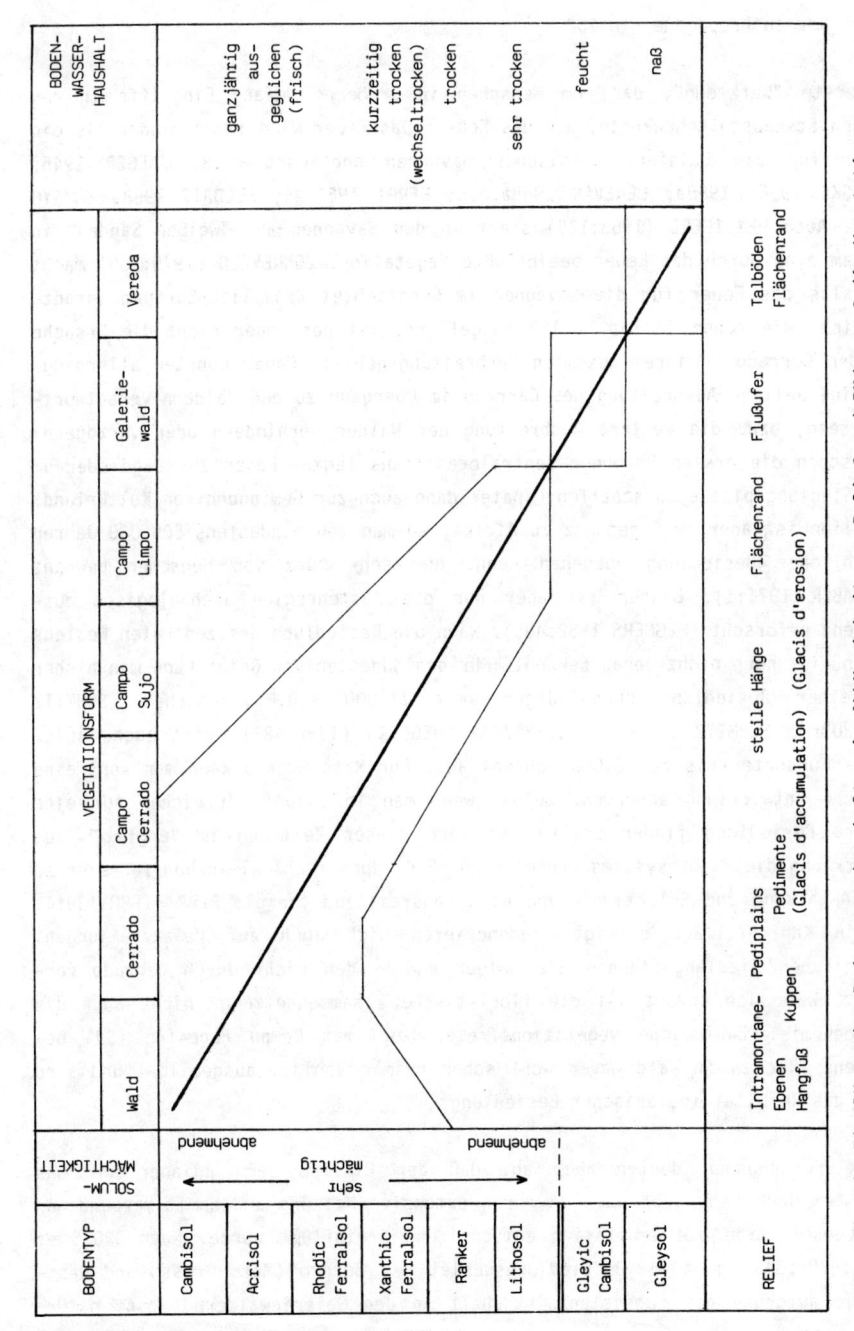

Abb. 80 Die Einflüsse des Bodenwasserhaushaltes in Abhängigkeit von Relief und Böden auf die Vegetationsverteilung in Zentralbrasilien

8.1.4 Der anthropogene Einfluß

Das erste "Werkzeug", das dem Menschen in größerem Umfang Eingriffe in den Landschaftshaushalt gewährte, war das Feuer. Das Feuer wird immer wieder als ein Faktor für die Existenz tropischer Savannen angeführt (z.B. JAEGER 1945; BUDOWSKI 1956, 1968a; DENEVAN 1968a,b,c; FERRI 1962:44; FOLDATS 1968; TAMAYO 1968). Auch HEYLIGERS (1963:129) sieht in den Savannen auf "weißen Sanden" in Surinam eine durch das Feuer beeinflußte Vegetation. ZONNEVELD (1975:385) macht ebenfalls das Feuer für die Savannen im Grenzgebiet Brasilien-Surinam verantwortlich. Wie schon in Kap. 6.1.2 ausgeführt, ist das Feuer nicht die Ursache für den Cerrado in ihrem gesamten Verbreitungsgebiet. Feuer könnten allerdings für eine weitere Ausbreitung des Cerrado im Übergang zu den Wäldern verantwortlich sein, bzw. die weitere Ausbreitung der Wälder verhindern oder verzögern. Wohl schon die ersten Bewohner Zentralbrasiliens legten Feuer zur Jagd oder um sich Siedlungsplätze zu schaffen, später dann auch zur Gewinnung von Kulturland. Brasilien ist aber im Gegensatz zu Afrika, wo man von mindestens 500.000 Jahren menschlicher Besiedlung ausgehen kann, nur sehr kurz von Menschen bewohnt (AB'SABER 1971:1). Bisher ist aber nur die Küstenregion archäologisch ausreichend erforscht (MEGGERS 1982:485). Wann die Besiedlung des zentralen Westens begann, ist noch nicht genau bekannt. Für den Südosten von Goiás kann man bisher von einer Besiedlung durch Jäger seit 11.000 A.B.P. ausgehen (SCHMITZ 1980:203ff; SCHMITZ et al. 1982:257ff). MEGGERS (1982:487) weist auch einige ältere Fundorte (bis zu 20.000 Jahren) aus. Für Mato Grosso kann man wohl eine ähnliche Entwicklung annehmen. Selbst wenn man in Zukunft Anzeichen für eine frühere Besiedlung finden sollte, so wäre dieser Zeitraum im Vergleich zur Entwicklung dieses Ökosystems (vergl. Kap. 8.4) doch recht klein und für eine so gute Anpassung und Selektionierung nicht ausreichend (vergl. FERRI 1980:139f). Wie in Kap. 7.1.2.2 gezeigt, regenerieren sich auch auf relativ jungen, indianischen Siedlungsflächen die Wälder und werden nicht durch Cerrado verdrängt. Was sich ändert ist die floristische Zusammensetzung, nicht aber die Physiognomie. Zahlreiche vegetationsfreie, bzw. mit Campo rupestre (Sr) bestandene Flecken im Wald waren wohl schon primär ähnlich ausgebildet und sind nicht das Resultat indianischer Besiedlung.

Neuere Forschungen deuten aber an, daß der Einfluß der Indianer auf das Ökosystem doch sehr groß war, da durch extensive Nutzung und damit verbundener Pflanzenselektion die Vegetation entscheidend beeinflußt wurde. Nach GROSS et al. (1979:1046) gibt es im Siedlungsgebiet der Borôro (Mato Grosso und West-Goiás), aufgrund der Subsistenzwirtschaft in den Galeriewäldern, keine natürlichen Galeriewälder mehr, sie wurden alle mehr als nur einmal genutzt. Dichte Waldinseln (Cerradão (Sd)) innerhalb des Cerrado (Sp) im Gebiet der Ramkokamekra Kanela (Maranhão) zeigen den Einfluß jahrelanger Gartennutzung (GROSS et al. 1979:1046). Auch POSEY (1986:141; vergl. POSEY et al. 1984:103) bezeichnet zahlreiche Waldinseln als "man-made". Von 140 Pflanzen waren nur zwei keine Nutzpflanzen für die Kayapó (Pará). Diese Waldinseln werden auch gedüngt, und man pflegt sogar Bäume zur Haltung von Haus- und Beutetieren (POSEY 1986:142; vergl. POSEY et al. 1984:104). Waldinseln wurden nicht nur in der Nähe der Dörfer kultiviert, sondern auch entlang der Wanderwege (POSEY 1986:149).

Berücksichtigt man diese ersten Resultate und sieht die ehemals doch dichte Besiedlung weiter Teile Zentralbrasiliens (vergl. Kap. 7.1.2.2), so muß man in Zukunft den anthropogenen Einfluß auf das Ökosystem Wald/Cerrado in Details vielleicht neu beurteilen. Allerdings dürfte sich dies hauptsächlich auf die Pflanzenzusammensetzung beziehen, nicht aber auf das Grundproblem der Wald-Cerrado-Verteilung, da die Indianer ja schon bestehende Ökosysteme gezielt beeinflußten, nicht aber neu schufen.

8.1.5 Die rezente Vegetationsverteilung in Abhängigkeit von der känozoischen Vegetationsdynamik

Betrachtet man den Cerradokomplex im ganzen, so ist der Bodenwasserhaushalt der Hauptsteuerfaktor bei der rezenten Vegetationsverteilung, diese wird aber erst voll verständlich, wenn man die känozoische Vegetationsdynamik mit einbezieht. Die Wald-Savannengrenze ist ein äußerst labiles System, das schon auf geringe Veränderungen im Ökosytem reagiert. Es handelt sich nicht um eine statische Grenze, sondern um eine bis in jüngste geologische Vergangenheit dynamische. Die Savannen von Kuba und Mexiko bis nach Paraguai und Südost-Brasilien besitzen einen gemeinsamen floristischen Stamm (SARMIENTO 1983:245). Die Exklaven bzw. Disjunktionen in den amazonischen Wäldern (vergl. Kap. 7.2.2 u. 7.2.3.1) muß man grundsätzlich als eine Reduktion ehemalig geschlossener Verbreitungsgebiete oder als Fernausbreitung sehen. Die aktuellen Klimabedingungen verbieten die zweite Möglichkeit. Die "Cerradoinseln" sind demnach Reste ehemaliger Verbindungen der zentralbrasilianischen Cerrados und der Savannen im nördlichen Südamerika, dies spiegelt auch die aktuelle Vegetationsverteilung in Ansätzen noch wider (vergl. Abb. 6).

Bei dem Cerrado handelt es sich um eine sehr alte Vegetationsform, die schon seit dem Neogen ähnlich der rezenten Vegetation im nördlichen Südamerika existierte (HAMMEN 1983). Das Jungtertiär stellt aber in der jüngeren Klimageschichte Südamerikas eine ausgesprochen aride bzw. semi-aride Epoche dar (s. Kap. 5.1). Die Entstehung des Cerrado fällt also in eine wesentlich trockenere Klimaperiode als die heutige, hier dürften auch die Wurzeln des xeromorphen Erscheinungsbildes des Cerrado liegen. Die Sukkulenz der Cerradovegetation weist auf eine ausgeprägte Trockenheit mit periodischen Niederschlagszeiten hin, während die Caatingavegetation an sehr unregelmäßige Niederschläge angepaßt ist.

Wie in Kap. 5.2 schon angesprochen, kam es im Verlauf des Quartärs im Gebiet von Zentral- und Nordbrasilien zu wiederholten Klimaoszillationen von tropisch-humiden zu tropisch-aridem bzw. semi-aridem Klima. In den humiden Phasen konnten sich die tropischen Wälder, die im Neogen in ihrer Ausdehnung stark reduziert waren (LANGENHEIM et al. 1973:29), wieder ausdehnen. In den arideren Phasen, die den ektropischen Glazialen entsprechen, wurden die Wälder wiederum stark reduziert (z.B. HAMMEN 1979; AB´SABER 1977; OCHSENIUS 1982). Da die Dauer der Warmzeiten, mit 10.000 bis 15.000 Jahren (FLOHN 1985:149) im Vergleich zu den Kaltzeiten, bei der Gesamtdauer eines Glazialzykluses von über 100.000 Jahren (vergl. SEMMEL 1984:37; FLOHN 1985:148ff), im Vergleich zu den Glazialen und den zwischengeschalteten Interglazialen, recht kurz war, reichte dies wohl nicht aus, um das stabile Ökosystem der Cerrados, mit einem sehr breiten Anpassungsspektrum, vollständig zu verdrängen.

AB´SABER (1977)(vergl. BROWN & AB´SABER 1979; Kap. 5.2) nimmt auch eine weitreichende Reduktion des zentralbrasilianischen Cerrado zugunsten der Caatinga an. Nur in den Zentren der Hochflächen widerstand der Cerrado. Dafür fehlen bisher aber noch die Beweise. OCHSENIUS (1982:77f,319f) sieht aufgrund der Entwicklung der Megafauna keine Bestätigung dieser Hypothese, er geht vielmehr von einer weiteren Ausdehnung des Cerrado im Würm aus (vergl. HAMMEN 1972). Die Landschaft wurde von einer sukkulenten Grasschicht und einer Baumschicht geprägt (OCHSENIUS 1982:294). Aufgrund der vorgelegten geomorphologischen Befunde kann man keine gesicherten Rückschlüsse auf die Vegetationsdecke ziehen, da die Bildung von Steinpflastern und Sedimentdecken sowohl unter lichten Cerrado wie auch Caatinga möglich wäre (s. a. AB´SABER 1982:45f). Sicher ist nur, daß sie nicht unter dichter Waldvegetation entstanden.

Im Holozän kam es zu einer Ausbreitung der Wälder, das Klimaoptimum wurde vor 6.000 bis 7.000 Jahren erreicht (VAN GEEL & HAMMEN 1973). Auch DOI et al. (1978:381) sehen die Klimaverbesserung als nicht ausreichend an, damit der gesamte amazonische Raum wieder von Wald erobert wurde. Auf edaphisch schlechten

Standorten konnte sich Cerrado behaupten. Der Cerrado ist besonders auf den alten (tertiären ?) Flächen des zentralen Westens dominant, hier in den alten Kernländern dringen die Wälder nur langsam vor.

MÜLLER (1973) nimmt eine weitere Savannenexpansion für das Holozän, zwischen 5.000 und 2.000 A.B.P. an (vergl. a. HAMMEN 1968; BIGARELLA 1971). Die letzte Waldexpansion wäre demnach nur etwa 2.500 Jahre alt. Noch im Holozän hatten die Savanneninseln um Humaitâ über die Chapada dos Parecis Kontakt mit dem Kernland (MÜLLER 1973:190f). ABSY (1982), HAMMEN (1982) und SALDARRIAGA & WEST (1986) untergliedern die subboreale Trockenphase in zwei Abschnitte, einen älteren zwischen 4.200 und 3.500 A.B.P. und einen jüngeren um 2.700/2.400 bis 2.000 A.B.P.. Eine weitere aride Phase wird zwischen 1.500 und 1.200 A.B.P. datiert. In dieses Bild passen die durchgeführten ^{14}C-Datierungen (vergl. Kap. 7.1.1.1.3, 7.1.2.2, 7.2.2). In den ariden Phasen wurde verstärkt Auenlehm sedimentiert, während sich in den humiden Phasen Ah-Horizonte ausbilden konnten. Inwieweit es aber tatsächlich zu einer großräumigen Savannenexpansion bzw. Waldregression in diesen ariden Phasen kam, ist aufgrund der vorgelegten geomorphologischen Befunde nicht eindeutig nachweisbar. Eventuell ist die obere Decklage (vergl. Kap. 9.2) das korrelate Sediment dieser kurzen arideren Phasen. Auch die untere Decklage konnte hier nicht eindeutig datiert werden. Die darin entwickelten Böden und der Vergleich mit anderen Befunden sprechen aber für ein jungpleistozänes Alter (vergl. Kap. 8.2.2). Jedenfalls gibt es Anzeichen dafür, daß sich zumindest ein kleiner Teil der Regenwälder erst im Subatlantikum etablierte (vergl. Kap. 7.2.2, 7.2.3.1).

Der Cerrado muß somit über weite Strecken als Reliktvegetation betrachtet werden, die sich bis heute gehalten hat. Vor allem die zentralbrasilianischen, tertiären (altpleistozänen) Pediplains mit tiefgründigen Ferralsols (Latosole) sind das Hauptverbreitungsgebiet der Cerrados, die somit eine deutliche Abhängigkeit von der Morphogenese zeigen (Abb. 81)(vergl. a. COLE 1968a&c; CHRISTOFOLETTI 1966; AB´SABER 1962). Verantwortlich für das langsame Vordringen des Waldes sind die schlechten edaphischen Bedingungen, so wie es z.B. HUECK (1966:29) und DOI et al. (1978:381) für die Cerradoinseln innerhalb der Wälder annehmen. Wobei aber, wie gezeigt, weniger die Nährstoffversorgung als der Bodenwasserhaushalt entscheidend ist, der die übrigen Bodeneigenschaften wesentlich beeinflußt.

Bei einem Großteil des zentralbrasilianischen Cerrado handelt es sich aber nicht um Relikte der pleistozänen Glaziale, sondern wohl um jungtertiäre Relikte.

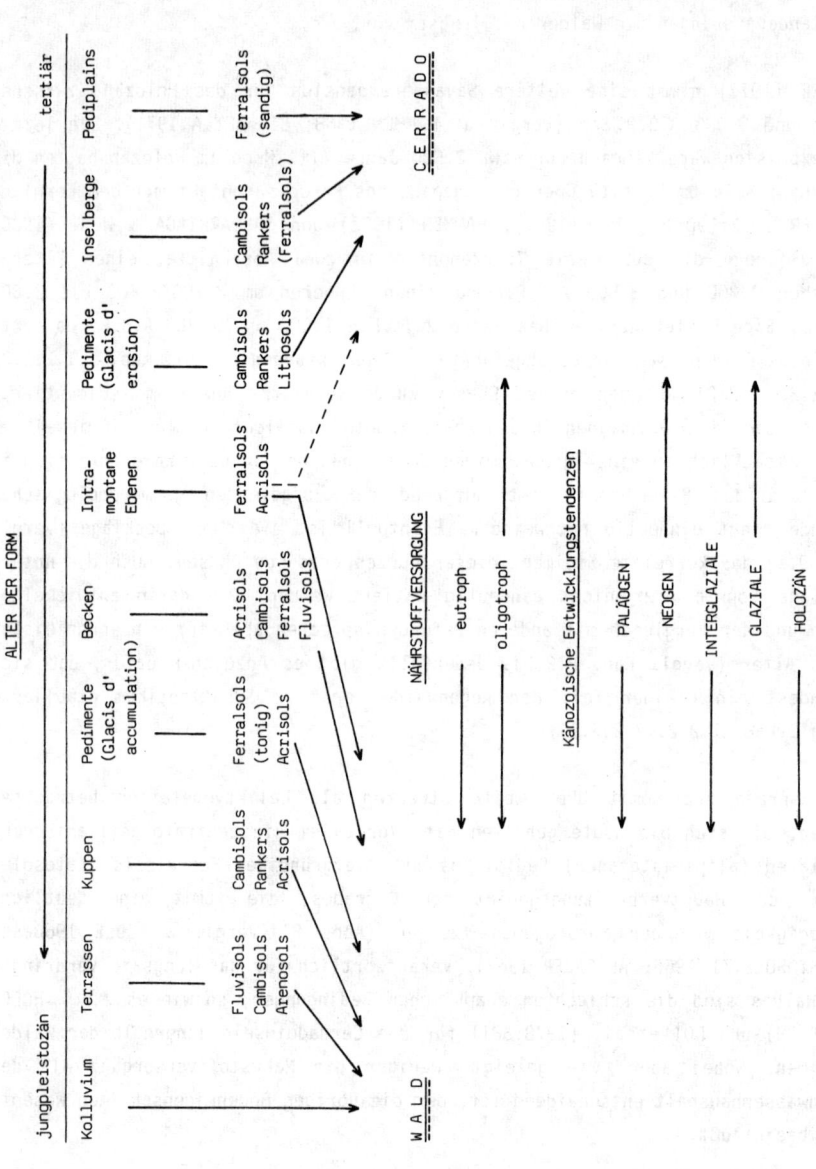

Abb. 81 Einflußfaktoren auf die Wald-Cerrado-Verteilung in Brasilien

HUBER (1982:221) sieht ebenfalls in einem Teil der amazonischen Savannen tertiäre Relikte. Eine Verdrängung des Cerrado aus den zentralbrasilianischen Planaltos im Pleistozän ist nicht zu belegen. Die geomorphologischen und pedologischen Ergebnisse geben keinen Hinweis auf eine grundsätzlich unterschiedliche Entwicklung z.B. der Region Goiânia, Caatingagebiet nach AB´SABER (1977), und der Region Porto Velho, für die HAMMEN (1972) pollenanalytisch pleistozäne Cerradovegetation belegt. Da Cerrado im Gebiet von Humaitá auch auf holozänen Sedimenten vorkommt, muß man sie hier entweder als Pioniervegetation betrachten oder aber tatsächlich als Relikte der von MÜLLER (1973)(vergl. a. TOLEDO 1982; ABSY 1982; BIGARELLA & ANDRADE-LIMA 1982; AB´SABER 1982:44ff) angenommenen holozänen Trockenphase.

Für den Cerrado kann man demnach Relikte aus drei verschiedenen Zeiten unterscheiden:

1. Neogene Relikte: Gebiete, die seit dem Jungtertiär ununterbrochen von Cerrado eingenommen wurden, z.B. die Planaltos des Distrito Federal,

2. Pleistozäne Relikte: Gebiete, die zuletzt im Würm von Cerrado eingenommen wurden, der sich bis heute erhalten hat, z.B. die Savannen bei Porto Velho und Humaitá,

3. Holozäne Relikte: Gebiete innerhalb der Wälder mit holozänen Sedimenten, die zunächst von Cerrado eingenommen wurden, z.B. einige Savannen bei Humaitá.

Sollte sich in Zukunft die Annahme von MÜLLER (1973) weiter bestätigen, so muß der Bereich der holozänen Relikte natürlich stark erweitert werden. Erste Eindrücke, daß die Artenvielfalt von den tertiären zu den holozänen Relikten abnimmt, müssen in späteren Arbeiten noch verifiziert werden. Dazu wären auf jedenfall auch detaillierte pflanzensoziologische Vegetationsaufnahmen nötig.

8.2 Morphogenetische Phasen im Känozoikum

8.2.1 Überlegungen zur tertiären Flächenbildung in Brasilien

Die Mehrzahl der Geologen stellt die großen Flächenbildungszyklen ins Tertiär (vergl. KING 1956; BARBOSA 1965; BRAUN 1971; BIGARELLA & ANDRADE-LIMA 1982).

Prätertiäre Flächen sind nicht erhalten (BRAUN 1971), einige kleinere Erhebungen über den höchsten Flächen werden allerdings von KING (1956) als Zeugen kretazischer Flächen gedeutet. Die älteste landschaftlich relevante Fläche wird dem Zyklus Sul-Americano, der in der Oberen Kreide-Alttertiär mit der epirogenetischen Heraushebung des Kontinentes einsetzte und im Oberen Tertiär endete, zugeordnet (z.B. BRAUN 1971). BARBOSA (1965) verbindet die Flächenbildung mit Savannenklima und -vegetation, unterstützt durch anhaltende tektonische Hebung von der Kreide bis zum Pleistozän. BIGARELLA & BECKER (1975) (s.a. BIGARELLA & SALAMMUNI 1958; BIGARELLA & AB´SABER 1964; BIGARELLA & ANDRADE-LIMA 1982) in Südbrasilien, PENTEADO (1976) im Distrito Federal, CASSETI (1985:36ff) in Goiás, MONDENSI (1974) in São Paulo, KUX & BRASIL & FRANCO (1979:149f) in Rondônia beschreiben ebenfalls paläogene Flächen. Genetisch werden sie als Pediplains interpretiert und semi-aride bis aride Klimabedingungen vorausgesetzt. Auch NOVAES (1984a-e) setzt semi-aride Klimabedingungen für die Bildung paläogener Flächen voraus. Eine Klimaänderung hin zu Bedingungen, die den heutigen ähnlich waren, und eine weitere aridere Phase sorgten für die Ausbildung eines zweiten Pediplanations-Niveaus (Pd_2)(PENTEADO 1976)(vergl. Kap. 7.1.1.1).

Von Seiten der Klimageomorphologie werden also im Paläogen längere semi-aride Phasen mit Savannenvegetation vorausgesetzt. Dies steht jedoch im völligen Widerspruch zu Ergebnissen, die Biologen für die Entwicklung der Lebewelt in Südamerika vorlegen (s. Kap. 5.1). Dies läßt im Grunde nur zwei Schlußfolgerungen zu:

1. das Modell der klimagenetischen Geomorphologie, das die Flächenbildung mit Pedimetationsprozessen unter ariden bzw. semi-ariden Klimabedingungen korreliert (z.B. ROHDENBURG 1983) stimmt nicht,

2. die Datierung der Flächen ist unzutreffend, sie sind entweder älter, was unwahrscheinlich ist, da kretazische Gesteine des öfteren von ihnen gekappt werden, oder aber jünger.

Die Datierung der Flächen ist von vorne herein schwierig, da so gut wie kein datierbares Material vorliegt (KING 1956:158). Sie erfolgt daher meist aufgrund der Höhenlage. KING (1956:216) stützt seine zeitliche Einordnung ins Alttertiär auf eine Korrelation der Flächen mit miozänen Sedimenten. Dies ist meines Wissens die einzige abgesicherte Datierung. Alle späteren Autoren beziehen sich auf KING, so daß die Flächen "probably" oligozänen Alters sind (BIGARELLA &

ANDRADE-LIMA 1982:31). Aus dem gezeigten Profil läßt sich m.E. aber nicht zwingend ein prä-miozänes Alter der Fläche ableiten, sondern auch ein miozänes Alter der Fläche wäre möglich. Als weiteres Argument für ein prä-miozänes Alter der Fläche werden miozäne sandige Ablagerungen auf der Fläche angeführt (KING 1956:158). Das Alter dieser Sedimente ist aber nicht abgesichert und daher kein sicherer Beweis.

Betrachtet man aber die Klimaentwicklung für das gesamte Tertiär, so ergeben sich nach dem Modell der klimagenetischen Geomorphologie ideale Voraussetzungen zur Flächenbildung. Im Alttertiär eine lange Phase mit feucht-tropischen Klimabedingungen und der Möglichkeit intensiver chemischer Verwitterung, danach im Jungtertiär semi-aride bis aride Bedingungen und dabei aufgrund der langen Zeitdauer gute Voraussetzungen für die Bildung von Pediplains. Begünstigt wurde der Vorgang noch durch die tektonische Reaktivierung Sul-Atlantiano. Da man so aber für das gesamte Tertiär nur einen Flächenbildungszyklus ausscheiden kann, müssen die verschiedenen Flächenniveaus aufgrund von Gesteinsunterschieden oder tektonischen Bewegungen entstanden sein, oder aber pleistozänen Klimaschwankungen zugeordnet werden. Daß zahlreiche Flächen an Gesteinsunterschiede gebunden sind, wurde gezeigt (vergl. a. BRAUN 1971, PENTEADO 1976; BIBUS 1983b). Das Tertiär war zudem von kleinräumig differenzierten Schollenbewegungen germanotypen Charakters geprägt (BEURLEN 1970:20ff; ALMEIDA 1967:25), was natürlich für eine tektonisch bedingte Herausbildung verschiedener Niveaus sprechen würde. Im Neogen kam es außerdem zu einer glazial-eustatischen Meeresspiegelabsenkung von 40-50 m (FLOHN 1985:177). Man kann die Herausbildung verschiedener Stockwerke also nicht nur einem einzigen Faktor zuschreiben.

Für Brasilien läßt sich somit ein schlüssiges Modell zur tertiären Landschaftsgenese entwickeln. Durch dieses Modell ließe sich auch erklären, warum das "typische Tropenrelief" von Flächen, Rumpfstufen und Inselbergen mit dem altkristallinen Unterbau der Gondwana-Bruchstücke deutlicher korreliert als mit den rezenten tropischen Klimaten (WIRTHMANN 1981:165), da diese Gebiete demnach fast im gesamten Tertiär eine ähnliche klimatische Entwicklung durchliefen. Führt man diese Spekulationen weiter, ergäbe sich auch eine weitgehende Zeitgleichheit der Flächenbildung in den tropischen Gebieten der Südhalbkugel und der Flächenbildung in den Mittelgebirgen der nordhemisphärischen Ektropen. Die klimatische Entwicklung im Pleistozän verlief dann für die beiden Halbkugeln weitgehend parallel (FLOHN 1985:162).

8.2.2 Der jüngere Formungskomplex

Im Jungpleistozän kam es zu erheblichen Abspülungsvorgängen. Davon zeugt vor allem die fast flächendeckende Verbreitung eines oft braunen Bodensediments. VEIT & VEIT (1985:35) bezeichnen es aufgrund des Korngrößenspektrums als "Decklehm". Da das Korngrößenspektrum dieses Bodensedimentes aber stark variiert und über weite Teile sandig ist, wurde hier der neutralere Begriff "Decklage" eingeführt. Sie stellt das Pendant zum "hillwash" der englischsprachigen Literatur dar. Datierungen von Humushorizonten unter dem "Decklehm" in Südbrasilien ergaben ein jungpleistozänes Alter (SEMMEL & ROHDENBURG 1979:212). Die Decklage wird typischerweise durch eine Steinlage vom liegenden Latosol oder Zersatz getrennt. Die Steinlagen bestehen meist aus verwitterungsresistenten Quarzen, enthalten aber auch pisolithisches und lateritisches Material, selten findet man auch Reste anderer Gesteine. Normalerweise ziehen diese Steinlagen unter dem Auenlehm hinweg in den jüngsten Schotterkörper hinein. Das hangende Sediment verzahnt sich im Übergang zur Aue mit dem Auenlehm und kann nicht mehr weiter verfolgt werden. Die Herkunft der Steinlagen von Quarzgängen läßt sich an vielen Stellen beobachten. Besonders schön lassen sich die Steinlagen an den kristallinen Kuppen beobachten, hier ziehen sie vom höchsten Punkt der Kuppe, der meist von einem Quarzgang gebildet wird und wohl auch ursächlich für die Bildung der Kuppe ist, bis in die Talböden. Etwas unterhalb der Gipfel der Kuppen setzen die Decklagen ein, die weiter hangabwärts mächtiger werden. Das Phänomen, daß die Decklage auch über die Gipfel der Kuppen zieht, wie es z.B. SEMMEL & ROHDENBURG (1979), ROHDENBURG (1982) beschreiben, konnte nirgendwo beobachtet werden. Wenn überhaupt, dann waren auf den Gipfeln der Kuppen nur einige Zentimeter (< 10 cm) meist sandiges Feinmaterial vorhanden, das eindeutig Resultat der rezenten Quarzitverwitterung ist und zum Teil auch von Termiten aus Bereichen unterhalb des Steinpflasters nach oben transportiert wird (vergl. Kap. 7.1.1).

Decklagen findet man aber nicht nur auf Hängen, sondern auch auf fast ebenen Flächen mit Hangneigungen von max. 1 - 2°. Selbst in scheinbar homogenen Ferralsolprofilen im Wasserscheidenbereich der Hochflächen können Umlagerungen im oberen Profilbereich schwermineralanalytisch belegt werden (vergl. Kap. 7.1.1.1). Die rote Farbe bleibt jedoch oft erhalten, so daß eine makroskopische Unterscheidung schwierig ist.

Häufig findet man auch mehrere Decklagen übereinander. Weit verbreitet waren auf den tiefergelegenen Flächen und Talböden sehr sandige Ah-Horizonte, die meist eine obere Decklage nachzeichnen, so daß man hier also die Schichtfolge Ferralsol-Steinlage-Decklage-obere Decklage hat (vergl. z.B. Kap. 7.1.1.4, 7.2.3.2; s.a. RANZANI et al. 1972:10ff). Aufgrund der stratigraphischen Situation über der jungpleistozänen Stein- und Decklage muß man für die obere Decklage mindestens altholozänes, wenn nicht ein jüngeres Alter annehmen (vergl. QUEIROZ NETO et al. 1973). Dafür sprechen auch die ^{14}C-Datierungen von Auen- und Talbodensedimenten, die Perioden verstärkter Abspülungen in verschiedenen Phasen des Holozäns belegen (vergl. Kap. 7.1.1.1.3, 7.1.2.2, 7.2.2). Die SiO_2/Al_2O_3-Verhältnisse belegen zudem eine geringere Verwitterungsintensität der oberen Decklage im Vergleich zu den liegenden Sedimentschichten (vergl. Kap. 7.2.2 u. 7.2.3.2).

Im verwitterten Anstehenden unter den Ferralsols (Latosolen) oder Steinlagen lassen sich auch oft, vor allem in schiefrigen Gesteinen, dem Hakenschlagen ähnliche Erscheinungen beobachten, die für eine solifluidale Umlagerung sprechen (vergl. Kap. 7.1.1.1.2 u. 7.1.1.4).

Alle diese Umlagerungen setzen aber eine erheblich aufgelockerte Vegetation voraus. CAILLEUX & TRICART (1962) nehmen für die Bildung der Steinlagen eine xerophile Caatingavegetation an. Aufgrund paläozoologischer und paläobotanischer Befunde kann man aber von einem Rückzug des Cerrado aus den zentralbrasilianischen Planaltos nicht ausgehen (s. Kap. 5.2 u. 8.1.5), daher müssen diese Vorgänge unter Cerradovegetation mit einem stark aufgelichteten Unterwuchs abgelaufen sein. Die relativ weitstehenden kleinen Bäume stellen keinen ausreichenden Bodenschutz dar. In Einzelfällen ist es auch möglich, daß pleistozäne Steinlagen unter Cerrado wieder aufgearbeitet werden (AB´Saber 1982:46). Steinlagen allein lassen keine eindeutigen Rückschlüsse auf die Vegetationsdecke (Cerrado oder Caatinga?) zur Entstehungszeit zu (AB´SABER 1982:46). Die weitgehende Übereinstimmung der Formen im kristallinen Bereich von Goiás und Rondônia spricht für eine nahezu gleichartige Entstehung, wahrscheinlich unter Cerrado. Die relativ regelmäßige Mächtigkeit des Bodensediments, das nur in Depressionen etwas mächtiger wird, zeigt, daß im Jungpleistozän die Reliefbildung schon weitgehend abgeschlossen und die Landschaft ähnlich der heutigen war. Die Hochflächen waren ehemals durch zahlreiche Mulden wesentlich stärker zergliedert als heute. Hier wirken die Decklagen reliefausgleichend.

Es bleibt die Frage nach der Herkunft der Decklagen. LICHTE (1980) sieht darin ein dem Löß ähnliches äolisches Sediment. Für SEMMEL & ROHDENBURG (1979:210) ist die Hauptmasse des Sedimentes aquatischer Natur (s.a. ROHDENBURG 1982, 1983).

Gegen ein rein äolisches Sediment spricht der stellenweise sehr hohe Tongehalt und die nahtlose Verzahnung mit den Auensedimenten. Es ist auch keine bevorzugte Exposition bei der Ablagerung in Mulden und Tälern zu beobachten. Äolische Komponeten sind aber teilweise sicherlich vorhanden. Die fließenden Übergänge in die Talböden sprechen auch für eine Verlagerung durch Verspülung. Zumindest die Unterböden sind aufgrund des Hakenschlagens und der abknickenden Steinlagen eindeutig solifluidal verlagert. Profile, bei denen das Hakenschlagen und das Abknicken der Steinlage "in situ" durch eventuell auch subterrane Materialausspülung entstand, wie sie SPÄTH (1981:187ff,234) beschreibt, gibt es zwar auch häufig, allerdings kann man bei ihnen die Steinlage nie bis in die Talböden nachverfolgen. Daß es sich bei den Decklagen wegen vereinzelter katastrophaler Wetterereignisse (vergl. SABELBERG & ROHDENBURG 1982) verlagertes Material handelt, ist angesichts der weiten Verbreitung unwahrscheinlich.

Ob zeitgleich mit der starken würmzeitlichen Feinmaterialverlagerung und der vorausgehenden Flußeinschneidung auch Flächen gebildet wurden, kann nicht gesagt werden. Eine Weiterbildung eventuell tertiärer Flächen kann nicht ausgeschlossen werden, sie erscheint sogar wahrscheinlich. Der Formenschatz spricht aber für eine Einschneidung der Flüsse und Hangrückverlegung durch Pedimentationsprozesse zumindest während des jüngeren Pleistozäns. Die Talprofile deuten meist auf mindestens zwei verschiedene Pedimentations- und Einschneidungsphasen hin. Die Akkumulation der Schotterkörper und der korrelaten Steinlage, sowie die hangende Decklage bilden den Abschluß der letzten geomorphologischen Aktivitätsphase.

Rezente flächenhafte Abspülung kann man zumindest für die mit Wald oder Cerradão bewachsenen Flächen ausschließen. So nehmen aber z.B. RUELLAN (1953b) und ZONNEVELD (1975) flächenhafte Erosion unter Savanne an. RUELLAN (1953b) sieht dabei den Unterschied zwischen Einschneidung und Flächenspülung in der Durchlässigkeit des Untergrunds begründet. Tatsächlich können unter Campo Cerrado und besonders unter Campo Limpo schon bei sehr geringen Hangneigungen Feinmaterialverspülungen beobachtet werden. Der Unterwuchs ist keinesfalls einheitlich dicht, wie es zunächst den Eindruck erweckt, sondern polster- und horstartig. In den kleinen vegetationsfreien Rinnen liegen immer einige Millimeter meist sandiges Feinmaterial, das bei starken Regenfällen zweifelsohne verlagert wird. Für solche Abspülung spricht auch die Form zahlreicher Termitenbauten, sie sind hangaufwärts unterspült und weisen hangabwärts eine kleine Sedimentschleppe auf. Ähnlich sind auch oft die Graswurzeln unterspült. Ein Durchtransport des verspülten Materials ist jedoch nicht nachweisbar, da korrelate Sedimente in größerem Umfang fehlen. Nur in den Auen findet man häufig ein bis zu 10 cm mächtiges Kolluvium über dem Ah, dieses ist aber meist auf anthropogene Nutzung in der näheren Umgebung zurückzuführen. CASSETI (1985, 1986a&b) hat auf Versuchsflächen in der Umgebung von Goiânia auch Abtrag unter Wald, allerdings bei einem Gefälle von 14,39 %, festgestellt. Der Abtrag unter Wald ereicht aber nur den etwa dreitausendstel Teil des Abtrags unter fast ebenen Ackerflächen. Unter Weideland werden Beträge bis zu einem Hundertstel des Abtrages unter Acker erreicht (CASSETI 1986a:4). Bemerkenswert ist dabei, daß die höchsten Abtragungsbeträge nicht unbedingt mit der einsetzenden Regenzeit korrelieren, wie es BÜDEL (1981:110) beschreibt, sondern auch am Ende der Regenzeit ähnliches Ausmaß erreichen (CASSETI 1986a).

Man kann also größeren, rezenten, flächenhaften Abtrag unter natürlicher Vegetation bei nicht zu starker Hangneigung ausschließen. Kleinere Verspülungserscheinungen scheinen nicht flächenhaft wirksam zu sein, da die korrelaten Sedimente fehlen. Dies wäre nur dann erklärbar, wenn wirklich größere Mengen durch Lösungsabtrag (vergl. z.B. WIRTHMANN 1983; CHALCRAFT & PYE 1984) oder subterran (vergl. z.B. BREMER 1973, 1981, 1986; SPÄTH 1981) abgeführt würden. Das diese Prozesse eine Rolle spielen, ist nicht bestreitbar, wie auch die "in situ" liegenden Steinlagen zeigen (vergl. Kap. 7.1.1.4). Allerdings dürfte ihre Bedeutung am Gesamtabtrag im Vergleich zum Oberflächenabtrag unter semi-ariden Bedingungen stark zurücktreten, auch wegen der längeren Dauer semi-arider Klimate im Vergleich zu humiden im jüngeren Pleistozän (vergl. 5.2 u. 8.1.5). Geschlossene Depressionen, die BREMER (1986:100) als Beleg für den Lösungsabtrag anführt, werden von anderer Seite als Teil eines früheren Gewässernetzes gedeutet (BRAUN 1971).

Würde man aber einen kontinuierlichen rezenten Abtrag annehmen und ihn aufgrund des vorhandenen abspülbaren Feinmaterials im höchsten Falle auf flächenhaft 2 mm pro Jahr schätzen, so ergäbe das, hochgerechnet für die letzten 11.000 Jahre, für die man m a x i m a l von einer relativen Klimakonstanz sprechen kann, eine Summe von 20 m. Holozäne Sedimente dieses Ausmaßes sind aber nirgendwo bekannt.

8.3 Prozesse der Bodenentwicklung

Wie gezeigt, werden in vielen Fällen die Ferralsols, also die typischen "Tropenböden" von einer braunen, meist tonärmeren Decklage überlagert, in der sich häufig keine Ferralsols (Latosole) bzw. keine Rhodic Ferralsols (Rotlatosole) gebildet haben, sondern Cambisols (Braunerden) und Acrisols (Parabraunerden). Die Ansprache der Acrisols (Parabraunerden) ist nicht unproblematisch. Da meist zwischen deren Ober- und Unterboden Schichtgrenzen liegen, wird diese Bezeichnung im Sinne von Phäno-Parabraunerde gebraucht (s. SEMMEL 1983:47; SEMMEL 1985:76). Auch MONDENSI (1983) beschreibt liegende Rotlatosole und hangende "podsolic soils" als typische Böden. Bei den aus den Tropen vielfach beschriebenen "red yellow podzolic soils" (vergl. z.B. MOHR et al. 1972:269ff; McCALEB 1979) handelt es sich wohl meist um solche geschichteten Bodenprofile, die, wie Toncutane belegen, eine sekundäre Tondurchschlämmung erfuhren. Oft ist aber auch in der Decklage ein Acrisol entwickelt, was in einigen Fällen auch mit einer Zweiteilung der Decklage zusammenhängt. Der verbraunte bzw. tonverarmte Horizont stimmt nicht selten mit dem rezenten Ah-Horizont überein. Ton wird nicht nur vertikal, sondern auch lateral verlagert, wie Tonanreicherungshorizonte an der Oberfläche in den Tiefenlinien von Mulden zeigen (vergl. Kap. 7.1.1.1.1).

Die Bodenbildung in den Decklagen besitzt eine geringere Intensität als der liegende Boden, was nicht nur durch die gelbe bzw. braune Farbe belegt wird, sondern auch häufig durch ein höheres Fe_o/Fe_d-Verhältnis (vergl. a. DORMAAR & LUTWICK 1983), ein höheres SiO_2/Fe_2O_3-Verhältnis, eine Abnahme der Gibbsit- und Kaolinitgehalte, eine Zunahme der Anteile relativ instabiler Schwerminerale und eine höhere Basensättigung unterstützt wird (vergl. a. SEMMEL & ROHDENBURG 1979; SABEL 1981; SEMMEL 1982; 1983:99; 1985). Dies könnte zum ersten daran liegen, daß das rezente Klima keine Ferralsolbildung erlaubt, daß also die Ferralsolbildung ein Relikt wärmerer und feuchterer Vorzeitklimate ist. Zum zweiten könnte die Bildungszeit des jüngsten Bodens relativ kurz sein, so daß die Bodenbildung noch nicht abgeschlossen ist, ähnlich wie z.B. das Vordringen der Wälder (vergl. Kap. 8.4). Es scheint, als sei die Gelbfärbung typisch für die rezente Bodenbildung (vergl. z.B. SCHWERTMANN 1971:625; SEMMEL & ROHDENBURG 1979:213; BIBUS 1983a:86; BORK & ROHDENBURG 1983:177; MONDENSI 1983:249). Eine Verbraunung der Oberböden wird von SCHWERTMANN (1971; vergl. a. SCHWERTMANN & KÄMPF 1983; SCHWERTMANN et al. 1983; KÄMPF & SCHWERTMANN 1983a&b) mit der rezenten Rückwandlung von Hämatit in Goethit erklärt. Dieser Prozeß wird durch den Humusgehalt, niedrige pH-Werte und hydromorphe Bedingungen begünstigt. Die ausschließliche Abhängigkeit der Bodenfarbe vom Hämatitgehalt ist aber wohl nicht in allen Fällen gegeben (vergl. a. SCHNÜTGEN 1981:252; SEMMEL 1985:89). GEBERT (1985:66) stellt eine Abhängigkeit der Gelbfärbung vom Fe_d-Gehalt (< 0,03 %) fest. Dies ist in einigen Fällen wohl der Fall (vergl. z.B. Kap. 7.1.1.1.1, Bodenprofil 4; Kap. 7.1.2.2, Bodenprofil 21 u. 22), es läßt sich in der Mehrzahl der Fälle jedoch nicht auf diesen einen Faktor einschränken. Der erhöhte Fe_d-Gehalt ist dabei oft gesteinsbürtig und nicht Resultat einer reiferen Bodenbildung.

Unter bestimmten Bedingungen ist eine rezente Ferralsolbildung jedoch möglich. Auf weiten Flächen kann eine Verbraunung bzw. Tonverarmung des Oberbodens häufig nicht festgestellt werden. Hier ist auch in den Decklagen ein Rhodic Ferralsol (Rotlatosol) ausgebildet. Die intensive Rotfärbung der Decklage ist auch nicht schon primär sedimentären Ursprungs, da die Decklage dort, wo die Solummächtigkeit geringer ist bzw. die Hangneigung zunimmt, zunächst gelb und im weiteren dann braun gefärbt ist, also Xanthic Ferralsols (Gelblatosole) und Cambisols (Braunerden) im gleichen Sediment ausgebildet sind. Die Bodenbildung ist hier Resultat der rezenten Unterschiede im Bodenwasserhaushalt, nicht von schon sedimentär vorgegebenen Farbunterschieden. Eine gehemmte Dränage führt zur Ausbildung gelber bzw. brauner Böden. Rote Böden bilden sich nur auf sehr gut dränierten Standorten. Trotzdem sind dies keine "typischen" Rhodic Ferralsols (Rotlatosole), da sie sich nur in schon stark pedogen vorgeprägten Sedimenten entwickeln, nicht aber durch intensive chemische Verwitterung des anstehenden Gesteins. In Sedimenten aus schwach verwittertem Gesteinszersatz (Cv) kann man keine Ferralsolbildung feststellen.

Aber nicht nur der Bodenwasserhaushalt ist entscheidend für die Braun-, Gelb- oder Rotfärbung der Böden, daneben spielt auch das Gestein eine wesentliche Rolle. Intensive Rotfärbung ist oft petrographisch bedingt, als Beispiel seien Basalte genannt, während z.B. quarzitische Gesteine zur Gelbfärbung neigen. Dabei ist auch die Textur des Verwitterungsmaterials von Bedeutung. Sandige Substrate tendieren zur Gelbfärbung, tonige zur Rotfärbung. Phyllite und Basalte z.B. verwittern zu tonigen Substraten, während Quarzite und Sandsteine immer zu sandigen Substraten verwittern (vergl. AMARAL FILHO & CARVALHO 1982). Entsprechend sind die Böden aus Quarzit auch meist gelber als die aus Phyllit (vergl. z.B. Kap. 7.1.1.1.1). Die weiten Flächen in den mesozoischen Basalt- und den paläozoischen Sandsteindecken zeichnen sich durch eine wesentlich homogenere Bodenverteilung aus als die Flächen in dem stark verfalteten präkambrischen Grundgebirge, wo unterschiedliche Gesteine eng nebeneinanderliegen. Eine Ferralsolbildung, die Gesteinsunterschiede weitgehend egalisiert, wie es auch für die Flächenbildung gefordert wird, muß aber einmal möglich gewesen sein, da die Unterböden auf den Flächen durchgehend tiefgründig verwittert und intensiv rot gefärbt sind.

Zumindest für reliefierte Bereiche mit geringmächtigem Solum kann man rezente Ferralsolbildung (Latosolbildung) ausschließen. Dort, wo die Decklagen auch in ebenen Reliefsituationen nur geringe Mächtigkeiten erreichen, fehlen ebenfalls die Ferralsols (Latosole). Braune Böden sind dominant. Rezent scheinen sich Ferralsols (Latosole) nur in schon vorgeprägten Bodensedimenten zu entwickeln. Ein Fortschreiten der Ferralsolbildung (Latosolbildung) an der Basis der Ferralsolreste im Unterboden ist nicht auszuschließen. Rezent werden an der Grenze Bu-Cv Pisolithe angereichert, was auch mit einem hydromorphen Einfluß (Stauwasser, schwebende Grundwasserkörper) zusammenhängt. Der größte Teil der Pisolithe ist aber umgelagert und verhärtet (vergl. SCHNÜTGEN 1981:258; BOURMAN et al. 1987:18f).

Nicht genau fixierbar bleibt das Alter der mächtigen Ferralsolreste. Schließt man eine Parallelität von Bodenbildung und geomorphologischer Aktivität aus (z.B. ROHDENBURG 1983), so müßten die Ferralsols älter als die Flächen sein, demnach zumindest paläogen. Ob sich aber wirklich über einen so langen Zeitraum Ferralsols so weit verbreitet erhalten konnten, ist fraglich.

Im Grundwasserschwankungsbereich der Auen in Nordwest-Brasilien kann man die rezente Ausbildung von Plinthithorizonten beobachten. Stellenweise wird dieser Prozeß durch Pseudovergleyung noch verstärkt. In Zentralbrasilien konnten diese Prozesse nicht beobachtet werden. Hier sind die Lateritkrusten meist auf die Flächenkanten alter Hochflächen beschränkt und das Produkt einschneidenter Änderungen in der Landschaftsentwicklung (vergl. BOURMAN et al. 1987:22). Die meisten Laterite sind mehrschichtig (vergl. BOURMAN et al. 1987:1). Bis auf die Ausbildung von Plinthithorizonten in den Auen gibt es zwischen den Catenen der Regenwälder in Nordwest- und der Savannen in Zentralbrasilien keine prinzipiellen Unterschiede. Die mineralogischen und chemischen Bodeneigenschaften beider Regionen unterscheiden sich kaum.

Weitgehend ungeklärt bleibt noch die Genese der sowohl in Zentralbrasilien unter Cerrado als auch in Nordwest-Brasilien unter Regenwald vorkommenden großen Areale mit mächtigen Sanden, die keine pedogene Horizontierung besitzen. Bei diesen Arenosols (Regosole) könnte es sich sowohl um Verwitterungsresiduen des Anstehenden (s. Kap. 7.1.2.2) als auch um jüngere äolische und/oder fluviale Sedimente handeln (vergl. Kap. 7.2.1). Auch hier zeigt sich, wie petrographische Unterschiede die Bodenbildung beeinflussen, da sich dort, wo der Ton- bzw. Schluffgehalt zunimmt, die Bodenbildung meist durch intensive Rotfärbung auszeichnet.

9 Schriftenverzeichnis

AB'SABER, A.N. (1949): Regiões de circundesnudação Pós-Cretácea, no Planalto Brasileiro. - Geomorf. 1 (1): 21; São Paulo.

- (1956): Relêvo, estrutura e rêde hidrográfica do Brasil. - Bol. Geogr. (132): 225-260; Rio de Janeiro.

- (1962): Contribuição à geomorfologia da área dos cerrados. - Simp. Cerrado 1: 116-124; São Paulo.

- (1969a): O quaternário na bacia de Taubaté: estado atual dos conhecimentos. - Geomorf. 7: 23 S.; São Paulo.

- (1969b): O quaternário na bacia de São Paulo: estado atual dos conhecimentos. - Geomorf. 8: 15 S.; São Paulo.

- (1969c): Participação das superfícies aplainadas nas paisagens do Rio Grande do Sul. - Geomorf. 11: 17 S.; São Paulo.

- (1969d): Formações quaternárias em áreas de reverso de cuesta em São Paulo. - Geomorf. 16: 11 S.; São Paulo.

- (1969e): Os baixos chapadões do Oeste Paulista. - Geomorf. 17: 7 S.; São Paulo.

- (1969f): Um conceito de geomorfologia a serviço das pesquisas sôbre o Quaternário. - Geomorfologia 18: 23; São Paulo.

- (1969g): Uma revisão do quaternário paulista: do presente para o passado. - Rev. Bras. Geogr. 31(4): 51 S.; Rio de Janeiro.

- (1971): A organização natural das paisagens inter- e subtropicais Brasileiras. - Simp. Cerrado 3: 1-14; São Paulo.

- (1977): Espaços ocupados pela expansão dos climas secos na América do Sul, por ocasião dos períodos glaciais Quaternários. - Paleoclimas 3: 1-19; São Paulo.

- (1978): A planície do Tietê no planalto Paulistano. - Geomorf. 57: 24 S.; São Paulo.

- (1982): The paleoclimate and paleoecology of Brazilian Amazonia. - Biol. Diversification in the Tropics, PRANCE, G.T. (Hrsg.): 41-59; New York.

ABSY, M.L. (1982): Quaternary palynological studies in the Amazon Basin. - Biol. Diversification in the Tropics, PRANCE, G.T. (Hrsg.): 67-73; New York.

AG BODENKUNDE (1982): Bodenkundliche Kartieranleitung. - 3. Aufl.: 331 S., 19 Abb., 98 Tab., 1 Beil.; Hannover.

ALMEIDA, F.F.M.de (1951): A propósito dos relêvos policiclicos na tectônica do escudo Brasileiro. - Bol. Paulista Geogr. (9): 1-18; São Paulo.

- (1956): Traços gerais da geomorfologia do Centro-Oeste Brasileiro. - Rot. Centro-Oeste Congr. Int. Geogr. 1956: 7-65; Rio de Janeiro.

- (1967): Origem e evolução da plataforma Brasileira. - Minist. Minas e Energia, Dep. Nac. Prod. Min., Div. Geol. Miner., Bol. (241): 37; Rio de Janeiro.

ALMEIDA, F.F.M.de & LIMA, M.A.de (1959): Planalto Centro-Ocidental e Pantanal Mato-Grossense. - Con. Int. Geogr. 18: 169; Rio de Janeiro.

ALMEIDA, F.F.M.de & HASUI, Y. & NEVES, B.B.de B. (1976): The Upper Precambrian of South America. - Bol. IG. Inst. Geocien. 7: 45-80; São Paulo.

AMARAL, D.L. & FONZAR, B.L. (1982): Vegetação - Folha SD.21 Cuiabá. - Projeto Radambrasil 21: 401-452; Rio de Janeiro.

AMARAL FILHO, Z.P. do (1983): Ecologia da savanna nas regiões Amazônica e Centro-Oeste do Brasil.- Unveröff. Arb. Geogr. Inst. Univ. Goiânia: 33 S.; Goiânia.

AMARAL FILHO, Z.P.do & CARVALHO, J.R.P.de (1982): Importância da pedologia no mapeamento geológico do triângulo mineiro. - unveröff. Ms.: 21 S.; Goiânia, DNPM.

AMARAL FILHO, Z.P.do & NEVES FILHO, J.P. & CUNHA, N.G. da (1978): Pedologia - Folha SC.20 Porto Velho . - Projeto Radambrasil 16: 253-408; Rio de Janeiro.

ANDERSON, A.B. (1981): White-sand vegetation of Brazilian Amazonia. - Biotropica 13(3): 199-210; Washington.

ANDRADE-LIMA, D.de (1982): Present-day forest refuges in North-Eastern Brazil. - Biol. Diversification in the Tropics, PRANCE, G.T. (Hrsg.): 245-251; New York.

ARAÚJO, H.J.T.de & RODARTE, J.B.M. & DEL´ARCO, J.O. & SANTOS, D.B.dos & BARROS, A.M. & TASSINARI, C.C.G. & LIMA, M.I.C.de & ABREU, A.S. & FERNANDES, C.A.C. (1978): Geologia - Folha SB.20 Purus. - Projeto Radambrasil 17: 17-128; Rio de Janeiro.

ARENS, K. (1959): O cerrado como vegetação oligotrófica. - Con. Int. Geogr. 18 (1): 308-319; Rio de Janeiro.

- (1962): As plantas dos campos cerrados como flora adaptada nas deficiências minerais no solo. - Simp. Cerrado 1: 285-303; São Paulo.

ARID, F. & BARCHA, S.F. (1971): Sedimentos neocenozóicos no vale do Rio Grande. - Sedimentologia e Pedologia 2: 37 S.; São Paulo.

ASKEW, G.P. & MOFFAT, D.J. & MONTGOMERY, R.L. & SEARL, P.L. (1970a): Interrelationship of soils and vegetation in the savanna-forest boundary zone of North Eastern Mato Grosso. - Geogr. J. 136: 370-376; London.

- (1970b): Soil landscape in North Eastern Mato Grosso. - Geogr. J. 136: 361-369; London.

- (1971): Soils and soil moisture as factores influencing the distribution of vegetation formations of the Serra do Roncador, Mato Grosso. - Simp. Cerrado 3: 150-160; São Paulo.

AUBREVILLE, A. (1968): The climatic factors of the forest/savanna boundary. -

Ecol. of the forest/savanna boundary, Int. Geogr. Union, Tech. Rep. (14): 19-20; Montreal.

AWETO, A.O. (1987): Vegetation and soils of the savanna enclaves of Urhobo plains, South-Western Nigeria. - Catena 14: 177-188; Braunschweig.

BARBOSA, O. (1965): Quadro provisório de superfîcies de erosão e aplainamento no Brasil (inferências paleoclimáticas e econômicas). - Rev. Bras. Geogr. 27 (4): 105-108; Rio de Janeiro.

BARROS-SILVA, S. & SILVA, M.T.M.da & SILVA, F.C.F.da & COSTA, E.P.da (1978): Vegetação - Folha SC.20 Porto Velho. - Projeto Radambrasil 16: 415-562; Rio de Janeiro.

BEARD, J.S. (1944): Climax vegetation in tropical America. - Ecol. 25(2): 127-158; Trinidad, Tobago.

BESLER, H. (1985): Untersuchungen zur Reliefgenese in den immerfeuchten Tropen (Kalimentron Timur/Borneo). - Zeitschr. Geomorph. Suppl. 56: 13-30; Berlin, Stuttgart.

BEURLEN, K. (1970): Geologie von Brasilien. - Beitr. Reg. Geol. Erde, MARTINI, H.J. (Hrsg.) 9: 44 S., 76 Abb., 6 Tab., 1 Kt.; Berlin, Stuttgart.

BIBUS, E. (1982a): Stonelines und ihre Deckschichten in verschiedenen Gebieten Brasiliens und ihre klimamorphologische Bedeutung. - Ms. 9. Tag. Ak-Geomorph.: B 52-58; Braunschweig.

- (1982b): Reliefgenerationen am oberen Paraguai in Mato Grosso (Brasilien). - Ms. 9. Tag. Ak-Geomorph.: F 21-25; Braunschweig.

- (1983a): Die klimamorphologische Bedeutung von Stone Lines und Decksedimenten in mehrschichtigen Bodenprofilen Brasiliens. - Z. Geomorph. N.F. 48: 79-98; Berlin, Stuttgart.

- (1983b): Reliefgenerationen am oberen Paraguai in Mato Grosso (Brasilien). - Z. Geomorph. N.F. 48: 261-274; Berlin, Stuttgart.

BIGARELLA, J.J. (1966): Slope development in South Eastern and South Brazil. - Z. Geomorph. N.F. 10: 150-160; Berlin, Stuttgart.

- (1971): Variaçoes climáticas no Quaternário Superior do Brasil e sua dataçao radiométrica pelo método do Carbono 14. - Paleoclimas 1:1-22; Sao Paulo.

BIGARELLA, J.J. & AB´SABER, A.N. (1961): Quadro provisório dos fatos sedimentológicos e paleoclimáticos na Serra do Mar paranaense e caterinese. - Bol. Paranaense Geogr. 2-5: 91 S.; Curitiba.

- (1964): Paläogeographische und paläoklimatische Aspekte des Känozoikums in Südbrasilien. - Z. Geomorph. 8: 286-312; Berlin, Stuttgart.

BIGARELLA, J.J. & ANDRADE-LIMA, D.de (1982): Paleoenvironmental changes in Brazil. - Biol. Diversification in the Tropics, PRANCE, G.T. (Hrsg.): 27-40; New York.

BIGARELLA, J.J. & BECKER, R.D. (1975): International Symposium of the

Quaternary. - Bol. Par. Geocien. 33: 340 S.; Curitiba.

BIGARELLA, J.J. & SALAMUNI, R. (1958): Considerações sôbre o paleoclima da bacia de Curitiba. - Bol. Inst. Hist. Nat. Geol. 1: 356-361; Curitiba.

BOENIGK, W. (1983): Schwermineralanalyse. - 158 S.; Stuttgart (Enke).

BORK, H.-R. (1982): Beispiele für pleistozäne flächenhafte Abtragung in Süd-Brasilien. - Ms. 9. Tag. Ak-Geomorph.: D 24-27; Braunschweig.

BORK, H.-R. & ROHDENBURG, H. (1982): Beispiele jungquartärer Relief- und Bodenentwicklung immerfeuchten tropischen und subtropischen Gebieten Süd-Brasiliens. - Ms. 9. Tag. Ak-Geomorph.: E 24-39; Braunschweig.

- (1983): Untersuchungen zur jungquartären Relief- und Bodenentwicklung in immerfeuchten tropischen und subtropischen Gebieten Südbrasiliens. - Z. Geomorph. N.F. Suppl. 48: 155-178; Berlin, Stuttgart.

BOURLIÈRE, F. & HADLEY, F. (1970): The ecology of tropical savannas. - Ann. Rev. Ecol. Syst. 1: 125-152; Palo Alto, Cal..

- (1983): Present day savannas: an overview. - Ecosyst. of the world 13, Trop. Sav.: 1-18; New York.

BOURMAN, R.P. & MILNES, A.R. & OADES, J.M. (1987): Investigations of ferricretes and related surficial ferruginous materials in parts of southern and eastern Australia. - Z. Geomorph. N.F. Suppl. 64: 1-24; Berlin, Stuttgart.

BRAUN, O.P.G. (1961): Observações sôbre erosão dos solos em Brasîlia. - Rev. Bras. Geogr. 23(1): 217-223; Rio de Janeiro.

- (1971): Contribuiçao à geomorfologia do Brasil Central. - Rev. Bras. Geogr. 33 (4): 3-34; Rio de Janeiro.

BRAUN, O.P.G. & RAMOS, J.R.de (1959): Estudo agrogeológico dos campos Puciaî - Humaitâ, estado do Amazônas e território Federal de Rondônia. - Rev. Bras. Geogr. 21 (4): 443-496; Rio de Janeiro.

BRAZAO, J.E.M. & ARA JO, A.P. (1981): 4-Vegetação - As regiões fitoecológicas, sua natureza e seus recursos econômicos - Estudo fitogeográfico - Folha SD.24 Salvador. - Projeto Radambrasil 24: 405- 464; Rio de Janeiro.

BREMER, H. (1971): Flüsse, Flächen und Stufenbildung in den feuchten Tropen. - Würzburger Geogr. Arb. 35: 195 S.; Würzburg.

- (1973): Der Formungsmechanismus im tropischen Regenwald Amazoniens. - Z. Geomorph. N.F. Suppl. 17: 195-22; Berlin, Stuttgart.

- (1975): Intramontane Ebenen, Prozesse der Flächenbildung. - Z. Geomorph. N.F. Suppl. 23: 26-48; Berlin, Stuttgart.

- (1981): Reliefformen und reliefbedingte Prozesse in Sri Lanka. - BREMER, H. & SCHNÜTGEN, A. & SPÄTH, H.: Relief, Boden, Paläoklima 1: 7-183; Berlin, Stuttgart.

- (1986): Geomorphologie in den Tropen - Beobachtungen, Prozesse, Modelle. - Geoökodynamik 7(1/2): 89-112; Darmstadt.

BREMER, H. & SCHNÜTGEN, A. (1984): Relief-, Bodenentwicklung und Vegetationsverbreitung in der Gran Sabana (Südost-Venezuela). - Biogeographica 19: 21-40; Saarbrücken.

BRONGER, A. (1985): Bodengeographische Überlegungen zum "Mechanismus der doppelten Einebnung" in Rumpfflächengebieten Südindiens. - Z. Geomorph. N.F. Suppl. 56: 39-53; Berlin, Stuttgart.

BROWN, K.S. (1982): Paleoecology and regional patterns of evolution in neotropical forest butterflies. - Biol. Diversification in the Tropics, PRANCE, G.T. (Hrsg.): 255-308; New York.

BROWN, K.S. & AB'SABER, A.N. (1979): Ice-Age forest refuges and evolution in the neotropics: Correlation of paleoclimatological, geomorphological and pedological data with modern biological endemism. - Paleoclimas 5: 30 S.; São Paulo.

BROWN, K.S. & BENSON, W.W. (1977): Evolution in modern Amazonian non-forest islands: Heliconius hermathena. - Biotropica 9 (2): 95-117; Pullman, Washington State Univ..

BUCHER, E.H. (1982): Chaco and Caatinga - South American arid savannas, woodland and thickets. - Ecol. Stud. 42, Ecol. Trop. Sav.: 48-79; New York.

BÜDEL, J. (1970): Pedimente, Rumpfflächen und Rücklandsteilhänge. - Z. Geomorph. N.F. 14: (1): 1-57; Berlin, Stuttgart.

- (1977): Klimageomorphologie: 304 S.; Berlin, Stuttgart.

- (1981): Klimageomorphologie. - 2.Aufl.: 304 S., 61 Fotos, 82 Abb., 3 Taf.; Berlin, Stuttgart.

BUDOWSKI, G. (1956): Tropical savannas: a sequence of forest felling and repeat burnings. - Turrialba 6(1/2): 23-33; San José, Costa Rica.

- (1968a): Problems in classifying savannas. - Ecol. of the forest/savanna boundary, Int. Geogr. Union, Tech. Rep. (14): 1-4; Montreal.

- (1968b): Differences in American and African savannas. - Ecol. of the forest/savanna boundary, Int. Geogr. Union, Tech. Rep. (14): 27-29; Montreal.

CAILLEUX, A. & TRICART, J. (1962): Zonas fitogeográficas e morfoclimáticas Quaternárias no Brasil. - Bol. Geogr. 20 (167): 206-209; Rio de Janeiro.

CAMARGO, A.P.de (1962): Clima do cerrado. - Simp. Cerrado 1: 93-115; São Paulo.

- (1968): Climate in the cerrado of Brazil. - Ecol. of the forest/savanna boundary, Int. Geogr. Union, Tech. Rep. (14): 49-50; Montreal.

CAMARGO, A.P.de & ALFONSI, R.R. & PINTO, H.S. & CHIARINI, J.V. (1976): Zoneamento da aptidão climática para culturas comerciais em áreas de cerrado. - Simp. Cerrado 4: 89-120; Belo Horizonte.

CAMPBELL, K.E. (1982): Late Pleistocene events along the coastel plain of Northwestern South America. - Biol. Diversification in the Tropics, PRANCE, G.T. (Hrsg.): 423-440; New York.

CASSETI, V. (1981): Estrutura e gênese da compartimentação da paisagem de Serra Negra - MG. - Col. Teses Univ. 11: 124 S.; Goiânia, Ed. Univ. Fed. Goiás.

- (1985): Estudo dos efeitos morfodinâmicos pluviais no planalto de Goiânia: Uma análise quantitativa de resultados experimentais. 138 S.; São Paulo, Fac. Fil. Let. Cien. Hum. USP.

- (1986a): Algumas considerações a respeito dos fenômenos pluvioerosivos em Goiânia - Go. - unveröff. Ms.: 16 S.; Goiânia.

- (1986b): Modêlos estimativos de perdas geradas por efeitos pluvioerosivos. - unveröff. Ms.: 9 S.; Goiânia.

CHALCRAFT, D. & PYE, K. (1984): Humid tropical weathering of quarzite in Southeastern Venezuela. - Z. Geomorph. N.F. 28(3): 321-332; Berlin, Stuttgart.

CHRISTOFOLETTI, A. (1966): Considerações a propósito da geografia física dos cerrados. - Not. Geomorf. 6(11): 5-32; Campinas.

- (1972): Características fisiográficas do Planalto de Poços de Caldas (MG-Brasil). - Geomorfologia 32: 26 S.; São Paulo.

COELHO, F.de J.F. & FERREIRA, H. de C. & BARROS-SILVA, S. & RIBEIRO, A.G. & TEREZO, E.F.de M. (1976): Folha SA.21-Santarém, IV-Vegetação - As regiões fitoecológicas, sua natureza e seus recursos econômicos - Estudo fitoecológico.- Projeto Radambrasil 10: 331-414; Rio de Janeiro.

COLE, M.M. (1959): The distribution and origin of the savanna vegetation with particular reference to the "campos cerrados" of Brazil. - Comptes rendus 1: 339-345; Rio de Janeiro.

- (1960): Cerrado, caatinga and pantanal: distribution and origin. - Geogr. J. 126(2): 168-179; London.

- (1968a): Concepts relating to savanna and its geographical distribution. - Ecol. of the forest/savanna boundary, Int. Geogr. Union, Tech. Rep. (14): 18-19; Montreal.

- (1968b): Man, fire and grazing animals. - Ecol. of the forest/savanna boundary, Int. Geogr. Union, Tech. Rep. (14): 65; Montreal.

- (1968c): Role of geomorphology in savanna lands. - Ecol. of the forest/savanna boundary, Int. Geogr. Union, Tech. Rep. (14): 57-61; Montreal.

- (1968d): Types of savanna found in three Southern continents. - Ecol. of the forest/savanna boundary, Int. Geogr. Union, Tech. Rep. (14): 10; Montreal.

- (1982): The influence of soils, geomorphology and geology on the distribution of plant communities in savanna ecosystems. - Ecol. Trop. Sav., Ecol. Studies 42: 145-174; New York.

CORNER, E.J.H. (1954): The evolution of tropical forest. - Evolution as a process, HUXLEY, J. & HARDY,A.C. & FORD, E.B. (Hrsg.): 34-46; London.

CORREA, P.R.S. & PERES, R.N. & SOUZA, L.F.P.de (1975): Pedologia - Folha NA.20

Boa Vista e parte das Folhas NA.21 Tumucumaque, NB.20 Roraima e NB.21. - Projeto Radambrasil 8: 181-304; Rio de Janeiro.

COSTA, H.L.F.da (1985): Beziehungen zwischen Relief und Böden im Gebiet des Rio S. Bartolomeu (Distrito Federal - Brasilien).- unveröff. Dipl. Ar., Inst. Phys. Geogr., JWG Univ. Ffm.: 19 Abb., 8 Tab., 12 F., 1 Kt., 71 S.; Frankfurt a.M..

COUTINHO, L.M. (1977): Aspectos ecológicos do fogo no cerrado. - Bol. Bot. 5: 57-64; São Paulo.

- (1978): O conceito do cerrado. - Rev. Bras. Bot. 1: 17-23; São Paulo.

- (1982): Ecological effects of fire in Brazilian Cerrados. - Ecol. Trop. Sav., Ecol. Studies 42: 273-291; New York.

DAMBROS, L.A. & DIAS, A.de A. & FONSAR, B.C. (1981): Vegetação - As regiões fitoecológicas, sua natureza e seus recursos econômicos - Folha SD.25 Goiás. - Projeto Radambrasil 25: 509-560; Rio de Janeiro.

DAMUTH, J.E. & FAIRBRIDGE, R.W. (1970): Equatorial Atlantic deep-sea arkosic sands and Ice-Age aridity in tropical South America. - Geol. Soc. Amer. Bull. 81: 189-206; Boulder, Colorado.

DARLINGTON, P.J.Jr. (1957): Zoogeography: The geographical distribution of animals. - 675 S.; New York (John Wiley & Sons).

DEL'ARCO, J.O. & MAMEDE, L. (1985): As formações edafoestratigráficas de Mato Grosso e Goiás. - Vortrag II Simp. Geol. Amazônia, Belém 1-8 Dez. 1985. - Projeto Radambrasil: 22 S.; Goiânia.

DEL'ARCO, J.O. & SILVA, R.H.da & TARAPANOFF, I. & FREIRE, F.A. & PEREIRA, L.G.da M. & SOUZA, S.L.de & LUZ, D.S.de & PALMEIRA, R.C.de B. & TASSINARI, C.C.G. (1982): Geologia - Folha SE:21 Corumbá e parte da folha SE.20. - Projeto Radambrasil 27: 25-160; Rio de Janeiro.

DENEVAN, W.M. (1968a): Explanation by extremly infertile soils: The example of the Campo Cerrado. - Ecol. of the forest/savanna boundary, Int. Geogr. Union, Tech. Rep. (14): 47-49; Montreal.

- (1968b): Factors involved in unstable savanna regions in tropical America. - Ecol. of the forest/savanna boundary, Int. Geogr. Union, Tech. Rep. (14): 75-77; Montreal.

- (1968c): Relations between burning and soils. - Ecol. of the forest/savanna boundary, Int. Geogr. Union, Tech. Rep. (14): 66-67; Montreal.

- (1968d): Types of savannas found in Bolivia, Brazil, Nicaragua and Venezuela. - Ecol. of the forest/savanna boundary, Int. Geogr. Union, Tech. Rep. (14): 9-10; Montreal.

DOI, S. & BARROS-SILVA, S. & FERREIRA, H.de C. & GOES FILHO, L. & COELHO, F.de J.F. & TEREZO, E.F.de M: (1975): Folha NA.21 Tumucumaque e parte da folha NB.21, IV-Vegetação - As regiões fitoecológicas, sua natureza e seus recursos naturais - Estudo fitogeográfico.- Projeto Radambrasil 9: 253-334; Rio de Janeiro.

DOI, S. & GUIMARAES, J.G. & SILLMAN, M.S. & BARROS-SILVA, S. (1978): Vegetação - Folha SB.20 Purus. - Projeto Radambrasil 17: 367-490; Rio de Janeiro.

DORMAAR, J.F. & LUTWICK, L.E. (1983). Extractable Fe and Al as an indicator for buried soil horizons. - Catena 10: 167-173; Braunschweig.

DRAGO, V.A. & PINTO, A.do C. & MONTALVAO, R.M.G. de & SANTOS, R.O.B.dos & SIMOES, M.A. & OLIVEIRA, F.C. & BEZERRA, P.E.L. & PRADO, P. & FERNANDES, C.A.C. & TASSINARI, C.C.G. (1981): Geologia - Folha SD:22 Goiás. - Projeto Radambrasil 25: 27-300; Rio de Janeiro.

DUCKE, A. & BLACK, G.A. (1953): Phytogeographical notes on the Brazilian Amazon. - An. Acad. Bras. Cien. (25) 1: 1-46; Rio de Janeiro.

DUELLMAN, W.E. (1982): Quaternary climatic-ecological fluctuations in the lowland tropics. - Biol. Diversification in the Tropics, PRANCE, G.T. (Hrsg.): 389-402; New York.

EHRENDORFER, F. (1983): Geobotanik: 916-1040. - In: STRASBURGER, E. & NOLL, F. & SCHENK, H. & SCHIMPER, A.F.W. (Begr.), DENFFER, D. & ZIEGLER, H. & EHRENDORFER, F. & BRESINSKY, A.(Bearb.): Lehrbuch der Botanik für Hochschulen. - 32. Aufl.: 1163 S., 1088 Abb., 50 Tab., 1 Kt.; Stuttgart, New York.

EHRENDREICH, C. (1986): Böden und Relief im Kalk - Gebiet des Distrito Federal (Brasilien).- unveröff. Dipl. Ar., Inst. Phys. Geogr., JWG Univ. Ffm.: 35 Abb., 7 Tab., 1 Kt., 77 S.; Frankfurt a.M..

EITEN, G. (1962): Habitat flora of fazenda Campininha, São Paulo, Brasil. - Simp. Cerrado 1: 125-177; Sao Paulo.

- (1970): Retaçao do conceito do cerrado. - Bol. Geogr. 34(249): 131-140; Rio de Janeiro.

- (1972): The cerrado vegetation of Brazil. - Bot. Rev. 38 (2): 201-341; Lancaster.

- (1975): The vegetation of Serra do Roncador. - Biotropica 7: 112-135; Pullmann, Washington St..

- (1978): Delemination of the cerrado concept. - Veg. 36: 169-178; Den Haag.

- (1982): Brazilian "Savannas". - Ecol. Trop. Sav., Ecol. Stud. 42: 25-47; New York.

ELLENBERG, H. & MÜLLER-DOMBOIS, D. (1966): Tentative physiognomic-ecological classification of plant formations of the earth. - Ber. Geobot. Inst. Rübel 37: 21-55; Zürich.

ELSTNER, E.F. (Hrsg.)(1984): Pflanzentoxikologie. - 101f, 203; Mannheim, Wien, Zürich.

EMMERICH, K.-H. (1985): Beziehungen zwischen Relief, Böden und Vegetation im Planalto Central (Zentralbrasilien) nördlich Brasîlia unter besonderer Berücksichtigung des Bodenwasserhaushaltes und der Entwicklung im Känozoikum. - unveröff. Dipl. Ar., Inst. Phys. Geogr., JWG Univ. Ffm.: 30 Abb., 14 Tab., 18 F., 1 Kt., 100 S.; Frankfurt a.M..

ERWIN, T.L. & ADIS, J . (1982): Amazonian inudation forests. Their role as short-term refuges and generators of species richness and taxon pulses. - Biol. Diversification in the Tropics, PRANCE, G.T. (Hrsg.): 358-371; New York.

FAO-UNESCO (1974): Soil map of the world - 1:5.000.000 $\underline{1}$; Legend: 57 S.; Paris.

- (1974): Soil map of the world - 1:5.000.000 $\underline{4}$; South America: 139 S., 2 Kt.; Paris.

FARIA-ALMEIDA, E.de & GONÇALVES, L.M. & RIBEIRO, A.G. (1977): Folhas SB/SC.18 Javari/Contamana, IV-Vegetação - As regiões fitoecológicas, sua natureza e seus recursos econômicos.- Projeto Radambrasil $\underline{13}$: 275-372; Rio de Janeiro.

FERNANDES, P.E.C.A. & MONTES, M.L. & BRAZ, E.R.C. & MONTES, A. & SILVA, L.L. & OLIVEIRA, F.L.L.de & CHIGONE, J.I. & SIGA O.Jr. & CASTRO, H.E.F. (1982): Geologia - Folha SD.23 Brasîlia. - Radambrasil $\underline{29}$: 25-204; Rio de Janeiro.

FERRI, M.G. (1944): Transpiração de plantas permantes dos "cerrados". - B. Fac. Ci. e Letras. Univ. São Paulo (41) Botânica (4): 155-224; São Paulo.

- (1955): Contribuição ao conhecimento da ecologia do cerrado e da caatinga. Estudo comparativo do balanço d´água de sua vegetação. - B. Fac. Fil. Ci. e Letras. Univ. São Paulo (195) Botânica (12): 1-170; São Paulo.

- (1962): Histórico dos trabalhos botânicos sôbre o cerrado. - Simp. Cerrado $\underline{1}$: 15-50; São Paulo.

- (1976): Ecologia dos cerrados. - Simp. Cerrado $\underline{4}$: 15-36; Belo Horizonte.

- (1980): Vegetação brasileira. - 157 S.; Belo Horizonte (Ed. Itatiaia), São Paulo (Ed. da Univ. S.P.).

FIGUEIREDO; A.N. & SOUZA, E.P.de & MELO, J.C.R.de (1972): Projeto Goinésia - Barro Alto, Relatório Rural. - MMF - DNPM: 129 S.; Goiânia.

FLOHN, H. (1985): Das Problem der Klimaänderungen in Vergangenheit und Zukunft. - Erträge der Forschung $\underline{220}$: 228 S., 35 Abb., 12 Tab.; Darmstadt.

FÖLSTER, H. (1982): Natürliche, nicht-klimatische Vegetationsöffnung und resultierender flächenhafter Abtrag am oberen Orinoco, Venezuela. - Ms. 9. Tag. Ak. Geomorph.: A1-6; Braunschweig.

FOLDATS, E. (1968): The role of fire-resistant tree. - Ecol. of the forest/savanna boundary, Int. Geogr. Union, Tech. Rep. (14): 70; Montreal.

FONSECA, W.N.da & KOURY JUNIOR, O. & RIBEIRO, A.G. & BARROS-SILVA, S. (1976): IV Vegetação - as regiões fitoecológicas, sua natureza e seus recursos naturais - Folha SC.19 Rio Branco. - Projeto Radambrasil $\underline{12}$: 315-381; Rio de Janeiro.

FONZAR, B.C. (1979): Estudo bioclimático - 4-Vegetação, as regiões fitoecológicas, sua natureza e seus recursos naturais - Folha Sd.20 Guaporê. - Projeto Radambrasil $\underline{19}$: 290-299; Rio de Janeiro.

FREITAS, R.O.de (1951): Relêvos policîclicos na tectônica do escudo Brasileiro. - Bol. Paulista Geogr. $\underline{7}$: 3-19; São Paulo.

FRIED, G. (1983): Äolische Komponenten in Rotlehmen des Adamua-Hochlandes/Kamerun. - Catena 10: 87-97; Braunschweig.

FURTADO, P.P. (1979): Estudo Fitogeográfico - Vegetação - As regiões fitoecológicas, sua natureza e seus recursos econômicos - Folha SD.20 Guaporé. - Projeto Radambrasil 19: 261-289; Rio de Janeiro.

FURTADO, P.P. & GUIMARAES, J.G. & FONZAR, B.C. (1982): 4-Vegetação - As regiões fitoecológicas, sua natureza e seus recursos econômicos - Estudo fitogeográfico - Folhas SF.21 Campo Grande.- Projeto Radambrasil 28: 281-336; Rio de Janeiro.

FURTADO, P.P. & LOUREIRO, R.L.de & BARROS-SILVA, S. (1977): Folha SB:19 Juruá, IV-Vegetação - As regiões fitoecológicas, sua natureza e seus recursos econômicos.- Projeto Radambrasil 15: 277-366; Rio de Janeiro.

GANSSEN R. (1972): Bodengeographie. Mit besonderer Berücksichtigung der Böden Mitteleuropas; 2. Aufl.: 22 Abb., 325 S.; Stuttgart.

GANSSEN, R. & HÄDRICH, F. (1965): Atlas zur Bodenkunde: 8 Kt., 81 S.; Mannheim.

GARNIER, B.J. (1968): Objections to the term "savanna climate". - Ecol. of the forest/savanna boundary, Int. Geogr. Union, Tech. Rep. (14): 20-21; Montreal.

GEBERT, J. (1985): Relief- und gesteinsbedingte Bodenabfolgen wechselfeucht-tropischer Rumpfflächen am Beispiel der Region Ranchão (Mato Grosso, Brasilien). - unveröff. Dipl. Ar., Inst. Phys. Geogr., JWG Univ. Ffm.: 4 Abb., 8 Tab., 14 F., 1 Kt., 104 S.; Frankfurt a.M..

GENTRY, A.H. (1982): Phytogeographic patterns as evidence for a Chocó refuge. - Biol. Diversification in the Tropics, PRANCE, G.T. (Hrsg.): 112-136; New York.

GOES FILHO, L.G. & VELOSO, H.P. & JAPIASSU, A.M.S. & LEITE, P.F. (1973): As regiões fitoecológicas, sua natureza e seus recursos econômicos - Estudo fitogeográfico da folha SA.23 São Luîs e parte da folha SA.24 Fortaleza.- Projeto Radambrasil 3: IV, 90 S.; Rio de Janeiro.

GONÇALVES, L.M.C. & ORLANDI, R.P. (1983): 4-Vegetação - As regiões fitoecológicas, sua natureza e seus recursos econômicos - Estudo fitogeográfico - Folhas SC.24/25 Aracajú/Recife.- Projeto Radambrasil 30: 573-652; Rio de Janeiro.

GOODLAND, R. (1971a): A physiognomic analysis of the "cerrado" vegetation of Central Brazil. - J. Ecol. 59 (2): 411-419; Oxford.

- (1971b): Oligotrofismo e alumînio no cerrado. - Simp. Cerrado 3: 44-60; São Paulo.

- (1973): The Brazilian cerrado vegetation a fertility gradient. - J. Ecol. 61(1): 219-224; Oxford.

GOODLAND, R. & FERRI, M.G. (1979). Ecologia do cerrado. - Coleção reconquista do Brasil 52: 193 S.; Belo Horizonte.

GRAHAM, A. (1982): Diversification beyond the Amazon Basin. - Biol.

Diversification in the Tropics, PRANCE, G.T. (Hrsg.): 78-90; New York.

GRANVILLE, J.J.de (1982): Rain forest and xeric flora refuges in French Guiana. - Biol. Diversification in the Tropics, PRANCE, G.T. (Hrsg.): 159-181; New York.

GREINERT, U. (1988): Bodenerosion und ihre Abhängigkeit von Relief und Boden in den Campos Cerrados - Beispielgebiet Bundesdistrikt Brasîlia. - Forschungsbericht EG, R & D Programm "Science and Technology for Development", Subprogramm "Tropical Agriculture": 19 Abb., 15 Tab., 24 F., 150 S.; Frankfurt/M..

GREINERT, U. & HERDT, H. (1987): Das Relief als geoökologischer Faktor. - Geowiss. in unserer Zeit 5(5): 174-182; Weinheim.

GRISI, B.M. (1971): Contribuição ao conhecimento da ecologia vegetal do cerrado. Balanço hîdrico de dois espécies de Quartea spectabilis (Mart.) Engl. - Simp. Cerrado 3: 86-99; São Paulo.

GROSS, D.R. & EITEN, G. & FLOWERS, N.M. & LEOI, F.M. & RITTER, M.L. & WERNER, D.W. (1979): Ecology and acculturation among native peoples of Central Brazil. - Science 206: 1043-1050; Oxford.

GRUBB, P. (1982): Refuges and dispersal in speciation of African forest mammals. - Biol. Diversification in the Tropics, PRANCE, G.T. (Hrsg.): 537-553; New York.

GUERRA, A.T. (1965): Formação de lateritos na bacia do Alto Purus (Estado do Acre). - Bol. Geogr. 24 (188): 750-757; Rio de Janeiro.

GUIMARÃES, D. (1971): Gênese da bacia Amazônica. - Notas preliminares e estudos, divisão de geologia e mineralogia (149): 9 S.; Rio de Janeiro.

HAFFER, J. (1969): Speciation in Amazonian forest birds. - Science 165(3889): 131-136; Oxford.

- (1971): Artenentstehung bei Waldvögeln Amazoniens. - Umschau 4: 135-136; Frankfurt a.M..

- (1982): General aspects of the refuge theory. - Biol. Diversification in the Tropics, PRANCE, G.T. (Hrsg.): 6-24; New York.

HAMMEN, T.van der (1968): Importance of palynological evidence. - Ecol. of the forest/savanna boundary, Int. Geogr. Union, Tech. Rep. (14): 24-27; Montreal.

- (1972): Changes in vegetation and climate in the Amazon Basin and surrounding areas during the Pleistocene. - Geol. en Mijnbouw 51 (6): 641-643; Leiden.

- (1979): The pleistocene changes of vegetation and climate in tropical South America. - J. Biogeogr. 1,3: 3-26; Oxford.

- (1982): Paleoecology of tropical South America. - Biol. Diversification in the Tropics, PRANCE, G.T. (Hrsg.): 60-66; New York.

- (1983): The paleoecology and paleography of savannas. - Ecosyst. of the world 13, Trop. Sav.: 19-35; New York.

HERINGER, E.P. & BARBOSO, G.M. & RIZZO, J.A. & RIZZINI, C.T. (1976): A flora do cerrado. - Simp. Cerrado 4: 211-232; Belo Horizonte.

HERRMANN, A.G. (1975): Praktikum der Gesteinsanalyse. Chemisch-instrumentelle Methoden zur Bestimmung der Hauptkomponenten: 204 S., 20 Abb., 24 Tab.; Berlin, Heidelberg, New York.

HEYER, W.R. & MAXSON, L.R. (1982): Distributions, relationships and zoogeography of lowland frogs. The Leptodactylus complex in South America, with special reference to Amazonia. - Biol. Diversification in the Tropics, PRANCE, G.T. (Hrsg.): 375-388; New York.

HEYLIGERS, P.C. (1963): Vegetation and soils of a white sand savanna in Suriname: 27 Fotos, 10 Fig., 166 S.; Amsterdam.

HUBER, O. (1979): The ecological and phytogeographical significance of the actual savanna vegetation in Amazon territory of Venezuela. - 5. Symp. Int. Assoc. Trop. Biol.: 8-13; La Guaria.

- (1982): Significance of savanna vegetation in the Amazon territory of Venezuela. - Biol. Diversification in the Tropics, PRANCE, G.T. (Hrsg.): 221-244; New York.

HUECK, K. (1966): Die Wälder Südamerikas. - Vegetationsmonographien der einzelnen Großräume 2: 422 S., 253 Abb.; Stuttgart.

IANHEZ, A.C. & PITTHAN, J.H.L. & SIMOES, M.A. & DEL´ARCO, J.O. & TRINDADE, C.A.H. & LUZ, D.S.da & FERNANDES, C.A.C. & TASSINARI, C.C.G. (1983): Geologia - Folha SE.22 Goiânia. - Projeto Radambrasil 31: 23-348; Rio de Janeiro.

JAEGER, F. (1945): Zur Gliederung und Benennung des Waldlandgürtels. - Verh. Naturf. Ges. Basel 56: 505-520; Basel.

JAPIASSU, A.M.S. & VELOSO, H.P. & GOES FILHO, L. & LEITE, P.F. (1973): As regiões fitoecológicas, sua natureza e seus recursos econômicos - Estudo fitogeográfico da folha SB.23 Teresina e parte da folha SB.24 Jaguaribe. - Projeto Radambrasil 2: IV, 100 S.; Rio de Janeiro.

JAPIASSU, A.M.S. & GOES FILHO, L. (1974): As regiões fitoecológicas, sua natureza e seus recursos econômicos - Estudo fitogeográfico da folha SA.11 Belém.- Projeto Radambrasil 5: IV, 93 S.; Rio de Janeiro.

JORDY FILHO, S. & SALGADO, O.A. (1981): 4-Vegetação - As regiões fitoecológicas, sua natureza e seus recursos econômicos - Estudo fitogeográfico - Folha SA.24 Fortaleza.- Projeto Radambrasil 21: 309-360; Rio de Janeiro.

KÄMPF, N. & SCHWERTMANN, U. (1983a): Relações entre óxidos de ferro e a cor em solos cauliníticos do Rio Grande do Sul. - Rev. Bras. Ci. Solo 7: 27-31; Campinas.

- (1983b): Goethite and Hematite in a climasequence in Southern Brazil and their application in classification of kaolonitic soils. - Geoderma 29: 27-39; Amsterdam.

KEMP, E.M. (1978): Tertiary climatic evolution and vegetation in the Southeast

Indian Ocean. - Paleogeogr., Paleoclim., Paleoecol. 24:169-208; Amsterdam.

KING, L.C. (1956): A geomorfologia do Brasil Oriental. - Rev. Bras. Geogr. 18 (2): 147-265; Rio de Janeiro.

KINZEY, W.G. (1982): Distribution of primates and forest refuges. - Biol. Diversification in the Tropics, PRANCE, G.T. (Hrsg.): 455-482; New York.

KLAMMER, G. (1982): Die Paläowüste des Pantanal und die pleistozäne Klimageschichte der brasilianischen Randtropen. - Z. Geomorph. N.F. 26 (4): 393-416; Berlin, Stuttgart.

KLINGE, H. (1962): Beiträge zur Kenntnis tropischer Böden. V. Über Gesamtkohlenstoff und Stickstoff in Böden des brasilianischen Amazonasgebiet. - Pflanzenern. Düng. Bodenkd. 97(2): 106-118; Weinheim.

KLÖTZLI, F. (1980): Analysis of species oscillations in tropical grasslands in Tansania due to management and weather conditions. - Phytocoenologica 8(1): 13-33; Stuttgart, Braunschweig.

KÖPPEN, W. & GEIGER,R. (1928): Klimakarte der Erde. - Gotha.

KREJCI, L.C. & FORTUNATO, F.F. & CORREA, P.R.S. (1982): Pedologia - Folha SD.23 Brasîlia. - Projeto Radambrasil 29: 297-460; Rio de Janeiro.

KRONBERG, B.I. & MELFI, A.J. (1987): The geochemical evolution of lateritic terranes. - Z. Geomorph. N.F. Suppl. 64: 25-32; Berlin, Stuttgart.

KUX, H.J.H. & BRASIL, A.E. & FRANCO, M.do S.M. (1979): Geomorfologia - Folha SD.20 Guaporé. - Projeto Radambrasil 19: 125-164; Rio de Janeiro.

LABOURIAU, L.G. (1962): Problemas da fisiologia ecológica dos cerrados. - Simp. Cerrado 1: 232-276; São Paulo.

LANGENHEIM, J.H. & LEE, Y.T. & MARTIN, S.S. (1973): An evolutinary and ecological perspective of Amazonian Hylaea of Hymaneae (Leguminosae: Caesalpinioideae). - Acta Amazônica 3 (1): 5-38; Manaus.

LAUER, W. (1952): Humide und aride Jahreszeiten in Afrika und Südamerika und ihre Beziehung zu den Vegetationsgürteln. - Bonner Geogr. Abh. 9: 15-98; Bonn.

- (1975): Vom Wesen der Tropen. Klimaökologische Studien zum Inhalt und zur Abgrenzung eines irdischen Landschaftsgürtel. - Abh. Math. Nat. wiss. Kl. (3), Akad. Wiss. Lit. Mainz: 26 Abb., 30 Fotos, 1 Kt., 68 S.; Wiesbaden.

LEAL, J.W.L. & SILVA, G.H. & SANTOS, D.B.dos & TEIXEIRA. W. & LIMA, M.I.C.de & FERNANDES, C.A.C. & PINTO, A.do C. (1978): Geologia - Folha SC.20 Porto Velho. - Projeto Radambrasil 16: 19-184; Rio de Janeiro.

LEAO, M.S.S. & OLIVEIRA, A.B.de & SERRUYA, N.M. (1978): III Pedologia - Folha SB.20 Purus. - Projeto Radambrasil 17: 219-355; Rio de Janeiro.

LEITE, P.F. & VELOSO, H.P. & GOES FILHO, L. (1974): FOLHA NA/NB.22-Macapâ, IV-Vegetação - As regiões fitoecológicas, sua natureza e seus recursos econômicos - Estudo fitogeográfico.- Projeto Radambrasil 6: IV, 99 S.; Rio de Janeiro.

LICHTE, E: (1980): Äolische Herkunft der Bodenbedeckung SE-Brasiliens. - Z. Geomorph. N.F. 24(3): 56-360; Berlin, Stuttgart.

LIVINGSTONE, D.A. (1982): Quaternary geography of Africa and the refuge theory. - Biol. Diversification in the Tropics, PRANCE, G.T. (Hrsg.): 523-536; New York.

LOUIS, H. (1986): Zur geomorphologischen Unterscheidung zwischen Talbildung und Flächenbildung. - Z. Geomorph. N.F. 30(3): 275-290; Berlin, Stuttgart.

LOUIS, H. & FISCHER, K. (1979): Allgemeine Klimageomorphologie. - Lehrbuch der allgemeinen Geographie 1, 4. Aufl.: 814 S., 146 Fig., 2 Kt., 174 Bilder; Berlin, New York.

LOUREIRO, R.L.de & DIAS, A.de A. & MAGNAGO, H. (1980): 4-Vegetação - As regiões fitoecológicas, sua natureza e seus recursos econômicos - Folha SC.21 Juruena.- Projeto Radambrasil 10: 325-376; Rio de Janeiro.

LOUREIRO, R.L.de & LIMA, J.P.de S. & FONZAR, B.C. (1982): 4-Vegetação - As regiões fitoecológicas, sua natureza e seus recursos econômicos - Estudo fitogeográfico - Folha SE.21 Corumbá e parte da folha SE.20.- Projeto Radambrasil 27: 329-372; Rio de Janeiro.

MAACK, R. (1968): Geografia Fîsica do Estado do Paraná. - 350 S.; Curitiba.

MACEDO, E.L.da R. & SERRUYA, N.M. & SOUZA, L.F.P.de (1979): Pedologia - Folha SD.20 Guaporé. - Projeto Radambrasil 19: 165-260; Rio de Janeiro.

MÄGDEFRAU, K. (1956): Paläobiologie der Pflanzen. - 367 Abb., 443 S.; Jena.

MAGNAGO, H. & BARRETO, R.A.A. & PASTORE, U. (1978): Folha SA.20 Manaus, IV-Vegetação - As regiões fitoecológicas, sua natureza e seus recursos econômicos.- Projeto Radambrasil 18: 413-530; Rio de Janeiro.

MAGNAGO, H. & SILVA, M.T.M.da & FONZAR, B.C. (1983): Vegetação - As regiões fitoecológicas, sua natureza e seus recursos econômicos - Folha SE.22 Goiânia.- Projeto Radambrasil 31: 577-636; Rio de Janeiro.

MAMEDE, L. & NASCIMENTO, M.A.L.S.do & FRANCO, M.do S.M. (1981): Geomorfologia - Folha SD.22 Goiás. - Projeto Radambrasil 25: 301-376; Rio de Janeiro.

MAMEDE, L. & ROSS, J.L.S. & SANTOS, L.M.dos & NASCIMENTO, M.A.L.S. (1983): Geomorfologia - Folha SE.22 Goiânia. - Projeto Radambrasil 31: 349-412; Rio de Janeiro.

MAURO, C.A.de & ALMEIDA NUNES, B.T.de & FRANCO, M.de S.M. (1978): Geomorfologia - Folha SB.20 Purus. - Projeto Radambrasil 17: 129-216; Rio de Janeiro.

MAURO, C.A.de & DANTAS, M. & ROSO, F.A. (1982): Geomorfologia - Folha SD.23 Brasîlia. - Projeto Radambrasil 29: 205-296; Rio de Janeiro.

McCALEB, S.B. (1979): The genesis of the Red Yellow Podzolic Soils. - Soil Sci. Soc. Am. Spez. Publ. Ser. 1: 61-71; Madison, Wisc..

MEGGERS, B.J. (1973): Prehistoric America. - 200 S.; Chicago, Smithsonian Inst..

- (1982): Archeological and ethnological evidence compatible with the model of forest fragmentation. - Biol. Diversification in the Tropics, PRANCE, G.T. (Hrsg.): 483-496; New York.

MEHRA, O.P. & JACKSON, M.L. (1960): Iron oxide removal from soils and clays by a Dithionit-Citrat-System, bufferd with Na-Bicarbonate. - Clay and Clay Minerals, Proc. 7, Nat. Congr.; Washington D.C..

MEIJER, W. (1982): Plant refuges in the Indo-Malaisian region. - Biol. Diversification in the Tropics, PRANCE, G.T. (Hrsg.): 576-584; New York.

MELFI, A.J. & PEDRO, G. (1977): Estudo geoquîmico dos solos e formações superficiais do Brasil. Parte 1 Caracterização e repartição dos principais tipos de evolução pedogeoquîmico. - Rev. Bras. Geocien. 7. 271-286; Sao Paulo.

- (1978): Estudo geoquîmico dos solos e formações superficiais do Brasil. Parte 2 Considerações sôbre os mecanismos geoquîmicos envolvidos na alteração superficial e sua repartição no Brasil. - Rev. Bras. Geocien. 8: 11-22; São Paulo.

MENAUT, J.C. & CESAR, J. (1982): The structure and dynamics of a West African savanna. - Ecol. Trop. Sav., Ecol. Stud. 42: 80-100; New York.

MIGLIAZZA, E.C. (1982): Linguistic prehistory and the refuge model in Amazonia. - Biol. Diversification in the Tropics, PRANCE, G.T. (Hrsg.): 497-519; New York.

MILESKI, E. & DOI, S. & FONZAR, B.C. (1981): 4-Vegetação - As regiões fitoecológicas, sua natureza e seus recursos econômicos - Estudo fitogeográfico - Folhas SC.22 Tocantins.- Projeto Radambrasil 22: 393-467; Rio de Janeiro.

MOHR, E.C.J. & BAREN, F.A.van & SCHUYLENBORGH, J. (1972): Tropical Soils. - 3. Aufl.: 481 S.; The Hague, Paris, Djakarta (Mouton-Ichtiar Baru-Van Hoeve).

MONDENSI, M.C. (1974): Contribuição à geomorfologia da região de Itu-Salto: Estudo de formações superficiais. - Teses e Monografias (11): 123 S.; São Paulo, Inst. Geogr. USP.

- (1983): Weathering and morphogenesis in a tropical plateau. - Catena 10: 237-251; Braunschweig.

MOTTI, P. & MOTTI, C.P. & SACRAMENTO, M.G. (1979): Signifcação paleoclimática dos planosolos na bacia de Paraguaçu (Bahia). - Geogr. 4(8): 106-111; São Paulo.

MOUSINHO DE MEIS, M.R. (1971): Upper quaternary process changes of Middle Amazon area. - Geol. Soc. Amer. Bull. 82: 1073-1078; Boulder, Colo..

MÜLLER, M.J. (1983): Handbuch ausgewählter Klimastationen der Erde. - Forschungsst. Bodenerosion Univ. Trier 5, 3. Aufl.: 346 S.; Trier.

MÜLLER, P. (1969): Vertebratenfaunen brasilianischer Inseln als Indikatoren für glaziale und postglaziale Vegetationsfluktuationen.- Zool. Anz. Suppl. 33, Verh. Zool. Ges. 1969: 97-107; Leipzig.

- (1972): Ausbreitungszentren in der Neotropis. - Naturwiss. Rdsch. 25(7):

267-270; Stuttgart.

- (1973): The dispersal centres of terrestrial vertebrates in the neotropical realm. - Biogeographica 2: 244 S.; The Hague.

MÜLLER-HOHENSTEIN, K. (1981): Die Landschaftsgürtel der Erde. - 2.Aufl.: 70 Abb., 10 Tab., 3 Kt., 204 S.; Stuttgart

NETO, P.N. (1976): Conservação da natureza no cerrado. - Simp. Cerrado 4: 349-352; Belo Horizonte.

NEVES FILHO, J.P. & ARAÚJO, J.V. & CORREA, P.R.S. & VIANA, C.D.B. (1975): Pedologia - Folha NA.21 Tumucumaque. - Projeto Radambrasil 9: 163-250; Rio de Janeiro.

NOVAES, A.S.S. & AMARAL FILHO, Z.P.do & VIEIRA, P.C. & FRAGA, A.G.C. (1983): Pedologia - Folha SD.22 Goiás. - Projeto Radambrasil 31: 413-576; Rio de Janeiro.

NOVAES, M. (1984a): Análise preliminar das feições geomorfológicas do Distrito Federal. - unveröff. Ms.; Brasília.

- (1984b): Aspectos morfológicos na bacia do Rio Descoberto - Distrito Federal/Goiás. - unveröff. Ms.; Brasília.

- (1984c): Caracterização morfológica do curso-superior do Rio São Bartolomeu. - unveröff. Ms.; Brasília.

- (1984d): Feições geomorfológicas do Distrito Federal. - unveröff. Ms.; Brasília.

- (1984e): Superfícies de aplainamento na bacia do Rio São Bartolomeu - Distrito Federal/Goiás. - unveröff. Ms.; Brasília.

NYE, P.H. (1955): The action of the soil fauna. Some soil-forming processes in the humid tropics IV. - J. Soil Science 6 (1): 73-83; Oxford.

OCHSENIUS, C. (1979a): O Pleistoceno no deserto de Atacama "A memória ecológica de um deserto". - Paleoclimas 7: 14 S.; São Paulo.

- (1979b): The neotropical biogeography of Owen´s Macrauchenia genus and the relative effect of Amazonian biota as ecologic barrier during Upper Quaternary. - Paleoclimas 9: 7 S.; São Paulo.

- (1982): Biogeographie und Ökologie der Landmegafauna Südamerikas und ihre korrelativen Landschaften im Jung-Quartär. - 387 S., 33 Kt., 30 Abb., 55 Tab.; Saarbrücken.

OLIVEIRA, V.A.de & AMARAL FILHO, Z.P.do & VIEIRA, P.C. (1982): Pedologia - Folha SD.21 Cuiabá. - Projeto Radambrasil 26: 257-400; Rio de Janeiro.

PARSON, J.J. (1968): Concepts of savanna, other viewpoints. - Ecol. of the forest/savanna boundary, Int. Geogr. Union, Tech. Rep. (14): 23-24; Montreal.

PEARSON, D.L. (1982): Historical factors and bird species richness. - Biol. Diversification in the Tropics, PRANCE, G.T. (Hrsg.): 441-452; New York.

PEIXOTO, C.S. (1972): A evolução geomorfológica da região do Salvador (Brasil). - Geomorf. 23: 11 S.; São Paulo.

PEIXOTO DE MELO, D. & COSTA, R.C.da & NATALI FILHO, T. (1978): Geomorfologia - Folha SC.20 Porto Velho. - Projeto Radambrasil 16: 187-250; Rio de Janeiro.

PEIXOTO DE MELO, D. & PITTHAN, J.H.L. & ALMEIDA, V.J.de (1976): Folha SC.19 Rio Branco II-Geomorfologia. - Projeto Radambrasil 12: 119-166; Rio de Janeiro.

PENTEADO, M.M.O. (1965): Novas informações a respeito dos pavimentos detríticos ("stone line"). - Not. Geomorf. 9(7): 15-41; Campinas.

- (1976): Tipos de concreções ferruginosas nos compartimentos geomorfológicos do Planalto de Brasília. - Not. Geomorf. 16 (32): 39-53; Campinas.

- (1976b): Geomorfologia do setor Centro-Ocidental da depressão periférica Paulista. - Teses e Monografias (22): 86 S.; Sao Paulo.

- (1980). Microrelevos associados a termitas no cerrado. - Not. Geomorf. 20 (39/40): 61-72; Campinas.

PENTEADO, M.M. & RANZANI, G. (1973): Problemas geomorfológicos relacionados com a gênese dos solos podzolizados - Marília. - Sedimentologia e Pedologia 6: 23 S.; São Paulo.

PEREIRA, R.F. & FREITAS, E.M.de (1982): Climatologia - 5 Uso potencial da Terra - Folha SD.23 Brasília. - Projeto Radambrasil 29: 626-645; Rio de Janeiro.

PORTO-DOMINGUEZ, A. (1953): Provavel origem das depressões observadas no sertão do Nordeste. - Rev. Bras. Geogr. 14 (3): 305-315; Rio de Janeiro.

POSEY, D.A. (1986): Indigenous management of tropical forest ecosystems: the case of the Kayapô indians of the Brazilian Amazon. - Agroforestry Systems 3: 139-158; Dordrecht.

POSEY, D.A. & FRECHIONE, J. & EDDINS, J. & SILVA, L.F.da & MYERS, D. & CASE, D. & MACBEATH, P. (1984): Ethnology as applied Anthropology in Amazonian development. - Human Organization 43(2): 95-107; Washington.

PRANCE, G.T. (1973): Phytogeographic support for the theory of Pleistocene forest refuges in the Amazon Basin, based on evidence from distribution patterns in Caryocaraceae, Chrysobalanaceae, Dichaetolaceae and Lecythidaceae. - Acta Amazonica 3(3): 5-28; Manaus.

- (1982): Forest refuges: Evidence from woody Angiosperms. - Biol. Diversification in the Tropics, PRANCE, G.T. (Hrsg.): 137-157; New York.

PURI, G. (1968): Soil analysis in unstable savanna regions. - Ecol. of the forest/savanna boundary, Int. Geogr. Union, Tech. Rep. (14): 77-82; Montreal.

QUEIROZ NETO, J.P.de (1975): Observações preliminares sôbre perfís de solos com bandas onduladas do estado de São Paulo. - Sedimentologia e Pedologia 7: 34 S.; São Paulo.

- (1982): Solos da região dos cerrados e suas interpretações. - Rev. Bras. Cien. Solos 6 (1): 1-12; Campinas.

QUEIROZ NETO, J.P.de & CARVALHO, A. & JOURNAUX, A. & PELLERIN, J. (1973): Cronologia da alteração dos solos da região de Marília, SP (1). - Sedimentologia e Pedologia 5: 52 S.; São Paulo.

- (1977): Formações superficiais da região de Marília. - Sedimentologia e Pedologia 8: 39 S.; São Paulo.

QUEIROZ NETO, J.P.de & MONDENSI, M.C. (1973): Observações preliminares sôbre as relações entre os solos e a geomorfologia na área de Itu-Salto, Estado de São Paulo. - Sedimentologia e Pedologia 3: 28 S.; São Paulo.

RAMIA, M. (1968): Ambiguity of the term "savanna". - Ecol. of the forest/savanna boundary, Int. Geogr. Union, Tech. Rep. (14): 4-6; Montreal.

RANZANI, G. (1971): Solos do cerrado no Brasil. - Simp. Cerrado 3: 26-43; São Paulo.

RANZANI, G. & PENTEADO, M.M. & SILVEIRA, J.D.da (1972): Concreções ferruginosas, paleosolo e a superfície de cimeira no planalto Ocidental Paulista. - Geomorf. 31: 28 S.; São Paulo.

RATTER, J.A. (1971): Some notes on two types of cerradão occuring in North Eastern Mato Grosso. - Simp. Cerrado 3: 100-102; São Paulo.

RATTER, J.A. & ASKEW, G.P. & MONTGOMERY, R.F. & GIFFORD, D.R. (1976): Observaçoes adicionais sôbre o cerradao de solos mesotróficos no Brasil Central. - Simp. Cerrado 4: 303-316; Belo Horizonte.

- (1978): Observations on forests of some mesotrophic soils in central Brazil. - Rev. Bras. Bot. 1: 47-58; Rio de Janeiro.

RAWITSCHER, F.K. (1948): The water economy of the "campos cerrados" in Southern Brazil. - J. Ecol. 36: 237-268; Cambridge.

RAWITSCHER, F.K. & RACHID, M. (1946): Troncos subterrâneos de plantas brasileiras. - An. Acad. Bras. Ci. 18 (4): 261-280; Rio de Janeiro.

REICHARDT, K. (1976): Sugestões para pesquisas sôbre deficiência hídrica em solos de cerrado. - Simp. Cerrado 4: 247-253; Belo Horizonte.

REIS, A.C.de S. (1971): Climatologia dos cerrados. - Simp. Cerrado 3: 15-25; São Paulo.

RIBEIRO, A.G. (1978): Estudo bioclimático - IV-Vegetação - Folha SC.20 Porto Velho. - Projeto Radambrasil 16: 443-451; Rio de Janeiro.

RIBEIRO, J.S. & SANO, S.M. & MACEDO, J. & SILVA, J.A.da (1983): Os principais tipos fitofisionômicos da região dos cerrados. - EMBRAPA-CPAC Bol. Pes. 21: 28 S.; Brasília.

RIEHM, M. & ULRICH, B. (1954): Quantitative kolorimetrische Bestimmung der organischen Substanz in Böden. - Landwirtsch. Forsch., 6: 3-107; Göttingen.

RIEZEBOS, H.T. (1984): Geomorhology and savannisation in the Upper Sipaliwini River Basin (S. Suriname). - Z. Geomorph. N.F. 28(3): 265-284; Berlin, Stuttgart.

RIOS, A.J.W. & OLIVEIRA, V.A. de (1981): Pedologia - Folha SD.22 Goiás. - Projeto Radambrasil 25: 377-508; Rio de Janeiro.

RIZZINI, C.T. (1962): A flora do cerrado. - Simp. Cerrado 1: 125-177; São Paulo.

- (1965): Experimental studies on seedling development of cerrado woody plants. - Ann. Missouri Bot. 52 (3): 410-426; St. Louis, Mo..

- (1970): Sôbre alguns aspectos do cerrado. - Bol. Geogr. (218): 48-65; Rio de Janeiro.

- (1971): Aspectos ecológicos da regeneração em algumas plantas do cerrado. - Simp. Cerrado 3: 61-64; São Paulo.

RIZZINI, C.T. & HERINGER, E.P. (1962): Studies on the underground organs of trees and shrubs from Southern Brazilian savannas. - An. Acad. Bras. Ci. 34 (2): 235-247; Rio de Janeiro.

RIZZO, J.A. & CENTENO, A.J. & LOUSA, J.dos S. & FIGUEIRAS, T.S. (1971): Levantamento em dados em áreas de cerrado e da floresta caducifólia tropical do planalto Centro-Oeste. - Simp. Cerrado 3: 103-109; São Paulo.

ROA, P. (1979): Estudio de los médanos de los Llanos Centrales de Venezuela: Evidencias de un clima desértico. - Acta Biol. Venez. 10 (1): 19-49; Caracas.

ROHDENBURG, H. (1970a): Hangpedimentation und Klimawechsel in ihrer Bedeutung für Flächen- und Stufenbildung in den wechselfeuchten Tropen. - Z. Geomorph. N.F. 14: 58-78; Berlin, Stuttgart.

- (1970b): Morphogenetische Aktivitäts- und Stabilitätszeiten statt Pluvial- und Interpluvialzeiten. - Eiszeitalter u. Gegenwart 21: 81-96; Öhringen (Württ.).

- (1977): Beispiele für holozäne Flächenbildung in Nord- und Westafrika. - Catena 4: 65-109; Gießen.

- (1982a): Geomorphologisch-bodenstratigraphischer Vergleich zwischen dem nordostbrasilianischen Trockengebiet und den immerfeucht-tropischen Trockengebieten Südbrasiliens.- Beitr. Geomorph. Trop., Catena Suppl. 2: 73-122; Braunschweig.

- (1982b): Flächenbildungstypen in Brasilien und Nord- sowie Westafrika - ein Vergleich. - Ms. 9. Tag. Ak-Geomorph.: D 28-29; Braunschweig.

- (1982c): Die jungquartäre Relief- und Bodenentwicklung in Nordost-Brasilien im Vergleich zu Südbrasilien. - Ms. 9. Tag. Ak.-Geomorph.: E 40-41; Braunschweig.

- (1982d): Regressive Sukzession - Veränderung der Vegetation durch Geomorphodynamik. - Ms. 9. Tag. Ak-Geomorph.: A 13-14; Braunschweig.

- (1983): Beiträge zur allgemeinen Geomorphologie der Tropen und Subtropen. - Catena 10: 393-438; Braunschweig.

RUELLAN, F. (1953a): O papel das enxurradas no modelado do relêvo Brasileiro (Primeira Parte). - Bol. Paulista Geogr. 13: 5-18; São Paulo.

- (1953b): O papel das enxurradas no modelado do relêvo Brasileiro (Conclusao). - Bol. Paulista Geogr. 14: 3-21; São Paulo.

SABEL, K.J. (1981): Beziehung zwischen Relief, Böden und Nutzung im Küstengebiet des südlichen Mittelbrasiliens. - Z. Geomorph. N.F. Suppl. 39: 95-107; Berlin, Stuttgart.

SABELBERG, U. & ROHDENBURG, H. (1982): Zyklische Abfolge von Sedimenten und Böden: Auswirkungen von Klimaänderungen oder von katastrophalen Einzelereignissen? Gleichzeitigkeit von Pedogenese und Geomorphodynamik? - 9. Tag. Ak-Geomorph.: B 45-47; Braunschweig.

SACHS, L. (1974): Angewandte Statistik. - 548 S.; Berlin, Hamburg.

SALDARRIAGA, J.G. & WEST, D.C. (1986): Holocene fires in the Northern Amazon Basin. - Quaternary Research 26: 358-366; Seattle.

SALGADO, O.A. & JORDY FILHO, S. & GONÇALVES, L.M.C. (1981): 4-Vegetação - As regioes fitoecológicas, sua natureza e seus recursos econômicos - Estudo fitogeográfico - Folha SB.24/25 Jaguaribe/Natal. - Projeto Radambrasil 23: 485-544; Rio de Janeiro.

SALGADO-LABOURIAU, M.L. (1982): Climatic change at the Pleistocene-Holocene boundary. - Biol. Diversification in the Tropics, PRANCE, G.T. (Hrsg.): 74-77; New York.

SANTOS, R.O.B.dos & PITTHAN, J.H.L. & BARBOSA, E.S. & FERNANDES, C.A.C. & TASSINARI, C.C.G. & CAMPOS, D.de A. (1979): Geologia - Folha SD.20 Guaporé. - Projeto Radambrasil 19: 21-123; Rio de Janeiro.

SARMIENTO, G. (1983): The savannas of tropical America. - Ecosyst. of the world 13, trop. Sav.: 245-288; New York.

SAVIN, S.M. & DOUGLAS, R.G. & STEHLI, F.G. (1975): Tertiary marine paleotemperatures. - Geol. Soc. Amerc. Bull. 86: 1499-1510; Boulder, Colo..

SCHEFFER, F. & SCHACHTSCHABEL, P. (1982): Lehrbuch der Bodenkunde. - 11. Aufl.: 442 S., 186 Abb., 97 Tab., 1 Farbtaf.; Stuttgart (Enke).

SCHMITZ, P.I. (1980): A evolução da cultura no sudoeste de Goiás. - Pesquisas, Antropologia 31: 185-225; São Leopoldo, RS..

SCHMITZ, P.I. & WÜST, I. & COPÉ, S.M. & THIES, U.M.E. (1982): Arqueologia do Centro-Sul de Goiás: Uma fronteira de horticultores indîgenas no Centro do Brasil. - Pesquisas, Antropologia 33: 281 S.; São Leopoldo, RS..

SCHNÖTGEN, A. (1981): Analysen zur Verwitterung und Bodenbildung in den Tropen an Proben von Sri Lanka. - BREMER, H. & SCHNÖTGEN, A. & SPÄTH, H.: Relief, Boden, Paläoklima 1: 239-276; Berlin, Stuttgart.

SCHNÖTGEN, A. & BREMER, H. (1985): Die Entstehung von Decksanden im oberen Rio Negro Gebiet. - Z. Geomorph. N.F. 56: 55-67; Berlin, Stuttgart.

SCHOBBENHAUS, C. & ALMEIDA CAMPOS, D.de & DERZE, G.R. & ASMUS, H.E. (1984): Geologia do Brasil. Texto explicativo do mapa geológico do Brasil e da área oceânica adjacente incluindo depósitos minerais 1:2.500.000. - 501 S.; Brasîlia.

SCHROEDER, D. (1983): Bodenkunde in Stichworten. - 4. Aufl.: 160 S., 58 Abb., 3 Farbtaf.; Unterägeri (Hirt).

SCHWARZBACH, M. (1974): Das Klima der Vorzeit. - 191 Abb., 41 Tab., 379 S.; Stuttgart (Enke).

SCHWERTMANN, U. (1971): Transformation of Hematite to Goethite in soils. - Nature 232(5313): 624-625; Paris.

SCHWERTMANN, U. & KÄMPF, N. (1983): Oxidos de ferro em ambientes pedogenéticos Brasileiros. - Rev. Bras. Cien. Solo 7: 251-255; Campinas.

SCHWERTMANN, U. & KLANT, E. & KÄMPF, N. & SCHNEIDER, P. (1983): Observações pedogenéticas em solos do Brasil. - Bol. Inf. SBCS 8(2): 39-43; Campinas.

SCHREIBER, H. (1978): Dispersal centres of Sphingidae (Lepidoptera) in neotropical region. - Biogeographica 10: 195 S.; Saarbrücken.

SEMMEL, A. (1963): Intramontane Ebenen im Hochland von Godjam (Äthiopien). - Erdk. 17: 173-189; Bonn.

- (1971): Zur jungquartären Klima- und Reliefentwicklung in der Danakilwüste (Äthiopien) und ihrer westlichen Randgebiete. - Erdk. 25: 199-209; Bonn.

- (1978): Braun-Rot-Grau, "Farbtest" für Bodenzerstörung in Brasilien. - Umschau Wiss. Tech. 78 (16): 497-500; Frankfurt a.M..

- (1982a): Catenen der feuchten Tropen und Fragen ihrer geomorphologischen Deutung. - Catena Suppl. 2: 123-140; Braunschweig.

- (1982b): Diskordanzen in tropischen Basaltböden. - 9. Tag. AK-Geomorph.: B 49-51; Braunschweig

- (1983): Grundzüge der Bodengeographie. - 2. Aufl.: 123 S., 41 Abb., 12 Photos; Stuttgart.

- (1984): Geomorphologie der Bundesrepublik Deutschland. - 4. Aufl. Erdkundl. Wissen 30: 57 Abb., 192 S.; Stuttgart.

- (1984): Quartäre Verwitterung und Abtragung in Südbrasilien. - 9. Geowiss. Lateinamerika-Kolloquium: 155-157; Marburg.

- (1985): Böden des feuchttropischen Afrikas und Fragen ihrer klimatischen Interpretation. - Geomethodica 10: 71-89; Basel.

- (1986): Geomorphologische Aspekte der Landschaftsnutzung in Süd-Brasilien. - Heidelberger Geowiss. Abh. 6: 433-445; Heidelberg.

SEMMEL, A. & KULS, W. (1965): Zur Frage pleistozäner pluvialzeitlicher Solifluktionsvorgänge im Hochland von Godjam (Äthiopien). - Erdkunde 19: 292-297; Bonn.

SEMMEL, A. & ROHDENBURG, H. (1979): Untersuchungen zur Boden- und Reliefentwicklung in Süd-Brasilien. - Catena 6: 203-217; Braunschweig.

SERRUYA, N.M. & SOUZA, L.F.P.de & CUNHA, N.G.da (1976): III Pedologia - Folha SC.19 Rio Branco. - Projeto Radambrasil 12: 177-273; Rio de Janeiro.

SEUFFERT, O. (1986): Geoökodynamik-Geomorphodynamik. Aktuelle und vorzeitliche Formungsprozesse in Südindien und ihre Steuerung durch raum/zeitliche Variation der geoökologischen Raumgliederung. - Geoökodynamik 7(1/2): 161-214; Darmstadt.

SILVA, F.C.F.da & JESUS, R.M.de & RIBEIRO, A.G. (1977): Folha SA.19 Içá, IV-Vegetação - As regiões fitoecológicas, sua natureza e seus recursos econômicos.- Projeto Radambrasil 14: 299-396; Rio de Janeiro.

SILVA, F.C.F.da & RIBEIRO, A.G. & SANTOS, R.R.dos (1976): Folha NA.19 Pico da Neblina, IV-Vegetação - As regiões fitoecológicas, sua natureza e seus recursos econômicos - Estudo fitogeográfico.- Projeto Radambrasil 11: 273-344; Rio de Janeiro.

SILVA, J.N.M. & LOPES, J.do C.A. (1984): Inventário florestal contínuo em florestas tropicais: A metodologia utilizada pela EMBRAPA-CPATU na Amazônia Brasileira. - EMRAPA-CPATU Doc. 33: 36 S.; Belém.

SILVA, L.L.da & RIUETTI, M. & DEL´ARCO, J.O. & ALMEIDA, L.F.G.de & DREHER, A.M. & TASSINARI, C.C.G. (1976): Geologia - Folha SC.19 Rio Branco. - Projeto Radambrasil 12: 17-116; Rio de Janeiro.

SILVA, S.B.da & ASSIS, J.S. (1982): 4-Vegetação - As regiões fitoecológicas, sua natureza e seus recursos econômicos - Estudo fitogeográfico - Folha SD.23 Brasília.- Projeto Radambrasil 29: 461-528; Rio de Janeiro.

SIMOES, R. & TEIXEIRA FILHO, A.R & CASTRO, F.G. (1976): Aspectos da estrutura e do uso dos recursos em áreas de cerrado. - Simp. Cerrado 4: 353-372; Belo Horizonte.

SIMPSON, B.B. & HAFFER, J. (1978): Speciation patterns in Amazon forest biota. - Ann. Rev. Ecol. Syst. 9: 497-518; Palo Alto, Cal..

SIOLI, H. (1954): Betrachtungen über den Begriff der "Fruchtbarkeit" eines Gebietes anhand der Verhältnisse in Böden und Gewässern Amazoniens. - Forsch. Fortschr., Nachrichtenblatt Deut. Wiss. Tech. (3): 65-72; Berlin.

SOARES, L.de C. (1953): Limites meridionais e orientais da área de ocorrência de floresta amazônica em território brasileiro. - Rev. Bras. Geogr. 15 (1): 3-122; Rio de Janeiro.

SPÄTH, H. (1981): Bodenbildung und Reliefentwicklung in Sri Lanka. - BREMER, H. & SCHNÜTGEN, A. & SPÄTH, H.: Relief, Boden, Paläoklima 1: 185-238; Berlin, Stuttgart.

- (1983): Flächenbildung in Nordwest-Australien. - Geoökodynamik 4(3/4): 191-208; Darmstadt.

STEYERMARK, J.A. (1982): Relationship of some Venezuelan forest refuges with lowland tropical forest. - Biol. Diversification in the Tropics, PRANCE, G.T. (Hrsg.): 182-220; New York.

STOCKING, M. (1978): Interpretation of stone lines. - South African Geogr. J. 60: 121-134; Johannesburg.

STREET, F.A. (1981): Tropical palaeoenviroments. - Progress Phys. Geogr. 5(2): 157-185; London.

TAMAYO, F. (1968): Anthropic origin of South American savannas. - Ecol. of the forest/savanna boundary, Int. Geogr. Union, Tech. Rep. (14): 65-66; Montreal.

TAYLOR, B.W. (1968): Changes in the forest/savanna boundary in Northeast Nicaragua. - Ecol. of the forest/savanna boundary, Int. Geogr. Union, Tech. Rep. (14): 17-18; Montreal.

THEILEN-WILLIGE, B. (1981): The Araguainha impact structure/Central Brazil. - Rev. Bras. Geocien. 11 (2): 91-107; São Paulo.

- (1982): Geomorphologische Untersuchungen an Plateau-Inselbergen und Rumpfflächen in Südost-Goiás und West-Minas-Gerais/Brasilien. - 9. Tag. Ak-Geomorph.: D 34-36; Braunschweig.

TILLMANNS, W. (1981): Tonmineralogische Untersuchungen von Proben aus Sri Lanka. - BREMER, H. & SCHNÜTGEN, A. & SPÄTH, H.: Relief, Boden, Paläoklima 1: 277-280; Berlin, Stuttgart.

TINLEY, K.L. (1982): The influence of soil moisture balance on ecosystems patterns in Southern Africa. - Ecol. Trop. Sav., Ecol. Stud. 42: 175-192; New York.

TOLEDO, V.M. (1982): Pleistocene changes of vegetation in tropical Mexico. - Biol. Diversification in the Tropics, PRANCE, G.T. (Hrsg.): 93-11; New York.

TRICART, J. (1958): Division morphoclimatique du Brésil Atlantique Central. - Rev. Geom. Dyn. 1-2: 1-22; Paris.

- (1972): The landforms of the humid tropics. - Forests and Savannas: 306 S.; London.

- (1974): Existence de périodes sèches au Quaternaire en Amazonie et dans les régions voisines. - Rev. Geom. Dyn. 4: 146-158; Paris.

- (1975): Influence des oscillations climatiques récentes sur le modeléen Amazonie Orientale (Region de Santarém) d'après les images radar latéral. - Z. Geomorph. N.F. 19(2): 140-163; Berlin, Stuttgart.

- (1979): Conhecimento sôbre o Quaternário Amazônico. - Paleoclimas 5: 18 S.; São Paulo.

TRÖGER, W.E. (1969): Optische Bestimmung der gesteinsbildenden Minerale 2: 16 Tab., 259 Abb., 822 S.; Stuttgart.

TROLL, C. & PAFFEN, K. (1964): Karte der Jahreszeitenklimate der Erde. - Erdkd. 18 (1): 5-28; Bonn.

TROPPMAIR, H. (1973): A distribuição dos formações vegetais em relação com água do solo na região de Mon. Touba. - Not. Geomorf. 13(26): 94-95; Campinas.

TURNER, J.R.G. (1982): How do refuges produce biological diversity? Allopatry and parapatry, extinction and gene flow in Mimetic butterflies. - Biol. Diversification in the Tropics, PRANCE, G.T. (Hrsg.): 309-335; New York.

URURAHY, J.C.C. & COLLARES, J.E.R. & SANTOS, M.M. & BARRETO, R.A.A. (1983): 4-Vegetação - As regioes fitoecológicas, sua natureza e seus recursos economicos - Estudo fitogeográfico - Folhas SF.23/24 Rio de Janeiro/Vitória. - Projeto Radambrasil 32: 553-623; Rio de Janeiro.

VAN GEEL, B. & HAMMEN, T.van der (1973): Upper quaternary vegetational and climatic sequence of Fuquene area (Eastern Cordillera, Colombia). - Paleogeogr. Paleoclimatol. Paleoecol. 14(1): 9-92; Amsterdam.

VANZOLINI, P.E. (1962): Problemas faunîsticos do cerrado. - Simp. Cerrado 1: 305-321; São Paulo.

- (1973): Paleoclimates, relief and species multiplication in equatorial forests. - Tropical Forest Ecosystem in Africa and South America: A comparative review, MEGGERS, B. & AYENSU, E. & DUCKWORTH, W. (Hrsg.): 255-258; Washington D.C..

VARESCHI, V. (1980): Vegetationsökologie der Tropen. - 293 S., 161 Abb., 8 Farbtafeln; Stuttgart (Ulmer).

VEIT, H. & VEIT, H. (1985): Relief, Gestein und Boden im Gebiet von Conceição dos Correias (S-Brasilien). - Frankf. Geowiss. Arb., Ser. D, 5: 98 S., 18 Abb., 10 Tab., 1 Kt.; Frankfurt a.M..

VELOSO, H.P. (1966): Atlas florestal do Brasil. - 82 S.; Rio de Janeiro.

VELOSO, H.P. & GOES FILHO, L. & LEITE, P.F. & BARROS-SILVA, S. & FERREIRA, H.de L. & LOUREIRO, R.L. & TEREZO, E.F.de M. (1975): Vegetação - As regiões fitoecológicas, sua natureza e seus recursos econômicos. Estudo fitogeográfico - Folha NA.20 Boa Vista e parte das folhas NA.21 Tumucumaque, NB.20 Roraima e NB.21. - Projeto Radambrasil 8: 307-404; Rio de Janeiro.

VELOSO, H.P. & JAPIASSU, A.M.S. & GOES FILHO, L. (1973): As regiões fitoecológicas, sua natureza e seus recursos econômicos - Estudo fitogeográfico de parte das folhas SC.23 Rio São Francisco e SC.24 Aracajú. - Projeto Radambrasil 1: IV, 67 S.; Rio de Janeiro.

VELOSO, H.P. & JAPIASSU, A.M.S. & GOES FILHO, L. & LEITE, P.F. (1974): As regiões fitoecológicas, sua natureza e seus recursos econômicos - Estudo fitogeográfico da área abrangida pelas folhas de SB.22 Araguaia e SC.22 Tocantins. - Projeto Radambrasil 4: IV, 119 S.; Rio de Janeiro.

VETTORI, L. (1969): Métodos de análise de solo. - Bol. Téc. 7: 24 S.; Rio de Janeiro.

VINCENT, P.L. (1966): Les formation meubles superficielles au sud du Congo et au Cabon. - Bull. Bur. Recherches Geol. et Minières 4: 3-111; Paris.

VUILLEMIER, B.S. (1971): Pleistocene changes in the fauna and flora of South America. - Science 173 (3999): 771-780; Washington.

WALKER, D. (1982): Speculations on the origin and evolution of Sunda-Sahul rain forest. - Biol. Diversification in the Tropics, PRANCE, G.T. (Hrsg.): 554-575; New York.

WALTER, H. (1962): Die tropischen und randtropischen Zonen. - Die Vegetation der Erde in ökologischer Betrachtung 1: 538 S.; Jena.

- (1979): Vegetation und Klimazonen. - 342 S., 138 Abb.; Stuttgart.

WALTER, H. & BRECKLE, S.W. (1984a): Spezielle Ökologie der tropischen und subtropischen Zonen. - Ökologie der Erde 2: 106-140; Stuttgart.

- (1984b): Tropical and subtropical Zonobiomes. - Ecological systems of the Geobiosphere 2: 109-144; Berlin, Heidelberg, New York, London, Paris, Tokyo.

WEITZMAN, S.H. & WEITZMAN, M. (1982): Biogeography and evolutionary diversification in neotropical freshwater fishes, with comments on the refuge theory. - Biol. Diversification in the Tropics, PRANCE, G.T. (Hrsg.): 403-422; New York.

WHYTE, R.O. (1962): The myth of tropical grasslands. - Trop. Agric. Trin. 39: 1-11; Trinidad.

WIJMSTRA, T. & HAMMEN, T.van der (1966): Palynological data on the history of tropical savannas in North South America. - Leidse Geol. Medd. 38: 71-90; Leyden.

WILHELMY, H. (1974): Klimageomorphologie in Stichworten. - Geomorphologie in Stichworten 4: 375 S., 12 Abb.; Coburg (Hirt).

- (1981): Exogene Morphodynamik. Verwitterung-Abtragung-Tal- und Flächenbildung. - 4. Aufl. Geomorphologie in Stichworten 2: 144-213; Coburg (Hirt).

WIRTHMANN, A. (1981): Täler, Hänge und Flächen in den Tropen. - Geoökodynamik 2(2): 165-204; Darmstadt.

- (1983): Lösungsabtrag von Silikatgesteinen und Tropengeomorhologie. - Geoökodynamik 4(3/4): 149-172; Darmstadt.

- (1987): Geomorphologie der Tropen. - Erträge der Forschung 148: 222 S.; Darmstadt.

WÜST, I. (1988): A pesquisa arqueologica e etnoarqueologica na parte central do territorio Borôro, Mato Grosso - Primeiros resultados. - im Druck, Rev. Antrop. 30; São Paulo (USP).

WOLFE, J.A. (1971): Tertiary climatic fluctuations and methods of analysis of Tertiary floras. - Paleogeogr. Paleoclimatol. Paleoecol. 9: 27-57; Amsterdam.

ZEIL, W. (1986): Südamerika. - Geologie der Erde 1: 160 S., 54 Abb., 4 Farbtaf., 3 Tab; Stuttgart (Enke).

ZONNEVELD, J.I.S. (1975): Some problems of tropical geomorphology. - Z. Geomorph. N.F. 19(4): 377-392; Berlin, Stuttgart.

Verzeichnis der für die Profilzeichnungen benutzten Karten

Top. Karten 1:25.000
  SD.23-Y-IV-1-NO Chapada da Contagem
  SD.23-Y-C-IV-1-SO Granja do Torto
  SD.23-Y-C-IV-1-SE Sobradinho

Top. Karten 1:100.000
  SD.23-Y-C-IV Brasîlia
  SD.22-Z-D-VI Taguatinga
  SD.22-Z-D-V Pirenópolis
  SD.22-Z-D-IV Jaraguá
  SE.22-X-B-I Nerópolis
  SE.22-X-B-II Anápolis
  SE.22-X-B-IV Goiânia
  SE.22-V-A-VI Ponte Branca
  SE.22-V-A-I Guiratinga
  SE.21-X-B-III Jarudoré
  SC.20-V-B-V Porto Velho
  SC.20-V-B-II Sobral
  SC.19-Z-A-III Vila Quinari
  SC.19-X-C-VI Rio Branco

Top. Karten 1:250.000
  SE.22-X-C Rio Verde
  SD.20-X-B Vilhena
  SC.20-V-B Porto Velho
  SC.20-V-D Ariquemes
  SC.19-Z-A e SC.19-Z-C Xapuri e Brasiléia

Geol. Karten 1:100.000
  SD.22-Z-D-IV Jaraguá
  SE.22-X-B-IV Goiânia

Geol. Karte 1:250.000
  SD.22-X Pirenópolis

Geol. Karten 1:1.000.000
  SE.22 Goiânia
  SD.23 Brasîlia
  SD.22 Goiás
  SD.21 Cuiabá
  SD.20 Guaporé
  SC.20 Porto Velho
  SC.19 Rio Branco
  SB.20 Purus

10 Anhang

Erläuterung zu den Tabellen der Vegetationszusammensetzung:

1. Spalte: Artname

2. Spalte: Familienname

3. Spalte: Verbreitung
   - 000 = Zentraler Westen, Chapada dos Parecis, Amazonien
   - 00 = Zentraler Westen, Chapada dos Parecis
   - 0 = Amazonien
   - - = Zentraler Westen
   - -- = Chapada dos Parecis, Amazonien
   - + = auch in den umliegenden Wäldern

4. Spalte: Häufigkeit (Abundanz)
   - 1 = vereinzelt, <5% der Pflanzen/ha
   - 2 = zahlreich, 5-10% der Pflanzen/ha
   - 3 = dominant, >10% der Pflanzen/ha

Annona crassiflora	(Annonaceae)	-	1
Bombax sp.	(Bombacaceae)	00	1
Bowdichia virgilioides	(Leguminosae)	000	1
Byrsonima verbascifolia	(Malpighiaceae)	000	1
Byrsonima sp.	(Malpighiaceae)	000	1
Caryocar brasiliense	(Caryocaraceae)	-	2
Curatella americana	(Dilleniaceae)	000	1
Dalbergia violacea	(Leguminosae Pap.)	-	1
Dalbergia sp.	(Leguminosae Pap.)	-	1
Kielmeyera sp.	(Guttiferae)	00	1
Licania sp.	(Rosaceae)	00	1
Machaerium sp.	(Leguminosae)	-	1
Miconia sp.	(Melatomataceae)	000	1
Palicourea sp.	(Rubiaceae)	000	1
Paspalum sp.	(Gramineae)	000	2
Plathymenia reticulata	(Leguminosae)	-	1
Pterodon pubescens	(Leguminosae)	-	1
Pseudobombax sp.	(Bombacaceae)	00	1
Qualea grandiflora	(Vochysiaceae)	000	3
Qualea parviflora	(Vochysiaceae)	-	3
Sclerolobium sp.	(Leguminosae)	- +	1
Strychnodendron sp.	(Leguminosae)	00	1
Virola sebifera	(Myristicaceae)	000+	1
Vochysia sp.	(Vochysiaceae)	00 +	1

Tab. 3 Charakteristische Pflanzen für die Cerrados Zentralbrasiliens.

Annona crassiflora	(Annonaceae)	-	1
Bombax sp.	(Bombacaceae)	00	1
Bowdichia virgilioides	(Leguminosae)	000	1
Caryocar brasiliense	(Caryocaraceae)	-	2
Curatella americana	(Dilleniaceae)	000	1
Dalbergia violacea	(Leguminosae Pap.)	-	1
Dalbergia sp.	(Leguminosae Pap.)	-	1
Kielmeyera sp.	(Guttiferae)	00	2
Machaerium sp.	(Leguminosae)	-	1
Paspalum sp.	(Gramineae)	000	2
Pterodon pubescens	(Leguminosae)	-	1
Qualea grandiflora	(Vochysiaceae)	000	1
Qualea parviflora	(Vochysiaceae)	-	1
Sclerolobium sp.	(Leguminosae)	-	1
Strychnodendron sp.	(Leguminosae)	00	1
Tocoyena formosa	(Rubiaceae)	-	2
Vellozia flavicans	(Velloziaceae)	-	1 - 3[*]
Virola sebifera	(Myristicaceae)	000+	1
Vochysia sp.	(Vochysiaceae)	-	2

[*] je geringer die Gründigkeit der Böden um so stärker dominiert Vellozia flavicans.

Tab. 4 Charakteristische Pflanzen für die Campos Cerrados-Campos Sujos Zentralbrasiliens.

Paspalum chrysites	(Gramineae)	2
Setaria vertiallata	(Gramineae)	2
Pennisetum hirsatum	(Gramineae)	2
Stipa papposa	(Gramineae)	2
Cynodon dactylon	(Gramineae)	2

Tab. 5 Charakteristische Pflanzen des Campo Limpo im Distrito Federal.

Paepalanthus amoenua	(Ericocaulaceae)	2
Lycopodium amum	(Lycopodiaceae)	2
Rhynchospora tenius	(Cyperaceae)	2
Pennisetum setosum	(Gramineae)	2

Tab. 6 Charakteristische Pflanzen der Feuchtwiesen im Distrito Federal.

Bombax sp.	(Bombacaceae)	00	1
Bowdichia sp.	(Leguminosae)	000	1
Byrsonima verbascifolia	(Malpighiaceae)	000	1
Byrsonima sp.	(Malpighiaceae)	000	1
Curatella americana	(Dilleniaceae)	000+	2
Kielmeyera sp.	(Guttiferae)	00	2
Licania sp.	(Rosaceae)	00	2
Maceirea sp.	(Melastomataceae)	--	1
Miconia sp.	(Melastomataceae)	000	1
Palicourea sp.	(Rubiaceae)	000	1
Paspalum sp.	(Gramineae)	000	2
Pseudobombax sp.	(Bombacaceae)	00	1
Qualea grandiflora	(Vochysiaceae)	000	2
Stryphnodendron sp.	(Leguminosae)	00	1
Tibouchina sp.	(Melastomataceae)	--	2
Virola sebifera	(Myristicaceae)	000+	1
Vochysia sp.	(Vochysiaceae)	00 +	1

Tab. 7 Charakteristische Pflanzen für die Cerrados der Chapada dos Parecis.

Bellucia imperialis	(Melastomataceae)	0	1
Bowdichia sp.	(Leguminosae)	000	1
Byrsonima verbascifolia	(Malpighiaceae)	000	3
Byrsonima sp.	(Malpighiaceae)	000	2
Cassia sylvestris	(Leguminosae)	0	1
Cinchonia amazonensis	(Rubiaceae)	0	1
Curatella americana	(Dilleniaceae)	000+	2
Maceirea sp.	(Melastomataceae)	--	1
Miconia sp.	(Melastomataceae)	000	1
Palicourea sp.	(Rubiaceae)	000	1
Paspalum sp.	(Gramineae)	000	2
Qualea grandiflora	(Vochysiaceae)	000	1
Tibouchina sp.	(Melastomataceae)	--	1
Virola sebifera	(Myristicaceae)	000+	1

Tab. 8 Charakteristische Pflanzen für die Cerrados bei Humaitá.

Probenbezeichnung						Konventionelle ^{14}C-Alter
Labor Hv	Gelände	Fundort	Material	Fund- tiefe	Ziel der Datierung	(Jahre vor 1950)
14887	KHE 101b	54°21' W 16°10' S Jarudoré 245m	Holzkohle	60cm	Datierung der Ablagerung des Kolluviums Keramikfunde etwas oberhalb	1.720 ± 120
14888	KHE 101	54°21' W 16°10' S Jarudoré 240 m	Holzkohle	70cm	Datierung des jüngsten Auensedimentes und Höchstalter der Flußeinschneidung	595 ± 50
14889	KHE 74	64°13' W 9°9' S W-Rondonia 110m	Sediment	130cm	Datierung der Ablagerung des hangenden Sedi- mentes, für die keine Regenwaldvegetation angenommen werden muß	1.675 ± 90
14890	KHE 15	47°53' W 15°42' S Rib. do Torto 1.010m	Sediment	45cm	Datierung der Ablagerung des Schwemmfächers und Höchstalter der Flußeinschneidung	105 ± 60
14891	KHE 14	47°53' W 15°42' S Rib. do Torto 1.010m	Sediment	180cm	Datierung des Mindestalters des liegenden Schotterkörpers und Hauptphase der Auenlehm- sedimentation	4.570 ± 85

Die Datierungen wurden von Herrn Prof. Dr. M.A. Geyh vom Niedersächsischen Landesamt für Boden- forschung durchgeführt.

Tab. 9 Übersicht über die ^{14}C-Proben.

Erläuterungen zu den Bodenprofilen:

1. Zeile: Bodentyp nach FAO-UNESCO (1974)   (Profilnummern)
2. Zeile: Bodentyp nach AG-BODENKUNDE (1982)
3. Zeile: Lage, je nach Genauigkeit der vorhandenen Karte, in Längen- und
   Breitengraden oder Koordinaten laut Gitternetz, Nr. der Top.- Karte,
   Neigungsstufen und Reliefposition nach AG-BODENKUNDE (1982:38ff)

Klima: N = mittlere Jahresniederschläge, T = mittlere Jahrestemperatur
Horizontsymbole nach AG-BODENKUNDE (1982)
ooooo   Steinlagen
Korngröße: alle Angaben in Gew.-% des Feinbodens (<2mm)
$AG = Fe_o/Fe_d$ - "Aktivitätsgrad"
AK_p = potentielle Austauschkapazität (mmol/z*100g Feinboden bei pH 8,1)
AK_p^e = effektive Austauschkapazität (mmol/z*100g Feinboden bei Boden-pH)
Fe_2O_3 = Gesamteisen in %
Austauschbare Kationen in mmol/z*100g Boden
Fe_o, Fe_d, C, org. Sub. (organische Substanz), N, SiO_2, Al_2O_3 in %

Schwermineralanalysen:

And - Andalusit	Aug - Augit
Cas - Cassiterit	Dis - Disthen
Epi - Epidot	Gra - Granat
gHr - grüne Hornblende	Kor - Korund
Rut - Rutil	Sil - Sillimanit
Sta - Staurolith	Tur - Turmalin
Zir - Zirkon	

+ weniger als 0,5%, jedoch wenigstens 1 Mineral
- fehlt im Präparat

Tonmineralanalysen (die Zahlen geben nur Intensitäten an, es sind keine Absolutwerte):

Qua. - Quarz	K-F. - Kalifeldspat
Alb. - Albit	Goe. - Goethit
Häm. - Hämatit	Mag. - Magnetit
Ill. - Illit	Kao. - Kaolinit
Chl. - Chlorit	Ver. - Vermiculit
Sme. - Smectit	m.L. - Mixed Layers
Gib. - Gibbsit	Ana. - Anastas
Jar. - Jarosit	Tit. - Titanit
Lep. - Lepidokrokit	Ilm. - Ilmenit
Amp. - Amphibolit	

    - nicht nachweisbar
    ± unsicher, höchstens wenig
((+)) sehr wenig
 (+) wenig
  + mäßig
 ++ relativ viel
+++ relativ sehr viel

Weitere Erläuterungen siehe Kap. 2.

Bodenprofil 1: Acrisol über Rhodic Ferralsol (Fr-A)   (1-84 D)
            Rotlatosol-Parabraunerde
Lage: Chapada de Contagem (15°40´57"S/47°52´15"W)(SD.23-Y-C-IV-1-SE),
    1.275m ü.M., fast nicht geneigt (NO.2; E), südwestexponiert
Klima: N: ca. 1.400mm, T: ca. 21°C
Vegetation und Nutzung: Cerrado (Sa)
Standortkundliche Feuchtestufe: SF 02
Ausgangsgestein: Decklage über proterozoischem Quarzit, Grupo Paranoá

Horizont	Tiefe	Beschreibung
Ah	0- 20cm	schwach lehmiger Sand, dunkelrötlich-braun (2,5 YR 3/4), sehr stark durchwurzelt, Ameisen- und Termitenröhren
AhAl	- 45cm	schwach lehmiger Sand, schmutzig rot (10 R 3/3), sehr stark durchwurzelt, Ameisen- und Termitenröhren
IIBt	-135cm	schwach toniger Sand, schwach subpolyedrisch, schmutzig rot (10 R 3/4), schwach durchwurzelt
IIBuv	-215cm	schwach toniger Sand, schwach subpolyedrisch, rot (10 R 4/6), schwach durchwurzelt
IIBuk	-250/280cm	schwach toniger Sand, schwach subpolyedrisch, dunkelrot (10 R 3/6), an der Basis Pisolithanreicherungen, sehr schwach durchwurzelt
IICv	250/280cm +	Sand, hellgrau (10 YR 7/1), sehr schwach durchwurzelt

Horizont- mächtigkeit	Horizont- bezeichn.	Bodenfarbe nach MUNSELL trocken	feucht	T	fU	mU	gU	Uges.	fS	mS	gS	Sges.	Boden- art
0-20	Ah	2,5 YR 5/4	2,5 YR 3/4	6,1	1,2	2,3	2,3	5,8	49,9	37,8	1,5	89,1	Sl2
-45	AhAl	2,5 YR 4/4	10 R 3/3	5,2	1,3	2,3	2,5	6,1	49,7	37,6	1,4	88,7	Sl2
-135	IIBt	2,5 YR 4/8	10 R 3/4	24,6	1,2	1,4	2,3	4,9	42,0	27,8	0,7	70,5	St2
-215	IIBuv	10 R 4/8	10 R 4/6	9,2	2,2	0,8	2,7	5,7	55,6	28,3	1,2	85,1	St2
-250/280	IIBuk	10 R 4/6	10 R 3/6	13,2	0,7	0,5	2,3	3,5	31,0	51,0	1,3	83,3	St2
+ (cm)	IICv	10 YR 8/1	10 YR 7/1	0,8	0,4	0,7	1,4	2,5	5,2	91,3	0,2	96,7	S

Hor.- bez.	pH- Wert	Fe_o	Fe_d	AG	AK_p	S-Wert	V-Wert	Na^+	K^+	Mg^{2+}	Ca^{2+}	org. C	Sub.	N	C/N
Ah	-	-	-	-	-	-	-	-	-	-	-	1,49	2,57	0,06	25
AhAl	4,27	0,08	2,26	0,035	3,64	0,26	7,1	0,10	0,12	0,04	0	0,82	1,41	0,02	41
IIBt	4,49	0,03	2,27	0,013	2,55	0,24	9,4	0,10	0,13	0,02	0				
IIBuv	5,22	0,01	2,15	0,005	1,82	0,39	21,4	0,10	0,13	0,04	0,12				
IIBuk	4,97	0	1,63	0	0	0	0	0	0	0	0				
IICv	4,69	0	0,02												

	Schwermineralogische Zusammensetzung in %			opak %	Gew. % SM im fS
	gHr	Tur	Zir		
AhAl	41	80	9	18	0,02
IIBt	0	83	17	24	0,02
IIBuv	0	67	33	20	0,02

Bodenprofil 2: Cambisol über Rhodic Ferralsol (Fr-B)   (2-84 D)
                Rotlatosol-Braunerde
Lage: Chapada de Contagem (15°40´57"S/47°52´15"W)(SD.23-Y-C-IV-1-SE),
      1.275m ü.M., fast nicht geneigt (NO.2; E), südwestexponiert
Klima: N: ca. 1.400mm, T: ca. 21°C
Vegetation und Nutzung: Campo Sujo (Spg)
Standortkundliche Feuchtestufe: SF 22
Ausgangsgestein: Decklage über proterozoischem Quarzit, Grupo Paranoá

Ah   0- 20cm   schwach lehmiger Sand, dunkelrötlich-braun (2,5 YR 3/4),
                    stark durchwurzelt, wenige Ameisen- und Termitenröhren
Bv   - 85cm   schwach toniger Sand, rötlich gelb (5 YR 6/8), durchwurzelt
IIBu   -190cm   schwach schluffiger Sand, schwach subpolyedrisch, gelblich
                    rot (5 YR 5/6), schwach durchwurzelt
IIBuk   -220/260cm schwach lehmiger Sand, schwach subpolyedrisch, rot (2,5 YR
                    5/8), an der Basis Pisolithanreicherungen
IICv   220/260cm + Sand, hellgrau (10 YR 7/1)

Horizont-mächtigkeit	Horizont-bezeichn.	Bodenfarbe nach MUNSELL trocken	feucht	T	fU	mU	gU	Uges.	fS	mS	gS	Sges.	Boden-art
0-20	Ah	5 YR 5/6	2,5 YR 3/4	9,3	0,0	2,4	2,9	5,3	63,0	21,7	0,7	85,4	Sl2
-85	Bv	5 YR 7/8	5 YR 6/8	10,5	0,7	0,4	3,4	4,5	55,8	28,6	0,6	85,0	Sl2
-190	IIBu	5 YR 6/6	5 YR 5/6	2,1	1,7	1,2	4,6	7,5	68,2	23,6	0,7	90,4	Su2
-220/260	IIBuk	2,5 YR 5/6	2,5 YR 5/8	11,7	2,3	1,5	4,9	8,7	58,7	19,5	1,4	79,6	Sl2
+ (cm)	IICv	10 YR 8/1	10 YR 7/1	0,8	0,4	0,7	1,4	2,5	5,2	91,3	0,2	96,7	S

Hor.-bez.	pH-Wert	Fe_o	Fe_d	AG	AK_p	S-Wert	V-Wert	Na^+	K^+	Mg^{2+}	Ca^{2+}	org. C	Sub.	N	C/N
Ah	4,31	0,06	1,35	0,044	3,27	0,25	7,6	0,11	0,12	0	0	1,07	1,84	0,06	18
Bv	4,58	0,03	1,39	0,021	1.81	0,31	17,1	0,06	0,10	0	0	0,66	1,14	0,01	66
IIBu	4,90	0,01	1,54	0,006	1,09	0	0	0	0	0	0				
IIBuk	5,14	0,01	1,33	0,007	0,36	0	0	0	0	0	0				
IICv	4,69	0	0,02												

	Schwermineralogische Zusammensetzung in %			opak %	Gew. % SM im fS
	gHr	Tur	Zir		
Bu	3	82	15	22	0,01
IIBu	0	87	13	23	0,01
IIBuk	0	82	18	20	0,02

Bodenprofil 3: Gleyic Ferralic Cambisol (Bfg) (BP 1)
　　　　　　　 Rotlatosol-Braunerde mit vergleytem Unterboden
Lage: Chapada de Contagem (15°38'39"S/47°52'47"W)(SD.23-Y-C-IV-1-SO),
　　　1.285m ü.M., mäßig schwach geneigt (N2.2; HOG), ostexponiert
Klima: N: ca. 1.400mm, T: ca. 21°C
Vegetation und Nutzung: Campo Cerrado (Sp)
Standortkundliche Feuchtestufe: SF 32
Ausgangsgestein: Proterozoischer Quarzit, Grupo Paranoá

Horizont	Tiefe	Beschreibung
Ah	0- 10cm	Sand, braun (10 YR 4/3), stark durchwurzelt, wenige Termiten- und Ameisenröhren
Buv	- 25cm	schwach toniger Sand, gelblich braun (10 YR 5/6), stark durchwurzelt, schwach subpolyedrisch
GoBu	-120cm	schwach toniger Sand, gelblich braun (10 YR 5/8), nicht durchwurzelt, vereinzelt kleine Eisenkonkretionen (<5mm), schwach subpolyedrisch
GrCv	120cm +	Sand, weiß (10 YR 8/2), Einzelkorngefüge

Horizontmächtigkeit	Horizontbezeichn.	Bodenfarbe nach MUNSELL trocken	feucht	T	fU	mU	gU	Uges.	fS	mS	gS	Sges.	Bodenart
0- 10	Ah	10 YR 5/3	10 YR 4/3	2,9	1,4	0,8	1,3	3,5	49,8	42,6	1,2	93,6	S
- 25	Buv	10 YR 6/4	10 YR 5/6	5,3	1,2	0,7	1,5	3,4	46,3	44,1	0,9	91,3	St2
-120	GoBu	10 YR 7/4	10 YR 5/8	9,3	1,1	1,8	1,2	4,1	46,3	39,5	0,8	86,6	St2
120 +(cm)	GrCv												

Horizontbezeichn.	pH-Wert	Fe_o	Fe_d	AG	C	org. Sub.	N	C/N
Ah	5,12	0,02	0,37	0,054	0,63	1,08	0,04	16
Buv	4,79	0,05	0,34	0,147	0,29	0,51	0,02	15
GoBu	4,80	0,02	0,42	0,048				

Bodenprofil 4: Gleyic Ferralic Cambisol (Bfg)   (BP 10)
            Rotlatosol-Braunerde mit vergleytem Unterboden
Lage: Chapada de Contagem (15°38'15"S/47°52'44"W)(SD.23-Y-C-IV-1-SO),
      1.255m ü.M., sehr schwach geneigt (N1; HOG), nordnordostexponiert
Klima: N: ca. 1.400mm, T: ca. 21°C
Vegetation und Nutzung: Campo Limpo (Sg)
Standortkundliche Feuchtestufe: SF 33
Ausgangsgestein: Decklage über proterozoischem Phyllit, Grupo Paranoá

Bvu   0-50/60cm   schwach schluffiger Ton, kräftig braun (7,5 YR 5/8)
                      hangaufwärts ins braune (7,5 YR 4/4) übergehend, sehr
                      schwach durchwurzelt, subpolyedrisch
Bu   -80cm   sandig toniger Lehm, schwach rot (10 R 5/6), schaltet sich
                      hangaufwärts ein, der Übergang zum Bvu ist scharf, zeichnet
                      ehemalige Gesteinsfaltung nach, kaum durchwurzelt,
                      subpolyedrisch
Gr   100cm +   lehmiger Ton, kräftig braun (7,5 YR 5/6), zieht
                      oberflächenparallel unter Bu und Bvu durch, Kohärentgefüge

Horizont-mächtigkeit	Horizont-bezeichn.	Bodenfarbe nach MUNSELL trocken	feucht	T	fU	mU	gU	Uges.	fS	mS	gS	Sges.	Boden-art
0-50	Bvu	7,5 YR 6/6	7,5 YR 5/8	55,1	10,7	9,8	11,3	31,8	7,9	3,9	1,3	13,1	Tu2
100 + (cm)	Gr	7,5 YR 7/4	7,5 YR 5/6	55,9	11,4	8,6	6,7	26,7	5,6	9,4	2,4	17,4	Tl
0-30	Bvuh	7,5 YR 5/6	7,5 YR 4/4	53,9	15,1	7,8	8,2	31,1	8,7	5,2	1,1	15,0	Tu2
-80	Bu	10 R 5/6	10 R 4/4	44,0	6,0	8,2	12,6	26,8	14,3	12,8	2,1	29,2	Lts
100 + (cm)	Gr	7,5 YR 7/4	7,5 YR 5/6	55,9	11,4	8,6	6,7	26,7	5,6	9,4	2,4	17,4	Tl

Horizont-bezeichn.	pH-Wert	Fe_o	Fe_d	AG	C	org. Sub.	N	C/N
Bvu	5,17	0,04	3,73	0,011				
Gr	5,47	0,02	1,83	0,011				
Bvuh	4,97	0,06	6,39	0,009	1,56	2,69	0,10	16
Bu	6,55	0,03	11,68	0,002	0,29	0,51	0,01	29
Gr	5,31	0,02	1,99	0,010				

Bodenprofil 5: Gleyic Cambisol über Plinthic Gleysol (Gp-Bg)   (3-84 D)
              Hanggley-Braunerde
Lage: Chapada de Contagem (15°40´15"S/47°51´11"W)(SD.23-Y-C-IV-1-SE),
      1.200m ü.M., mäßig schwach geneigt (N2.2; HOX), südexponiert
Klima: N: ca. 1.400mm, T: ca. 21°C
Vegetation und Nutzung: Campo Limpo (Sg)(Veredaähnlich)
Standortkundliche Feuchtestufe: SF 12
Ausgangsgestein: Decklage über proterozoischem Quarzit, Grupo Paranoá

Horizont	Tiefe	Beschreibung
Ah	0- 40cm	lehmiger Sand, schwach subpolyedrisch, dunkel grau-braun (10 YR 4/2), stark durchwurzelt
BvGo	- 80cm	schwach toniger Sand, schwach subpolyedrisch, gelblich braun (10 YR 5/4), Bleichung an den Wurzelgängen, durchwurzelt
Go	-120cm	stark lehmiger Sand, schwach subpolyedrisch, sehr blass braun, gebleicht (10 YR 6/2)
Gr	-160cm	stark lehmiger Sand, schwach subpolyedrisch, hell braun mit starker roter Marmorierung (5 YR 6/4)
IIGmso	160cm +	gebankte Eisenanreicherung, rot (2,5 YR 4/8)

Horizontmächtigkeit	Horizontbezeichn.	Bodenfarbe nach MUNSELL trocken	feucht	T	fU	mU	gU	Uges.	fS	mS	gS	Sges.	Bodenart
0-25	Ah	10 YR 6/2	10 YR 4/2	8,9	0,2	1,9	5,0	7,1	37,1	46,0	0,9	84,0	Sl
- 80	BvGo	10 YR 7/4	10 YR 5/4	13,8	2,4	0,4	5,8	8,6	36,6	40,1	0,9	77,6	St2
-120	Go	-	10 YR 6/2	-	-	-	-	-	-	-	-	-	Sl2
-160	Gr	5 YR 7/4	5 YR 6/4	15,0	3,2	3,3	6,6	13,1	48,6	22,4	0,7	71,9	Sl2
160 + (cm)	Gmso												

Hor.-bez.	pH-Wert	Fe_o	Fe_d	AG	AK_p	S-Wert	V-Wert	Na^+	K^+	Mg^{2+}	Ca^{2+}	C	org. Sub.
Ah	4,39	0,02	0,15		4,00	0	0	0	0	0	0	1,01	1,74
BvGo	4,82	0	0,21		2,18	0	0	0	0	0	0		
Go	-	-	-		-	-	-	-	-	-	-		
Gr	5,61	0	0,56		0	0	0	0	0	0	0		

Bodenprofil 6: Acrisol über Phlinthic Ferralsol (Fp-A)   (4-84 D)
            Plinthitlatosol-Parabraunerde
Lage: Pediplano de Brasília (15°41´30"S/47°53´23"W)(SD.23-Y-C-IV-1-SO),
    1.110m ü.M., fast nicht geneigt (NO.2; E), südsüdwestexponiert
Klima: N: ca. 1.400mm, T: ca. 21°C
Vegetation und Nutzung: Campo Cerrado (Sp)
Standortkundliche Feuchtestufe: SF 11
Ausgangsgestein: Decklagen über proterozoischem Phyllit, Grupo Paranoá

Horizont	Tiefe	Beschreibung
Ah	0- 25cm	sandig toniger Lehm mit vereinzelten Pisolithen, dunkelrötlich-braun (5 YR 3/3), sehr stark durchwurzelt, Ameisen- und Termitenröhren
AlBuk	- 60cm	feine Pisolithe (ca. 10mmø) mit sandig tonigem Lehm, gelblich rot (5 YR 4/6), stark durchwurzelt
IIBtBuk	-120cm	grobe Pisolithe (ca. 30mmø) mit wenig sandig tonigem Lehm, rot (2,5 YR 4/6), durchwurzelt
IIIBuk	-190cm	eisenverbackener sandig toniger Lehm, dunkelrot (2,5 YR 3/6), bankig
IIIBk	-200cm	Steinlage aus kantengerundeten eisenverbackenen Quarzen (<100mmø)
IVBuk	-270cm	eisenverbackener sandig toniger Lehm, dunkelrot (2,5 YR 3/6)
IVCv	270cm +	sandig toniger Lehm, Phyllitzersatz

Horizont-mächtigkeit	Horizont-bezeichn.	Bodenfarbe nach MUNSELL		T	fU	mU	gU	Uges.	fS	mS	gS	Sges.	Boden-art
		trocken	feucht										
0-40	Ah	7,5 YR 5/4	5 YR 3/3	26,6	7,4	6,2	9,4	23,0	35,3	11,1	4,0	50,4	Lts
-60	AlBuk	5 YR 5/8	5 YR 4/6	27,4	7,6	7,9	10,8	26,3	34,5	5,7	6,1	46,3	Lts
-120	IIBtBuk	5 YR 5/6	2,5 YR 4/6	27,3	8,6	9,2	17,1	34,9	29,9	4,1	3,8	37,8	Lts
-190 (cm)	IIIBuk	2,5 YR 4/6	2,5 YR 3/6	28,0	7,9	8,5	14,8	31,2	27,8	7,0	6,0	40,8	Lts

Hor.-bez.	pH-Wert	Fe_o	Fe_d	AG	AK_p	S-Wert	V-Wert	Na^+	K^+	Mg^{2+}	Ca^{2+}	C	org. Sub.
Ah	4,24	0,09	3,99	0,023	9,44	0,12	1,27	0,05	0,01	0	0,12	2,00	3,45
AlBuk	4,35	0,07	4,60	0,015	5,46	0,15	2,75	0,12	0,04	0	0,09		
IIBtBuk	4,94	0,03	5,72	0,005	4,72	0,07	1,47	0	0,08	0	0		
IIIBuk	5,61	0,03	6,64	0,004	2,18	0,17	7,80	0,05	0,01	0	0,12		

Bodenprofil 7: Gleyic Acrisol (Ag) (5-84 D)
　　　　　　　　Parabraunerde-Pseudogley
Lage: Chapada de Contagem (15°40´30"S/47°52´05"W)(SD.23-Y-C-IV-1-SE),
　　　1.200m ü.M., mäßig schwach geneigt (N2.2; KK), nordostexponiert
Klima: N: ca. 1.400mm, T: ca. 21°C
Vegetation und Nutzung: Campo Sujo (Spg)
Standortkundliche Feuchtestufe: SF 34
Ausgangsgestein: Auensediment

Ah   0-10cm   schwach schluffiger Ton, schwach polyedrisch, schwarzbraun
                     (7,5 YR 2,5/0), humos, durchwurzelt
AlSw   -30cm   schwach schluffiger Ton, schwach polyedrisch, braun-
                     dunkelbraun (10 YR 4/3), marmoriert
BtSd   100cm +   lehmiger Ton bis Ton, polyedrisch, dunkel gelblich-braun (10
                     YR 4/4)

Horizont-mächtigkeit	Horizont-bezeichn.	Bodenfarbe nach MUNSELL trocken	feucht	T	fU	mU	gU	Uges.	fS	mS	gS	Sges.	Boden-art
0-10	Ah	-	7,5 YR 2,5/0	-	-	-	-	-	-	-	-	-	Tu3
-30	AlSw	10 YR 6/3	10 YR 4/3	57,5	7,2	16,0	5,7	28,9	8,6	3,6	1,4	13,6	Tu3
100 + (cm)	BtSd	10 YR 6/6	10 YR 4/4	65,1	10,8	4,9	2,8	18,5	8,1	7,0	1,3	16,4	Tl-T

Hor.-bez.	pH-Wert	Fe_o	Fe_d	AG	AK_p	S-Wert	V-Wert	\multicolumn{4}{c}{Austauschbare Kationen}
								Na^+	K^+	Mg^{2+}	Ca^{2+}
AlSw	4,68	0,04	4,25	0,009	13,08	0,02	0,15	0,01	0,01	0	0
BtSd	4,89	0,01	3,98	0,002	9,83	0,01	0,10	0	0,01	0	0

Bodenprofil 8: Gleyic Acrisol (Ag) (6-84 D)
　　　　　　　　Parabraunerde-Pseudogley mit vergleytem Unterboden
Lage: Chapada de Contagem (15°40´30"S/47°52´05"W)(SD.23-Y-C-IV-1-SE),
　　　1.200m ü.M., sehr schwach geneigt (N1; TE), nordostexponiert
Klima: N: ca. 1.400mm, T: ca. 21°C
Vegetation und Nutzung: Campo Limpo (Sg)
Standortkundliche Feuchtestufe: SF 55
Ausgangsgestein: Auensediment

Ah   0-20cm   schwach sandiger Ton, schwach polyedrisch, schwarzbraun (7,5
                     YR 2,5/0), humos, durchwurzelt
AlSw   -40cm   schwach sandiger Ton, schwach polyedrisch, braun (10 YR
                     5/3) marmoriert
BtSdG   100cm +   lehmiger Ton, polyedrisch, gelblich braun (10 YR 5/8)

Horizont-mächtigkeit	Horizont-bezeichn.	Bodenfarbe nach MUNSELL trocken	feucht	T	fU	mU	gU	Uges.	fS	mS	gS	Sges.	Boden-art
0-20	Ah	-	7,5 YR 2,5/0	-	-	-	-	-	-	-	-	-	Ts2
-40	AlSw	10 YR 6/4	10 YR 5/3	58,7	7,1	3,6	5,0	15,7	10,7	13,9	1,0	25,6	Ts2
100 + (cm)	BtSdG	10 YR 7/6	10 YR 5/8	61,0	9,0	9,1	3,1	21,2	9,3	7,1	1,4	17,8	Tl

Hor.-bez.	pH-Wert	Fe_o	Fe_d	AG	AK_p	S-Wert	V-Wert	Na^+	K^+	Mg^{2+}	Ca^{2+}
AlSw	4,87	0,02	1,44	0,014	6,18	0,03	0,42	0	0,03	0	0
BtSdG	5,75	0,02	2,78	0,007	5,45	0,04	0,73	0,01	0,04	0	0

Bodenprofil 9: Acrisol über Rhodic Ferralsol (Fr-A)   (BP J 3)
　　　　　　　Rotlatosol-Parabraunerde
Lage: NE Jaraguá (R 680/H 8260)(SD.22-Z-D-IV), 630m ü.M.,
　　　nicht geneigt (NO.1; E)
Klima: N: ca. 1.600mm, T: ca. $21^{\circ}C$
Vegetation und Nutzung: Cerrado (Sa)
Standortkundliche Feuchtestufe: SF 05
Ausgangsgestein: proterozoische Schiefer (?), Grupo Araxá

Horizont	Tiefe	Beschreibung
Ah1	0- 10cm	schwach toniger Lehm, schwach subpolyedrisch, dunkel rotbraun (5 YR 3/3), sehr stark durchwurzelt, Termiten- und Ameisengänge
But	- 60cm	stark sandiger Ton, subpolyedrisch, rötlich braun (2,5 YR 4/4), stark durchwurzelt, Termiten- und Ameisenröhren
Bu1	-160cm	mittel sandiger Ton, rot (2,5 YR 4/8), Kohärentgefüge, schwach durchwurzelt
Bu2	200cm +	sandig toniger Lehm, rot (2,5 YR 4/6), Kohärentgefüge, sehr dicht gelagert, vereinzelte Quarzkörnchen und Pisolithe

Horizontmächtigkeit	Horizontbezeichn.	Bodenfarbe nach MUNSELL trocken	feucht	T	fU	mU	gU	Uges.	fS	mS	gS	Sges.	Bodenart
0-10	Ah1	5 YR 4/6	5 YR 3/3	26,9	3,9	6,7	27,2	37,8	13,7	19,7	1,9	35,3	Lt2
- 60	But	2,5 YR 5/6	2,5 YR 4/4	33,4	6,1	5,0	6,9	18,0	32,5	14,5	1,6	48,6	Ts4
-160	Bu1	2,5 YR 4/8	2,5 YR 3/6	37,6	4,5	6,0	4,5	15,0	32,0	12,7	2,7	47,4	Ts3
200+ (cm)	Bu2	2,5 YR 5/8	2,5 YR 4/6	35,6	5,1	5,1	9,5	19,7	30,5	11,0	3,2	44,7	Lts

Hor.-bez.	pH-Wert	Fe_o	Fe_d	AG	AK_e	AK_p	Ak_p-Ak_p	S-Wert	V-Wert	Al^{3+}	H^+	Na^+	K^+	Mg^{2+}	Ca^{2+}	org. C	Sub.	N	C/N
Ah1	4,22	0,07	3,02	0,023	1,30	8,91	0,85	0,89	9,99	0,31	0,10	0,02	0,02	0,10	0,75	1,12	1,93	0,08	14
But	4,52	0,04	3,58	0,011	1,02	7,70	0,87	0,64	8,31	0,30	0,08	0,01	0,02	0,11	0,50				
Bu1	4,91	0,05	3,57	0,014															
Bu2	5,10	0,04	3,65	0,011															

Tonmineralintensität

	Qua.	K-F.	Alb.	Goe.	Häm.	Mag.	Ill.	Kao.	Chl.	Ver.	m.L.	Gib.	Jar.	Ana.
Ah1	52	-	±	2	3	+	2	5	-	-	-	19	-	±
But	56	±	±	3	4	+	2	6	±	±	+	19	2	±
Bu1	82	±	+	3	4	+	2	5	1/2	-	19	±	±	
Bu2	35	±	+	2	2	4	+	2	5	1/2	-	19	-	±

Bodenprofil 10: Cambisol über Rhodic Ferralsol (Fr-B)   (BP J 1)
             Rotlatosol-Braunerde
Lage: SW Jaraguá (R 676/H 8256)(SD.22-Z-D-IV), 630m ü.M.,
    nicht geneigt (NO.1; TV)
Klima: N: ca. 1.600mm, T: ca. 21°C
Vegetation und Nutzung: jahreszeitlich laubabwerfender Wald (C)
Standortkundliche Feuchtestufe: SF 03
Ausgangsgestein: Quarzit (?)

Horizont	Tiefe	Beschreibung
AhBv	0-40cm	mittel lehmiger Sand, dunkel gelblich braun (10 YR 4/4), humos, Kohärentgefüge, stark durchwurzelt
Bu	150cm +	schwach lehmiger Sand, Einzelkorngefüge, rötlich gelb (7,5 YR 5/6), stark durchwurzelt

Horizont-mächtigkeit	Horizont-bezeichn.	Bodenfarbe nach MUNSELL trocken	feucht	T	fU	mU	gU	Uges.	fS	mS	gS	Sges.	Boden-art
0-40	AhBv	10 YR 6/4	10 YR 4/4	10,1	1,5	3,4	2,3	7,2	32,0	47,3	3,4	82,7	Sl3
150 + (cm)	Bu	7,5 YR 7/6	7,5 YR 5/6	12,5	2,3	1,1	8,5	11,9	34,6	38,3	2,7	75,6	St2

Hor.-bez.	pH-Wert	Fe_o	Fe_d	AG	AK_e	AK_p	$\frac{Ak_p-Ak_p}{e}$	S-Wert	V-Wert	\multicolumn{6}{c}{Austauschbare Kationen}	org. C	Sub.	N	C/N
										Al^{3+}	H^+	Na^+	K^+	Mg^{2+}	Ca^{2+}				
AhBv	4,30	0,05	0,45	0,111	1,13	8,15	0,86	0,79	9,69	0,32	0,02	0,02	0,05	0,12	0,60	0,41	0,70	0,03	14
Bu	4,26	0,04	0,45	0,089	0,79	6,46	0,88	0,64	9,91	0,10	0,05	0,01	0,02	0,13	0,48				

Bodenprofil 11: Cambisol über Rhodic Ferralsol (Fr-B) (BP J 4)
Rotlatosol-Braunerde
Lage: Einfahrt Fazenda Moinho (R 682/H 8266)(SD.22-Z-D-IV), 670m ü.M.,
   sehr schwach geneigt (N1; KR), südexponiert
Klima: N: ca. 1.600mm, T: ca. 21°C
Vegetation und Nutzung: Cerrado (Sa)
Standortkundliche Feuchtestufe: SF 04
Ausgangsgestein: proterozoische Schiefer, Grupo Araxá

Ah(1)	0- 40cm	mittel sandiger Lehm, kräftig braun (7,5 YR 4/6), stark durchwurzelt, Termiten- und Ameisengänge, kleine eckige Quarze (<5mmø), schwach subpolyedrisch
Bvu(t)	- 60cm	stark sandiger Lehm, gelblich rot (5 YR 5/8), stark durchwurzelt, Termiten- und Ameisengänge, zahlreiche kleine, eckige Quarzkörnchen (<5mmø), subpolyedrisch
--	-100cm	Steinlage, 80% Quarzit, gerundet, 20% Quarz, kantengerundet
IIBu	-120cm	mittel sandiger Lehm, gelblich rot (5 YR 4/6), schwach durchwurzelt, zahlreiche kantige Quarze (<50mmø)
IICv	120cm +	mittel schluffiger Sand, quarzitischer Schieferzersatz

Horizont-mächtigkeit	Horizont-bezeichn.	Bodenfarbe nach MUNSELL		T	fU	mU	gU	Uges.	fS	mS	gS	Sges.	Boden-art
		trocken	feucht										
0-40	Ah(1)	10 YR 5/8	7,5 YR 4/6	20,7	8,1	8,3	14,2	30,5	40,1	3,6	5,1	48,8	Ls3
-60	Bvu(t)	7,5 YR 6/6	5 YR 5/8	24,0	8,0	7,2	17,1	32,2	37,5	3,8	2,4	43,7	Ls4
-100	ooooooooooooo												
-120	IIBu	7,5 YR 5/6	5 YR 4/6	22,3	8,6	8,5	14,9	32,0	39,2	3,7	2,8	45,7	Ls3
+ (cm)	IICv	5 YR 6/3	5 YR 5/3	0,4	4,1	11,1	18,5	33,7	34,5	15,9	15,5	65,9	Su3

Horizont-bezeichn.	pH-Wert	Fe_o	Fe_d	AG	org. C	Sub.	N	C/N
Ah(1)	4,19	0,04	3,67	0,011	0,57	0,98	0,05	11
Bvu(t)	4,37	0,03	3,67	0,008				
ooooo								
IIBu	4,29	0,04	3,68	0,011				
IICv	4,43	0,02	2,96	0,007				

Tonmineralintensität

	Qua.	K-F.	Alb.	Goe.	Mag.	Ill.	Kao.	Chl.	m.L.	Gib.	Ana.	Ilm.
Ah(1)	62	3	±	5	+	14	4	-	1	5	±	±
Bvu(t)	69	±	-	5	+	27	7	-	1/2	8	-	±
oooooo												
IIBu	53	-	±	4	+	34	7	-	1/2	43	-	7
IICv	55	±	±	4	((+))	124	20	±	-	-	-	-

Bodenprofil 12: Acrisol über Rhodic Ferralsol (Fr-A)　　　　　　(BP J 8)
　　　　　　　　Rotlatosol-Parabraunerde
Lage: N Fazenda Moinho (R 682/H 8266)(SD.22-Z-D-IV),
　　　720m ü.M., sehr schwach geneigt (N1; KR), südexponiert
Klima: N: ca. 1.600mm, T: ca. 21°C
Vegetation und Nutzung: Cerrado (Sa)
Standortkundliche Feuchtestufe: SF 03
Ausgangsgestein: proterozoische Schiefer, Grupo Araxá

Horizont	Tiefe	Beschreibung
Ah1	0- 40cm	sandig toniger Lehm, sehr viele kleine Steinchen (Quarz und Quarzit)(<20mmø), gelblich rot (5 YR 5/6), sehr stark durchwurzelt, subpolyedrisch, Termiten- und Ameisenröhren
But	- 80cm	mittel schluffiger Ton, sehr viele kleine Steinchen (Quarz und Quarzit)(<20mmø), gelblich rot (5 YR 4/6), stark durchwurzelt, polyedrisch, Termiten- und Ameisenröhren
--	-100cm	Steinlage aus kantigen Quarzen (<100mmø)
IIBuk	-150cm	bankige Eisenkruste, rötlich braun (5 YR 5/4), sehr kompakt
IICv	150cm +	schluffiger Lehm, kräftig braun (7,5 YR 5/6), Schieferzersatz, Kohärentgefüge

Horizont-mächtigkeit	Horizont-bezeichn.	Bodenfarbe nach MUNSELL		T	fU	mU	gU	Uges.	fS	mS	gS	Sges.	Boden-art
		trocken	feucht										
0-40	Ah1	7,5 YR 6/6	5 YR 5/6	32,3	10,2	5,6	11,6	27,4	27,9	8,1	4,3	40,3	Lts
-80	But	7,5 YR 5/8	5 YR 4/6	39,4	11,8	12,6	19,7	44,1	0,9	8,9	6,7	16,5	Tu3

Hor.-bez.	pH-Wert	Fe_o	Fe_d	AG	AK_e	AK_p	$\frac{Ak_p - Ak_e}{Ak_p}$	S-Wert	V-Wert	Al^{3+}	H^+	Na^+	K^+	Mg^{2+}	Ca^{2+}	org. C	Sub.	N	C/N
Ah1	4,61	0,03	3,17	0,009	0,58	8,40	0,93	0,30	3,57	0,21	0,07	0,01	0,03	0,11	0,15	0,45	0,77	0,04	11
But	4,67	0,03	3,27	0,009	0,78	5,95	0,87	0,53	8,91	0,23	0,02	0,01	0,01	0,14	0,37				

Bodenprofil 13: Acrisol über Plinthic Ferralsol (Fp-A)   (FJ 9)
                Plinthitlatosol-Parabraunerde
Lage: N Fazenda Moinho (R 684/H 8272)(SD.22-Z-D-IV),
      840m ü.M., sehr schwach geneigt (N1; HOG), südexponiert
Klima: N: ca. 1.600mm, T: ca. 21°C
Vegetation und Nutzung: Cerrado (Sa)
Standortkundliche Feuchtestufe: SF 04
Ausgangsgestein: proterozoischer Quarzit, Grupo Araxá

Ah1	0-40cm	sandig toniger Lehm, einige Steinchen, rötlich gelb (7,5 YR 6/6), stark durchwurzelt, Termiten- und Ameisenröhren, subpolyedrisch
But	-120cm	sandig toniger Lehm, mittel steinig (Quarze)(< 10mmø), rot (2,5 YR 4/8), stark durchwurzelt, polyedrisch
Bk	-135cm	Steinlage aus eisenverbackenen Schiefer- und Quarzitbruchstücken, dunkelrot (2,5 YR 3/6)
IIBu	-200cm	mittel sandiger Ton, rot (2,5 YR 4/6)
IIBk	-220cm	Steinlage aus eisenverbackenen Schiefer- und Quarzitbruchstücken, dunkelrot (10 YR 3/6)
IIICv	220cm +	Sand, Quarzitzersatz, kräftig braun (7,5 YR 4/6)

Horizont-mächtigkeit	Horizont-bezeichn.	Bodenfarbe nach MUNSELL trocken	feucht	T	fU	mU	gU	Uges.	fS	mS	gS	Sges.	Boden-art
0-40	Ah1	7,5 YR 6/6	5 YR 5/6	26,3	8,8	8,8	4,8	22,4	24,9	23,5	2,9	51,3	Lts
-120	But	5 YR 6/8	2,5 YR 4/8	36,4	9,2	6,3	3,6	19,1	26,1	17,0	1,4	44,5	Lts
-135	ooo Bk ooo	-	2,5 YR 3/6										
-200	IIBu	5 YR 5/8	2,5 YR 4/6	37,7	8,1	2,6	4,1	14,8	29,0	16,1	2,4	47,5	Ts3
-220	oooIIBk ooo	-	10 R 3/6										
+ (cm)	IIICv	-	7,5 YR 4/6	-	-	-	-	-	-	-	-	-	S

Horizont-bezeichn.	pH-Wert	Fe_o	Fe_d	AG	C	org. Sub.	N	C/N
Ah1	4,23	0,05	2,47	0,020	0,54	0,93	0,04	14
But	4,48	0,03	2,37	0,013				
Bk								
IIBu	4,72	0,04	2,92	0,014				

Bodenprofil 14: Rhodic Ferralsol (Fr) (BP G 1)
             Rotlatosol
Lage: N Campus UFG, Goiânia (R 686/H 8166)(SE.22-X-B-IV), 760m ü.M.,
        sehr schwach geneigt (N1; HOG), südexponiert
Klima: N: ca. 1.600mm, T: ca. 22°C
Vegetation und Nutzung: (halbimmergrüne Wälder (F)), Weide
Standortkundliche Feuchtestufe: SF 05
Ausgangsgestein: archaische Gneise, Complexo Granito-Gnáisico

Horizont	Tiefe	Beschreibung
Ah	0-40cm	toniger Lehm, mit Quarzkörnchen (<2mmØ), gelblich rot (5 YR 4/6), stark durchwurzelt, zahlreiche Termiten- und Ameisenröhren, subpolyedrisch
IIBu	-150cm	lehmiger Ton, mit Quarzkörnchen (<2mmØ), dunkel rötlich braun (2,5 YR 3/4), stark durchwurzelt, Termiten- und Ameisenröhren, polyedrisch
--	-160cm	Steinlage aus kantengerundeten Quarzen
IIIBu	-220cm	toniger Lehm, dunkelrot (2,5 YR 3/6), polyedrisch
IIICv	340cm +	sandiger Ton, rötlich braun (2,5 YR 4/4), zersetzter Gneis

Horizont-mächtigkeit	Horizont-bezeichn.	Bodenfarbe nach MUNSELL trocken	feucht	T	fU	mU	gU	Uges.	fS	mS	gS	Sges.	Boden-art
0-40	Ah	5 YR 5/8	5 YR 4/6	41,0	13,2	10,5	9,8	33,5	10,8	8,8	5,7	25,5	Lt3
-150	IIBu	2,5 YR 4/8	2,5 YR 3/4	45,4	9,7	9,7	9,5	28,9	11,0	8,1	6,6	25,7	Tl
-160	ooooooooooo												
-220	IIIBu	2,5 YR 4/6	2,5 YR 3/6	37,1	13,1	14,2	5,5	32,8	8,4	9,5	12,2	30,1	Lt3
+ (cm)	IIICv	2,5 YR 6/8	2,5 YR 4/4	17,2	13,8	17,2	10,6	41,6	13,1	16,9	11,2	41,2	Ls2

Hor.-bez.	pH-Wert	Fe_o	Fe_d	AG	AK_e	AK_p	Ak_p-Ak_p S- Wert	V-Wert	Al^{3+}	H^+	Na^+	K^+	Mg^{2+}	Ca^{2+}	org. C	Sub.	N	C/N
Ah	5,77	0,04	6,08	0,006	1,45	7,49	0,81	1,15	15,35	0,25	0,05	0,00	0,08	0,09	0,98	0,52	0,90	0,04	13
IIBu	5,66	0,04	3,91	0,010	0,73	8,45	0,91	0,07	0,83	0,61	0,05	0,00	0,01	0,00	0,06				
ooooooo																			
IIIBu	5,22	0,04	5,70	0,007	1,45	4,75	0,69	0,63	13,26	0,72	0,10	0,00	0,04	0,08	0,51				
IIICv	4,42	0,03	4,35	0,007	2,18	4,19	0,48	0,08	1,91	1,95	0,15	0,00	0,06	0,00	0,02				

	Fe_2O_3	SiO_2	Al_2O_3	SiO_2/Al_2O_3	Tonmineralintensität Qua.	Goe.	Häm.	Mag.	Ill.	Kao.	Gib.	Hal.	Ana.	Ilm.
Ah		54,13	21,08	2,57	31	6	3	+	2	14	20	-	-	-
IIBu	13,0	47,05	21,21	2,22	29	5	2	+	3	15	17	±	-	-
ooooooo															
IIIBu	12,5	49,58	18,78	2,64	33	5	2	+	10	36	14	-	-	-
IIICv	13,1	53,98	18,66	2,89	28	6	2	+	12	45	4	-	±	1

	Schwermineralogische Zusammensetzung in % And	Aug	Cas	Dis	Epi	Gra	Ber	Kor	Rut	Sil	Sta	Top	Tur	Zir	opak %	Gew. % SM im fS
Ah	-	1	9	3	+	1	1	1	29	1	-	50	7	1	62	8,29
IIBu	-	-	5	2	-	-	2	-	30	+	-	58	+	3	69	5,39
oooooooooooooooooo																
IIIBu	-	-	5	4	2	-	1	-	44	-	-	35	+	9	68	7,44
IIICv	-	-	3	-	2	-	1	-	30	-	-	61	-	3	68	8,28

Bodenprofil 15: Acrisol über Rhodic Ferralsol (Fr-A)   (BP G 2a)
              Rotlatosol-Parabraunerde
Lage: N Goiânia (R 686/H 8160)(SE.22-X-B-IV), 730m Ü.M.,
      sehr schwach geneigt (N1; HOG), südexponiert
Klima: N: ca. 1.600mm, T: ca. 21°C
Vegetation und Nutzung: Cerrado (Sa)
Standortkundliche Feuchtestufe: SF 04
Ausgangsgestein: archaische Gneise (?), Complexo Granito-Gnáisico

Horizont	Tiefe	Beschreibung
Ah1	0-15cm	stark sandiger Lehm, rötlich braun (5 YR 3/3), subpolyedrisch, sehr stark durchwurzelt
But	-70cm	stark sandiger Ton, gelblich rot (5 YR 4/6), polyedrisch, stark durchwurzelt
Bu	250cm +	sandiger Ton, rot (2,5 YR 4/6), durchwurzelt

Horizont-mächtigkeit	Horizont-bezeichn.	Bodenfarbe nach MUNSELL trocken	feucht	T	fU	mU	gU	Uges.	fS	mS	gS	Sges.	Bodenart
0-15	Ah1	7,5 YR 5/4	5 YR 3/3	22,1	6,0	5,1	6,8	17,9	30,0	23,3	6,7	60,0	Ls4
-70	But	5 YR 5/6	5 YR 4/6	33,2	3,8	3,6	8,5	15,9	26,2	17,6	7,1	50,9	Ts4
250 + (cm)	Bu	5 YR 5/8	2,5 YR 4/6	38,5	2,7	1,3	7,9	11,9	26,2	17,7	5,7	49,6	Ts3

Hor.-bez.	pH-Wert	Fe_o	Fe_d	AG	AK_p	S-Wert	V-Wert	Na^+	K^+	Mg^{2+}	Ca^{2+}	org. C	Sub.	N	C/N
Ah1	4,12	0,07	2,58	0,027	10,68	0,85	7,95	0,00	0,01	0,08	0,76	1,17	2,01	0,05	23
But	4,43	0,03	2,65	0,011	6,18	0,39	6,31	0,00	0,01	0,00	0,38				
Bu	4,94	0,03	2,89	0,010											

Bodenprofil 16: Cambisol über Rhodic Ferralsol (Fr-B)   (R V 6-27)
            Rotlatosol-Braunerde
Lage: NE Rio Verde (R 515/H 8045)(SE.22-X-C), 700m ü.M.,
      nicht geneigt (NO.1; E)
Klima: N: ca. 1.700mm, T: ca. 21°C
Vegetation und Nutzung: (halbimmergrüne Wälder(F)), Maisanbau
Standortkundliche Feuchtestufe: SF 05
Ausgangsgestein: jurasisch-kretazische Basalte, Formação Serra Geral

Ah(1)   0- 50cm   toniger Lehm, brökelig, dunkel rötlich braun (2,5 YR
                      2,5/2), stark durchwurzelt, zahlreiche Termiten- und
                      Ameisenröhren
IIBu(t)   -150cm   lehmiger Ton, polyedrisch, dunkelrot (10R 3/4),
                      durchwurzelt, Termiten- und Ameisenröhren, schwach humos
IIBu   300cm +   lehmiger Ton, rot (10 R 4/6), Kohärentgefüge, sehr dicht und
                      fest gelagert (kaum mit dem Spaten grabbar)

Horizont-mächtigkeit	Horizont-bezeichn.	Bodenfarbe nach MUNSELL		T	fU	mU	gU	Uges.	fS	mS	gS	Sges.	Boden-art
		trocken	feucht										
0-50	Ah(1)	2,5 YR 3/4	2,5 YR 2,5/2	42,7	13,4	10,4	10,6	34,4	8,8	13,7	0,4	22,9	Lt3
-150	IIBu(t)	2,5 YR 3/6	10 R 3/4	50,1	8,6	7,8	13,6	30,0	8,7	10,7	0,5	19,9	Tl
300 + (cm)	IIBu	2,5 YR 4/6	10 R 4/6	49,7	11,0	8,8	16,2	36,0	3,9	9,7	0,7	14,3	Tl

Hor.-bez.	pH-Wert	Fe_o	Fe_d	AG	AK_e	AK_p	$\frac{Ak_p-Ak_p}{e}$	S-Wert	V-Wert	\multicolumn{7}{c}{Austauschbare Kationen}	org. Sub.	N	C/N
										Al^{3+}	H^+	Na^+	K^+	Mg^{2+}	Ca^{2+}	C		
Ah(1)	4,79	0,11	13,21	0,001	1,02	12,99	0,92	0,64	62,8	0,29	0,09	0,00	0,58	0,00	0,06	1,29	2,22	0,06	21
IIBu(t)	6,39	0,12	11,66	0,010	2,10	7,95	0,74	0,94	44,7	1,14	0,02	0,00	0,64	0,07	0,23				
IIBu	6,69	0,11	13,88	0,008	0,99	8,26	0,88	0,61	61,6	0,36	0,02	0,00	0,58	0,00	0,03				

	Fe_2O_3	SiO_2	Al_2O_3	SiO_2/Al_2O_3	\multicolumn{9}{c}{Tonmineralintensität}
					Qua.	Goe.	Häm.	Mag.	Kao.	Chl.	Gib.	Ana.	
Ah(1)	23,85	20,72	15,36	1,35	6	±	10	+++*	±	±	18	8	
IIBu(t)	27,62	20,82	17,26	1,21	4	2	8	+++*	1	-	20	8	
IIBu	27,12	18,95	18,47	1,02	7	2	9	+++	1/2	-	19	7	

*ein Teil des Magnetits ist in Hämatit eingeschlossen bzw. enthalten

	\multicolumn{13}{c}{Schwermineralogische Zusammensetzung in %}	opak Gew. %	
	And	Aug	Cas	Dis	Epi	Gra	gHr	Kor	Rut	Sil	Sta	Top	Tur	Zir	%	SM im fS
Ah(1)	-	-	-	6	15	-	-	-	2	-	19	-	36	22	99	14,89*
IIBu(t)	-	8	-	-	4	-	-	-	-	-	-	-	40	48	99	8,00*
IIBu	-	2	-	-	2	-	-	-	-	-	10	-	55	31	98	6,77

*es wurden weniger als 100 durchsichtige Minerale gezählt

Bodenprofil 17: Rhodic Ferralsol (Fr)   (SBV 11)
            Rotlatosol
Lage: S-Rand der Serra da Boa Vista (R 535/H 8060)(SE.22-X-C),
      800m ü.M., kaum schwach geneigt (N2.1; HOX), südexponiert
Klima: N: ca. 1.700mm, T: ca. 21°C
Vegetation und Nutzung: Cerrado (Sa)
Standortkundliche Feuchtestufe: SF 04
Ausgangsgestein: Decklage über kretazischen Sandsteinen, Formação Marília

Buh	0-50cm	sandiger Ton, subpolyedrisch, rot (2,5 YR 5/6), sehr stark durchwurzelt, Ameisen- und Termitenröhren
Buk	-80cm	Steinlage aus eisenverbackenen Sandsteingeröllen, bis faustgroß, rot (2,5 YR 4/8)
IIBu	140cm +	sandiger Ton, prismatisch, rot (2,5 YR 4/6)

Horizont-mächtigkeit	Horizont-bezeichn.	Bodenfarbe nach MUNSELL trocken	feucht	T	fU	mU	gU	Uges.	fS	mS	gS	Sges.	Boden-art
0-50	Buh	2,5 YR 5/6	2,5 YR 4/4	47,0	6,4	4,3	3,3	14,0	18,4	20,0	0,6	39,0	Ts3
-80	ooo Buk ooo	2,5 YR 4/8	2,5 YR 3/4	23,3	2,9	3,7	5,6	12,2	27,5	30,3	6,7	64,5	St3
140 + (cm)	IIBu	2,5 YR 4/6	2,5 YR 3/8	46,9	6,0	5,1	0,7	11,8	18,9	21,5	0,9	41,3	Ts3

Horizont-bezeichn.	pH-Wert	Fe_o	Fe_d	AG	org. C	Sub.	N	C/N	Fe_2O_3	SiO_2	Al_2O_3	SiO_2/Al_2O_3
Buh	4,32	0,04	5,24	0,008	0,59	1,02	0,04	15	7,9	57,43	18,56	3,09
Buk	5,14	0,03	5,89	0,005					11,0	64,67	11,95	5,41
IIBu	4,59	0,04	5,91	0,007					9,0	56,96	17,92	3,17

Bodenprofil 18: Gleyic Cambisol (Bg)   (Serra Boa Vista km 21)
            Braunerde-Hanggley
Lage: S-Rand der Serra da Boa Vista (R 535/H 8060)(SE.22-X-C),
      760m ü.M., kaum schwach geneigt (N2.1; HOX), südexponiert
Klima: N: ca. 1.700mm, T: ca. 21°C
Vegetation und Nutzung: Cerradão (Sd)
Standortkundliche Feuchtestufe: SF 33
Ausgangsgestein: kretazische Sandsteine, Formação Marília

Bvh	0-50cm	toniger Sand, subpolyedrisch, gelblich braun (10 YR 5/6), sehr stark durchwurzelt
Gr	100cm +	toniger Sand, kohärent, hell gelblich braun (10 YR 6/6), sehr schwach durchwurzelt

Horizont-mächtigkeit	Horizont-bezeichn.	Bodenfarbe nach MUNSELL trocken	feucht	T	fU	mU	gU	Uges.	fS	mS	gS	Sges.	Boden-art
0-50	Bvh	10 YR 5/8	10 YR 5/6	18,8	2,3	2,5	6,0	11,0	22,8	41,9	5,5	70,2	St3
100 + (cm)	Gr	10 YR 6/4	10 YR 6/6	15,1	0,9	0,6	2,8	4,3	24,7	53,1	2,8	80,6	St3

Horizont-bezeichn.	pH-Wert	Fe_o	Fe_d	AG	org. C	Sub.	N	C/N
Bvh	4,46	0,03	6,57	0,005	0,10	0,18	0,01	10
Gr	4,19	0,02	0,49	0,041				

Bodenprofil 19: Rhodic Ferralsol (Fr) (SBV 10)
            Rotlatosol
Lage: S-Rand der Serra da Boa Vista (R 535/H 8060)(SE.22-X-C),
      780m ü.M., mäßig schwach geneigt (N2.2; HOX), südexponiert
Klima: N: ca. 1.700mm, T: ca. 21°C
Vegetation und Nutzung: Cerradão (Sd)
Standortkundliche Feuchtestufe: SF 04
Ausgangsgestein: Kolluvium über kretazischen Sandsteinen, Formação Marília

AhM   0-20cm   toniger Sand, subpolyedrisch, dunkel rötlich braun (5 YR
                   3/4), sehr stark durchwurzelt
Bu   220cm +   stark sandiger Ton, prismatisch, gelblich rot (5 YR 4/6),
                   durchwurzelt, vereinzelt Pisolithe (<5mmø)

Horizont-mächtigkeit	Horizont-bezeichn.	Bodenfarbe nach MUNSELL trocken	feucht	T	fU	mU	gU	Uges.	fS	mS	gS	Sges.	Boden-art
0-20	AhM	7,5 YR 4/6	5 YR 3/4	17,0	1,8	2,1	2,8	6,7	21,3	51,4	3,6	76,3	St3
220 + (cm)	Bu	7,5 YR 5/6	5 YR 4/6	25,1	3,0	1,5	4,7	9,2	20,2	40,9	4,6	65,7	Ts4

Horizont-bezeichn.	pH-Wert	Fe_o	Fe_d	AG	org. C	Sub.	N	C/N
AhM	4,77	0,04	2,23	0,018	0,44	0,76	0,04	11
Bu	4,20	0,03	3,15	0,009				

Bodenprofil 20: Rhodic Ferralsol (Fr) (BPV 1)
          Rotlatosol
Lage: Plutonitkuppe, E Serra da Boa Vista (R 540/H 8065)(SE.22-X-C),
      600m ü.M., kaum schwach geneigt (N2.1; HUV), westexponiert
Klima: N: ca. 1.700mm, T: ca. 21°C
Vegetation und Nutzung: Cerrado (Sa)
Standortkundliche Feuchtestufe: SF 03
Ausgangsgestein: kretazische Plutonite, Formação Iporá

Horizont	Tiefe	Beschreibung
Ah	0- 30cm	sandig toniger Lehm, subpolyedrisch, dunkelrot (2,5 YR 3/2), sehr stark durchwurzelt, zahlreiche Termiten- und Ameisenröhren
Bu	-105cm	sandig toniger Lehm, subpolyedrisch, stark durchwurzelt, dunkelrot (10 R 3/3)
Cv	120cm +	sandig toniger Lehm, kohärent, rötlich schwarz (10 R 2,5/1)

Horizont-mächtigkeit	Horizont-bezeichn.	Bodenfarbe nach MUNSELL trocken	feucht	T	fU	mU	gU	Uges.	fS	mS	gS	Sges.	Boden-art
0-30	Ah	2,5 YR 3/2	2,5 YR 2,5/4	41,9	6,4	5,3	7,6	19,3	16,2	20,9	1,7	38,8	Lts
-105	Bu	10 R 3/4	10 R 3/3	43,8	7,6	6,7	3,9	18,2	19,8	17,1	1,1	38,0	Lts
+ (cm)	Cv												

Hor.-bez.	pH-Wert	Fe_o	Fe_d	AG	AK_e	AK_p	$\frac{Ak_p - Ak_e}{Ak_p}$	S-Wert	V-Wert	Al^{3+}	H^+	Na^+	K^+	Mg^{2+}	Ca^{2+}	org. Sub. C	N	C/N
Ah	4,77	0,11	5,57	0,020	9,47	18,46	0,49	4,26	45,0	5,01	0,20	0,00	0,12	0,31	3,83	1,10	1,90	0,10	11
Bu	5,07	0,08	6,85	0,012	8,01	14,41	0,44	3,54	44,2	4,37	0,10	0,00	0,23	0,35	2,96				

Hor.-bez.	Fe_2O_3	SiO_2	Al_2O_3	SiO_2/Al_2O_3
Ah	14,30	48,34	11,37	3,38
Bu	14,78	51,04	12,60	3,45

Bodenprofil 21: Arenosol (Q) (Ja-Mt-11.7.)
          Regosol
Lage: E-Guiratinga (R 220/H 8193)(SE.22-V-A-I),
      600m ü.M., nicht geneigt (NO.1; E)
Klima: N: ca. 1.600mm, T: ca. 20°C
Vegetation und Nutzung: Campo Cerrado(Sp), Naturweide
Standortkundliche Feuchtestufe: SF 02
Ausgangsgestein: karbonisch-permische Sandsteine, Formação Aquidauana

Ah   0-40cm   schwach toniger Sand, Einzelkorngefüge, kräftig braun (7,5
                    YR 4/6), stark durchwurzelt
BvCv   300cm +   schwach toniger Sand, Einzelkorngefüge, hellbraun (7,5 YR
                    6/4), durchwurzelt

Horizont-mächtigkeit	Horizont-bezeichn.	Bodenfarbe nach MUNSELL trocken	feucht	T	fU	mU	gU	Uges.	fS	mS	gS	Sges.	Boden-art
0-40	Ah	7,5 YR 4/6	7,5 YR 4/4	9,4	0,4	1,5	3,2	5,1	51,4	32,8	1,3	85,5	St2
300 + (cm)	BvCv	7,5 YR 6/4	7,5 YR 4/4	11,3	0,3	1,7	4,1	6,1	55,6	26,4	0,6	82,6	St2

Hor.-bez.	pH-Wert	Fe_o	Fe_d	AG	AK_p	S-Wert	V-Wert	Austauschbare Kationen Na^+	K^+	Mg^{2+}	Ca^{2+}	org. C	Sub. N	C/N
Ah	4,00	0,03	0,21	0,142	4,71	0,57	12,1	0,02	0,03	0,22	0,30	0,67	1,15	0,06 10
BvCv	4,23	0,02	0,18	0,111	2,02	0,37	18,3	0,02	0,01	0,16	0,18			

Bodenprofil 22: Acrisol über Rhodic Ferralsol (Fr-A) (Gu-Mt-11.7.)
          Rotlatosol-Parabraunerde
Lage: E-Guiratinga (R 220/H 8192)(SE.22-V-A-I),
      600m ü.M., nicht geneigt (NO.1; E)
Klima: N: ca. 1.600mm, T: ca. 20°C
Vegetation und Nutzung: Cerrado (Sa), Naturweide
Standortkundliche Feuchtestufe: SF 02
Ausgangsgestein: karbonisch-permische Sandsteine, Formação Aquidauana

Ah1   0-40cm   schluffiger Sand, Einzelkorngefüge, kräftig braun (7,5 YR
                    5/8), stark durchwurzelt, Termiten- und Ameisenröhren
Bvt   -85cm   stark sandiger Lehm, subpolyedrisch, rötlich gelb (7,5 YR
                    6/8), stark durchwurzelt, Termiten- und Ameisenröhren
IIBu   300cm +   stark sandiger Lehm, polyedrisch, rot (2,5 YR 5/8)

Horizont-mächtigkeit	Horizont-bezeichn.	Bodenfarbe nach MUNSELL trocken	feucht	T	fU	mU	gU	Uges.	fS	mS	gS	Sges.	Boden-art
0-40	Ah1	7,5 YR 6/6	7,5 YR 5/8	17,2	7,8	9,2	11,0	28,0	43,9	9,7	1,2	54,8	Su3
-85	Bvt	7,5 YR 7/6	7,5 YR 6/8	21,5	8,6	7,5	10,4	26,5	42,1	8,2	1,7	52,0	Ls4
300 + (cm)	IIBu	5 YR 5/6	2,5 YR 5/8	19,6	5,4	5,2	10,8	21,4	46,8	9,9	2,3	59,0	Ls4

Hor.-bez.	pH-Wert	Fe_o	Fe_d	AG	AK_p	S-Wert	V-Wert	Austauschbare Kationen Na^+	K^+	Mg^{2+}	Ca^{2+}	org. C	Sub. N	C/N
Ah1	4,26	0,05	2,15	0,023	5,32	0,53	9,96	0,02	0,10	0,20	0,21	0,41	0,71	0,04 10
Bvt	4,51	0,03	2,58	0,012	3,45	0,36	10,43	0,00	0,04	0,23	0,09			
IIBu	4,86	0,02	2,31	0,009	3,74	0,51	13,64	0,00	0,09	0,30	0,12			

Bodenprofil 23: Cambisol über Rhodic Ferralsol (Fr-A) (BP-Ro-17)
Rotlatosol-Braunerde
Lage: SW-Vilhena, Chapada dos Parecis (R 800/H 8590)(SD.20-X-B),
580m ü.M., nicht geneigt (NO.1; E)
Klima: N: ca. 2.100mm, T: ca. 24°C
Vegetation und Nutzung: halbimmergrüne Wälder (F)
Standortkundliche Feuchtestufe: SF 04
Ausgangsgestein: Decklagen über kretazische Sandsteine, Formação Parecis

Horizont	Tiefe	Beschreibung
Ah	0- 50cm	Ton, subpolyedrisch, locker gelagert, Termiten- und Ameisenröhren, rötlich gelb (5 YR 5/8), sehr stark durchwurzelt
IIBuv	-100cm	Ton, polyedrisch, locker gelagert, Termiten- und Ameisenröhren, rötlich gelb (5 YR 6/8), stark durchwurzelt
IIIBu	300cm +	Ton, prismatisch, sehr dicht gelagert, gelblich rot (5 YR 5/6), vereinzelte Termitengänge, schwach durchwurzelt, nach unten treten einzelne Pisolithe auf

Horizont- mächtigkeit	Horizont- bezeichn.	Bodenfarbe nach MUNSELL trocken	feucht	T	fU	mU	gU	Uges.	fS	mS	gS	Sges.	Boden- art
0-50	Ah	7,5 YR 5/8	5 YR 5/8	76,3	6,6	5,2	0,5	12,3	3,3	5,2	2,9	11,4	T
-100	IIBuv	5 YR 5/8	5 YR 6/8	78,7	5,9	3,3	0,2	9,4	3,0	6,1	2,8	11,9	T
300 + (cm)	IIIBu	5 YR 6/8	5 YR 5/6	75,0	8,3	2,3	0,4	11,0	4,5	6,5	3,0	14,0	T

Hor.- bez.	pH- Wert	Fe_o	Fe_d	AG	AK_e	AK_p	Ak_p-Ak_p S-Wert	V-Wert	Al^{3+}	H^+	Na^+	K^+	Mg^{2+}	Ca^{2+}	C	org. Sub.	N	C/N
Ah	4,38	0,15	4,00	0,037	2,19	10,47	0,79	0,66	30,1	1,40	0,13	0,00	0,57	0,00	0,09	0,92	1,59	0,07	13
IIBuv	4,86	0,03	4,05	0,007	2,01	6,38	0,68	0,64	31,9	1,31	0,06	0,00	0,56	0,00	0,08				
IIIBu	5,03	0,02	3,98	0,005	1,11	7,51	0,85	0,67	60,4	0,40	0,04	0,00	0,59	0,00	0,08				

	Fe_2O_3	SiO_2	Al_2O_3	SiO_2/Al_2O_3	Tonmineralintensität Qua. K-F. Alb. Goe. Häm. Mag. Kao. Gib. Ana.
Ah	8,7	28,80	29,79	0,97	7 - - 12 3 (+) 20 43 5
IIBuv	8,8	28,17	29,06	0,97	4 ± ± 12 2 (+) 20 41 4
IIIBu	8,9		29,73		6 ± ± 12 2 (+) 21 41 6

	Schwermineralogische Zusammensetzung in % And Aug Cas Dis Epi Gra gHr Kor Rut Sil Sta Tur Zir	opak Gew. % % SM im fS
Ah	- - - - 3 - - - - - 28 46 23	75 1,05
IIBuv	- - - 3 28 - - - - 3 28 22 16	73 1,03
IIIBu	- - - 1 6 - - - 4 1 26 21 41	77 1,11

Bodenprofil 24: Ferralic Arenosol (Qf)   (BP-Ro-16)
                ferrallitischer Regosol
Lage: SW-Vilhena, Chapada dos Parecis (R 800/H 8590)(SD.20-X-B),
      560m ü.M., kaum schwach geneigt (N2.1; KK)
Klima: N: ca. 2.100mm, T: ca. 24°C
Vegetation und Nutzung: Cerradão-halbimmergrüne Wälder (Sd-F)
Standortkundliche Feuchtestufe: SF 03
Ausgangsgestein: Decklagen über kretazische Sandsteine, Formação Parecis

Ah	0-70cm	stark sandiger Ton, subpolyedrisch, dunkelbraun (7,5 YR 4/4), sehr stark durchwurzelt
BuCv	300cm +	stark sandiger Ton, subpolyedrisch, gelblich rot (5 YR 5/8), vereinzelte Wurzelbahnen

Horizont-mächtigkeit	Horizont-bezeichn.	Bodenfarbe nach MUNSELL trocken	feucht	T	fU	mU	gU	Uges.	fS	mS	gS	Sges.	Boden-art
0-70	Ah	7,5 YR 5/6	7,5 YR 4/4	25,4	5,0	4,1	3,3	12,4	36,8	25,0	0,4	62,2	Ts4
300 + (cm)	BuCv	5 YR 6/8	5 YR 5/8	27,6	4,0	4,1	5,2	13,3	39,4	19,2	0,5	59,1	Ts4

Hor.-bez.	pH-Wert	Fe_o	Fe_d	AG	AK_e	AK_p	$\frac{Ak_p - Ak_p}{Ak_p}$ e S-Wert	V-Wert	Al^{3+}	H^+	Na^+	K^+	Mg^{2+}	Ca^{2+}	C	org. Sub.	N	C/N
Ah	4,39	0,08	2,32	0,034	1,09	6,51	0,83	0,64	58,8	0,43	0,02	0,00	0,58	0,00	0,06	0,70	1,22	0,04	18
BuCv	5,43	0,02	2,67	0,007	0,99	3,55	0,72	0,67	67,7	0,30	0,02	0,00	0,61	0,00	0,06				

	Fe_2O_3	SiO_2	Al_2O_3	SiO_2/Al_2O_3	Tonmineralintensität Qua.	K-F.	Alb.	Goe.	Häm.	Mag.	Kao.	Gib.	Ana.
Ah	3,4	69,23	13,07	5,30	68	±	±	5	2	+	10	18	3
BuCv	3,9	65,41	16,10	4,10	73	1/2	2	5	1	+	11	24	3

Bodenprofil 25: Arenosol (Q) (P-Ro-15)
    Regosol
Lage: SW-Vilhena (R 790/H 8600)(SD.20-X-B),
    500m ü.M., nicht geneigt (NO.1; E)
Klima: N: ca. 2.100mm, T: ca. 24°C
Vegetation und Nutzung: Cerrado (Sa)
Standortkundliche Feuchtestufe: SF 02
Ausgangsgestein: kretazische Sandsteine, Formação Parecis

Horizont-mächtigkeit	Horizont-bezeichn.	Bodenfarbe nach MUNSELL trocken	feucht	T	fU	mU	gU	Uges.	fS	mS	gS	Sges.	Bodenart
0-50	Ah	10 YR 6/3	10 YR 4/3	4,2	0,7	0,1	2,8	3,6	60,1	32,0	0,1	92,2	S
300 + (cm)	BvCv	7,5 YR 6/4	7,5 YR 3/4	6,8	0,6	1,0	3,1	4,7	63,4	25,0	0,1	88,5	St2

Hor.-bez.	pH-Wert	Fe_o	Fe_d	AG	AK_e	AK_p	Ak_p-Ak_e/AK_p	S-Wert	V-Wert	Al^{3+}	H^+	Na^+	K^+	Mg^{2+}	Ca^{2+}	C	org. Sub.	N	C/N
Ah	4,46	0,03	0,48	0,062	1,09	2,91	0,62	0,60	55,1	0,41	0,08	0,00	0,53	0,01	0,06	0,22	0,38	0,01	22
BvCv	4,50	0,04	0,56	0,071	1,12	7,21	0,84	0,69	61,6	0,35	0,08	0,00	0,53	0,01	0,15				

Horizont	Fe_2O_3	SiO_2	Al_2O_3	SiO_2/Al_2O_3	Schwermineralogische Zusammensetzung in %			opak %	Gew. % SM im fS
					Sta	Tur	Zir		
Ah	0,5	87,80	2,43	36,13	18	67	15	57	0,02
BvCv	0,7	92,00	3,22	28,57	17	67	16	43	0,02

Bodenprofil 26: Arenosol (Q) (BP-Ro-12)
            Regosol
Lage: SW-Fazenda Maracaibo (R 750/H 8630)(SD.20-X-B),
      400m ü.M., nicht geneigt (NO.1; E)
Klima: N: ca. 2.100mm, T: ca. 24°C
Vegetation und Nutzung: offene immergrüne Wälder (A)(submontan)
Standortkundliche Feuchtestufe: SF 02
Ausgangsgestein: Decklagen über karbonisch-permischen Sandsteinen der
                 Fazenda Casa Branca

Horizont	Tiefe	Beschreibung
Ah	0-100cm	schwach toniger Sand, Einzelkorngefüge, sehr dunkel gräulich braun (10 YR 3/2), sehr stark durchwurzelt
AhBv	-140cm	schwach toniger Sand, Einzelkorngefüge, hell gelblich braun (10 YR 6/4), stark durchwurzelt
BvCv	850cm+	schwach toniger Sand, Einzelkorngefüge, rosa (7,5 YR 7/4), keine erkennbare Schichtung, sehr homogen

Horizont-mächtigkeit	Horizont-bezeichn.	Bodenfarbe nach MUNSELL trocken	feucht	T	fU	mU	gU	Uges.	fS	mS	gS	Sges.	Boden-art
0-100	Ah	10 YR 5/3	10 YR 3/2	6,8	0,3	0,3	2,1	2,7	23,8	62,5	4,2	90,5	St2
-140	AhBv	10 YR 6/4	10 YR 4/6	6,5	0,1	0,5	2,3	2,9	21,2	63,5	6,1	90,6	St2
850 + (cm)	BvCv	7,5 YR 7/4	7,5 YR 5/6	7,0	0,1	0,8	2,4	3,3	25,3	59,6	4,8	89,7	St2

Hor.-bez.	pH-Wert	Fe_o	Fe_d	AG	AK_e	AK_p	$\frac{Ak_p - Ak_p}{AK}$	S-Wert	V-Wert	Al^{3+}	H^+	Na^+	K^+	Mg^{2+}	Ca^{2+}	C	org. Sub.	N	C/N
Ah	4,72	0,05	0,37	0,135	0,35	4,45	0,92	0,04	11,4	0,21	0,10	0,00	0,00	0,00	0,04	0,48	0,82	0,02	24
BvAh	4,71	0,03	0,32	0,093	1,09	3,56	0,69	0,66	60,5	0,39	0,04	0,06	0,50	0,00	0,10	0,12	0,21	0,00	
BvCv	4,61	0,02	0,22	0,090	1,08	2,14	0,49	0,48	44,5	0,54	0,06	0,00	0,45	0,00	0,03				

	Fe_2O_3	SiO_2	Al_2O_3	SiO_2/Al_2O_3	Schwermineralogische Zusammensetzung in %									opak Gew. %	SM im fS
					Epi	Gra	gHr	Kor	Rut	Sil	Sta	Top	Tur	Zir	%	
Ah	0,4	94,87	2,07	45,83	5	-	-	-	8	-	7	-	58	22	72	0,12
AhBv	0,4	94,67	2,67	35,46	8	-	-	-	-	-	15	-	45	32	45	0,08
BvCv	0,4	85,23	3,01	28,31	4	-	-	-	-	2	20	-	32	42	42	0,09

Bodenprofil 27: Acrisol über Rhodic Ferralsol (Fr-A)   (BP R 3´)
              Rotlatosol-Parabraunerde
Lage: N-Nova Vida (10°10´S/62°90´)(SC.20-Z-A),
      150m ü.M., nicht geneigt (NO.1; E)
Klima: N: ca. 2.200mm, T: ca. 24°C
Vegetation und Nutzung: (offene immergrüne Wälder (A)), Weideland
Standortkundliche Feuchtestufe: SF 14
Ausgangsgestein: archaische Gneise, Complexo Xingu

Horizont	Tiefe	Beschreibung
Ah1	0- 10cm	stark lehmiger Sand, schwach subpolyedrisch, dunkel gelblich braun (10 YR 3/4), sehr stark durchwurzelt, Termiten- und Ameisengänge
Bvth	-100cm	sandiger Ton, schwach polyedrisch bis prismatisch, kräftig braun (7,5 YR 4/6), Termiten- und Ameisengänge, vereinzelte Pisolithe
Bvk	-150cm	sandiger Ton, subpolyedrisch, zahlreiche Pisolithe (x1), kräftig braun (7,5 YR 6/6)
--	-170cm	Steinlage aus kantengerundeten Eisenkrustenbrocken mit frischen Kristallinkernen
IIBuk	-190cm	sandig toniger Lehm, schwach subpolyedrisch, überwiegend Pisolithe (x5)
IIBk	-205cm	bankige Eisenkruste mit frischen Kristallinkernen, nicht gerundet
IIIBu	260cm +	lehmiger Ton, prismatisch, gelblich rot (5 YR 4/6), vereinzelte Pisolithe im Übergang zum IIBuk

Horizont-mächtigkeit	Horizont-bezeichn.	Bodenfarbe nach MUNSELL trocken	feucht	T	fU	mU	gU	Uges.	fS	mS	gS	Sges.	Boden-art
0-10	Ah1	10 YR 4/4	10 YR 3/4	13,4	6,6	5,3	4,6	16,5	30,1	33,5	6,5	70,1	Sl4
-100	Bvth	7,5 YR 5/6	7,5 YR 4/6	38,5	3,0	2,7	4,9	10,6	26,2	20,4	4,3	50,9	Ts3
-150	Bvk	7,5 YR 6/6	7,5 YR 5/8	39,5	0,3	4,3	4,1	8,7	25,1	20,6	6,1	51,8	Ts3
-170	oooooooooo												
-190	IIBuk	5 YR 6/6	5YR 5/6	26,4	5,1	9,8	10,8	25,7	28,6	14,9	4,4	47,9	Lts
-205	oo Bk oooo												
260 + (cm)	IIIBu	5 YR 6/6	5 YR 4/6	47,2	9,6	11,8	10,1	31,5	13,2	6,6	1,5	21,3	Tl

Hor.-bez.	pH-Wert	Fe_o	Fe_d	AG	org. C	Sub.	N	C/N
Ah1	4,25	0,07	2,04	0,034	0,82	1,42	0,07	12
Bvt	4,36	0,02	3,44	0,006	0,34	0,59	0,03	11
Bvuk	4,62	0,01	2,82	0,003				
oooooo								
IIBuk Bk	4,70	0,01	4,42	0,002				
IIIBu	4,66	0,01	5,16	0,002				

Tonmineralintensität

	Qua.	K-F.	Alb.	Goe.	Häm.	Mag.	Ill.	Kao.	Gib.	Ana.	Ilm.	Amp.
Ah1	93	-	-	3	1	+	-	10	-	1	-	-
Bvt	51	±	±	5	-	+	±	18	±	2	-	-
Bvuk	48	±	±	5	1	+	-	19	±	±	±	±
ooooo												
IIBuk Bk	8	-	-	10	4	((+))	±	73	-	±	-	-
IIIBu	30	±	±	7	2	(+)	-	34	-	±	-	-

Bodenprofil 28: Acrisol (A) (BP-A-23)
Parabraunerde mit vergleytem tieferen Unterboden
Lage: SW Porto Velho, NE Jaciparaná (9°9´47"/64°13´10")(SC.20-V-D),
110m ü.M., nicht geneigt (NO.1; E)
Klima: N: ca. 2.200mm, T: ca. 24,5°C
Vegetation und Nutzung: offene immergrüne Wälder (A)
Standortkundliche Feuchtestufe: SF 14
Ausgangsgestein: Sedimente des Rio Madeira (?)

Ah1	0- 50cm	schwach toniger Sand, Einzelkorngefüge, ganz schwach subpolyedrisch, dunkelbraun (10 YR 3/3), sehr stark durchwurzelt
Bvt	-100cm	stark sandiger Ton, schichtig bis subpolyedrisch, braun (10 YR 4/4), stark durchwurzelt
IIBv(fAh)	-130cm	schwach sandiger Ton, plattig, rötlich gelb (10 YR 6/6), stark durchwurzelt (Feinwurzeln), ^{14}C-Alter 1.675 $\pm$ 90 A.B.P.
IIBuv	-180cm	schwach sandiger Ton, schichtig, kräftig braun (10 YR 5/6), vereinzelte pisolithische Eisenausscheidungen, schwach durchwurzelt
IIGrBuk	-330cm	schwach lehmiger Sand, schichtig, rötlich gelb (7,5 YR 6/6), schwach durchwurzelt, zahlreiche pisolithische Eisenausscheidungen, nach unten zunehmend, Bleichungen an den Wurzelbahnen

-- Grundwasserstand Juli 1986

Horizont-mächtigkeit	Horizont-bezeichn.	Bodenfarbe nach MUNSELL trocken	feucht	T	fU	mU	gU	Uges.	fS	mS	gS	Sges.	Boden-art
0-50	Ah1	10 YR 5/6	10 YR 3/3	17,7	4,1	3,3	2,7	10,1	8,8	24,5	38,9	72,2	St2
-100	Bvt	10 YR 6/4	10 YR 4/4	34,6	0,3	3,8	4,2	8,3	12,1	22,7	22,3	57,1	Ts4
-130	IIBv(fAh)	10 YR 8/6	10 YR 6/6	38,8	1,8	0,1	6,6	8,5	13,8	21,3	17,6	52,7	Ts2
-180	IIBuv	10 YR 7/6	10 YR 5/6	37,3	2,2	1,8	6,5	10,5	12,2	19,9	20,1	52,2	Ts2
-330 (cm) + GW	IIGrBuk	7,5 YR 7/6	7,5 YR 6/6	11,8	1,8	2,4	5,7	9,9	11,3	21,2	45,8	78,3	Sl2

Hor.-bez.	pH-Wert	Fe_o	Fe_d	AG	AK_e	AK_p	$\frac{Ak_p - Ak_e}{AK_p}$	S-Wert	V-Wert	Al^{3+}	H^+	Na^+	K^+	Mg^{2+}	Ca^{2+}	C	org. Sub.	N	C/N
Ah1	3,71	0,08	0,61	0,131	1,82	8,17	0,78	0,09	4,9	1,41	0,32	0,00	0,04	0,00	0,05	0,98	1,69	0,08	12
Bvt	4,14	0,03	0,93	0,032	1,09	4,93	0,73	0,10	9,2	0,77	0,22	0,00	0,10	0,00	0,00	0,27	0,47	0,00	
IIBv(fAh)	4,18	0,03	1,22	0,024	1,09	5,31	0,79	0,02	1,8	0,87	0,20	0,00	0,01	0,00	0,01	0,29	0,51	0,03	10
IIBuv	4,25	0,02	1,04	0,019	1,09	3,82	0,71	0,07	6,4	0,88	0,14	0,00	0,06	0,00	0,01				
IIGorBuk	4,40	0,01	2,08	0,005	0,73	2,54	0,71	0,11	15,0	0,54	0,08	0,00	0,02	0,00	0,09				

	Fe_2O_3	SiO_2	Al_2O_3	SiO_2/Al_2O_3
Ah1	1,5	79,67	9,93	8,02
Bvt	1,8	73,40	12,82	5,72
IIBv(fAh)				
IIBu	1,9	73,37	15,13	4,85
IIGorBuk	2,6	73,08	18,14	4,03

Bodenprofil 29: Acrisol über Rhodic Ferralsol (Fr-A)   (5-28-2 PV)
              Rotlatosol-Parabraunerde
Lage: SW Porto Velho (R 396/H 9024)(SC.20-V-B),
      100m ü.M., sehr schwach geneigt (N; HF), südwestexponiert
Klima: N: ca. 2.200mm, T: ca. 24,5°C
Vegetation und Nutzung: dichte immergrüne Wälder (D)
Standortkundliche Feuchtestufe: SF 14
Ausgangsgestein: Decklage über archaischen Gneisen (?), Complexo Xingu

Horizont		
Ahl	0- 50cm	schwach toniger Lehm, schwach subpolyedrisch, kräftig braun (7,5 YR 4/6), sehr stark durchwurzelt
IIBut	-100cm	toniger Lehm, subpolyedrisch, gelblich rot (5 YR 5/6), durchwurzelt
IIIBuk	120cm +	schluffiger Ton, subpolyedrisch, hellrot (2,5 YR 6/6), mit pisolithischen Eisenausscheidungen (10 R 4/8)

Horizont-mächtigkeit	Horizont-bezeichn.	Bodenfarbe nach MUNSELL trocken	feucht	T	fU	mU	gU	Uges.	fS	mS	gS	Sges.	Boden-art
0-50	Ahl	10 YR 7/6	7,5 YR 4/6	29,8	7,4	16,9	17,1	41,4	26,8	1,3	0,7	28,8	Lt2
-100	IIBut	7,5 YR 7/6	5 YR 5/6	38,3	8,0	13,2	16,4	37,6	22,7	1,2	0,2	24,1	Lt3
120 + (cm)	IIIBuk	5 YR 7/6	2,5 YR 6/6	44,1	23,3	1,6	18,2	43,1	12,4	0,3	0,1	12,8	Tu3

Hor.-bez.	pH-Wert	Fe_o	Fe_d	AG	AK_e	AK_p	Ak_p-Ak_p S- Wert	V-Wert	Al^{3+}	H^+	Na^+	K^+	Mg^{2+}	Ca^{2+}	C	org. Sub.	N	C/N
Ahl	3,79	0,08	1,32	0,060	5,82	10,68	0,45	0,05	0,8	4,97	0,80	0,00	0,00	0,02	0,03	0,62	1,08	0,08	8
IIBut	3,83	0,04	2,08	0,019	7,28	10,47	0,30	0,13	1,8	6,25	0,90	0,00	0,00	0,00	0,13				
IIIBuk	3,89	0,02	2,60	0,008	7,64	9,32	0,18	0,05	0,6	6,69	0,90	0,00	0,00	0,04	0,01	0,00			

	Fe_2O_3	SiO_2	Al_2O_3	SiO_2/Al_2O_3	Tonmineralintensität Qua.	K-F.	Alb.	Goe.	Mag.	Ill.	Kao.	Sme.	m.L.	Gib.	Ana.	Jar.	Tit.	Lep.
Ahl	2,5	79,45	9,62	8,26	81	$\pm$	$\pm$	1	((+))	2	5	-	+	$\pm$	2	-	-	-
IIBut	3,7	43,62	13,03	3,35	70	$\pm$	-	3	((+))	4	7	1	2	-	1	$\pm$	$\pm$	-
IIIBuk	3,8	70,57	16,16	4,37	47	$\pm$	$\pm$	2	-	7	8	-	2		2	-	$\pm$	$\pm$

Bodenprofil 30: Rhodic Ferralsol (Fr) (5-28-I S.Antonio)
            Rotlatosol
Lage: S Cachoeira S. Antonio (R 392/H 9024)(SC.20-V-B),
    95m ü.M., sehr schwach geneigt (N1; HOX)
Klima: N: ca. 2.200mm, T: ca. 24,5°C
Vegetation und Nutzung: Geschlossene immergrüne Wälder (D)
Standortkundliche Feuchtestufe: SF 14
Ausgangsgestein: Sedimente des Rio Madeira über archaischen Amphiboliten (?),
            Complexo Xingu

Horizont	Tiefe	Beschreibung
AhBv	0- 20cm	lehmiger Ton, schichtig, rötlich gelb (5 YR 6/8), sehr stark durchwurzelt
IIBvu	- 50cm	schwach sandiger Ton, schichtig, rötlich gelb (5 YR 6/6), sehr stark durchwurzelt
IIIBuk	- 90cm	Ton, polyedrisch, gelblich rot (5 YR 5/8), mit kantigen Quarzen (<5cmø) und ausgehärteten Pisolithen (<5cmø), durchwurzelt
IVBuk	-230cm	lehmiger Ton, säulig bis subpolyedrisch, rot (2,5 YR 4/8), mit einzelnen pisolithischen Eisenausscheidungen (nicht ausgehärtet)
VCv	500cm +	schwach schluffiger Ton, Kohärentgefüge, stark zersetztes Gestein, ehemalige Gesteinsstrukturen zum Teil noch erkennbar, hellrot (2,5 YR 6/6), weiß (5YR 8/2) marmoriert

Horizont-mächtigkeit	Horizont-bezeichn.	Bodenfarbe nach MUNSELL trocken	feucht	T	fU	mU	gU	Uges.	fS	mS	gS	Sges.	Boden-art
0-20	AhBv	7,5 YR 7/6	5 YR 6/8	53,0	7,8	7,2	8,1	23,1	7,0	7,1	9,8	23,9	T1
-50	IIBvu	7,5 YR 7/4	5 YR 6/6	61,5	5,3	0,6	12,1	18,0	5,7	5,7	9,1	20,5	Ts2
-90	IIIBuk	5 YR 7/6	5 YR 5/8	68,0	1,6	6,4	4,5	12,5	4,6	4,9	10,0	19,5	T
-230	IVBuk	2,5 YR 6/6	2,5 YR 4/8	58,3	18,8	8,8	1,8	29,4	3,1	3,5	5,7	12,3	T1
500 + (cm)	VCv	5 YR 7/4	2,5 YR 6/6	50,1	15,3	14,9	12,8	43,0	5,4	0,9	0,6	6,9	Tu2

Horizont-bezeichn.	pH-Wert	Fe_o	Fe_d	AG	org. C	Sub.	N	C/N
AhBv	3,81	0,02	2,38	0,008	0,42	0,73	0,11	4
IIBvu	3,89	0,02	2,62	0,008				
IIIBuk	3,92	0,01	2,37	0,004				
IVBuk	3,94	0,01	2,81	0,003				
VCv	3,93	0,01	1,24	0,008				

Bodenprofil 31: Acrisol über Rhodic Ferralsol (Fr-A)   (5-30-3)
              Rotlatosol-Parabraunerde
Lage: N Porto Velho, S Humaitá (8°12´/64°06´)(SC.20-V-B),
      ca. 85m ü.M., nicht geneigt (NO.1; E)
Klima: N: ca. 2.300mm, T: ca. 24,5°C
Vegetation und Nutzung: offene immergrüne Wälder (A)
Standortkundliche Feuchtestufe: SF 14
Ausgangsgestein: Plio-pleistozäne Sedimente, Formação Içá oder Solimões

Ah1	0- 50cm	sandiger Lehm, dunkel gelblich braun (10 YR 3/4), stark durchwurzelt, subpolyedrisch
IIBvt	-120cm	sandig toniger Lehm, rötlich gelb (7,5 YR 6/8), durchwurzelt, polyedrisch
IIBu	160cm +	sandig toniger Lehm, gelblich rot (5YR 57()), plattig, schwach durchwurzelt

Horizont-mächtigkeit	Horizont-bezeichn.	Bodenfarbe nach MUNSELL		T	fU	mU	gU	Uges.	fS	mS	gS	Sges.	Boden-art
		trocken	feucht										
0-50.	Ah1	10 YR 5/4	10 YR 3/4	19,9	4,5	8,6	17,8	30,9	46,7	2,5	0,0	49,2	Ls3
-120	IIBvt	10 YR 6/8	7,5 YR 6/8	32,6	5,5	6,4	17,9	29,8	35,7	0,4	1,5	37,6	Lts
160 + (cm)	IIBu	7,5 YR 6/8	5 YR 5/8	37,0	3,4	8,0	13,8	25,2	36,4	1,3	0,1	37,8	Lts

Hor.-bez.	pH-Wert	Fe_o	Fe_d	AG	Ak_e	Ak_p	Ak_p-Ak_e S-Wert	V-Wert	Al^{3+}	H^+	Na^+	K^+	Mg^{2+}	Ca^{2+}	org. C	Sub.	N	C/N
Ah1	4,02	0,09	2,05	0,044	4,37	11,71	0,63	0,14	3,2	3,63	0,60	0,00	0,00	0,02	0,12	0,92	1,59	0,08	11
IIBvt	4,11	0,02	2,93	0,007	3,28	13,16	0,75	0,07	2,1	2,76	0,45	0,00	0,00	0,00	0,07				
IIBu	4,12	0,01	2,89	0,003	3,28	12,39	0,73	0,07	2,1	2,71	0,50	0,00	0,00	0,00	0,07				

	Fe_2O_3	SiO_2	Al_2O_3	SiO_2/Al_2O_3	Tonmineralintensität Qua.	K-F.	Alb.	Goe.	Häm.	Mag.	Ill.	Kao.	Chl.	Ver.	m.L.	Gib.	Ana.
Ah1	3,1	78,56	8,52	9,22	98	$\pm$	$\pm$	2	-	((+))	1/2	2	$\pm$	1/2	+	-	1
IIBvt	4,3	71,96	12,04	5,98	97	1	1	4	$\pm$	((+))	2	3	$\pm$	2	+	$\pm$	3
IIbu	4,2	74,96	12,37	6,06	87	1	1	4	-	((+))	2	3	$\pm$	2	+	$\pm$	1

Bodenprofil 32: Plinthic Gleysol (Gp) (5-30-3b)
           Eisenreicher Gley
Lage: N Porto Velho, S Humaitá ($7°54'/64°42'$)(SB.20-Y-D),
      ca. 75m ü.M., nicht geneigt (NO.1; E)
Klima: N: ca. 2.300mm, T: ca. $24,5°C$
Vegetation und Nutzung: Campo Cerrado-Cerrado (Sp-Sa)
Standortkundliche Feuchtestufe: SF 45
Ausgangsgestein: Plio-pleistozäne Sedimente, Formação Içá oder Solimões

Ah   0- 20cm   sandiger Schluff, Kohärentgefüge, braun (7,5 YR 5/2), sehr
                     stark durchwurzelt
IIGor   - 40cm   toniger Schluff, Kohärentgefüge, rötlich gelb (5 YR 6/8),
                     starke Bleichfleckung (5 YR 8/3), schwach durchwurzelt
IIIGor   120cm +   sandiger Schluff, schichtig, rosa weiß (5 YR 8/2), einige
                     Rostflecken (5 YR 5/6)

Horizont-mächtigkeit	Horizont-bezeichn.	Bodenfarbe nach MUNSELL feucht	T	fU	mU	gU	Uges.	fS	mS	gS	Sges.	Boden-art
0-20	Ah	7,5 YR 5/2	5,8	2,1	19,9	41,7	63,7	24,7	5,7	0,1	30,5	Us
-40	IIGor	5 YR 6/8 - 5 YR 8/3	14,6	4,0	19,6	28,0	51,6	26,5	7,1	0,2	33,8	Ut3
120 + (cm)	IIIGor	5 YR 5/6 - 5 YR 8/2	5,5	3,9	20,8	27,6	52,3	33,9	8,3	0,0	42,2	Us

Hor.-bez.	pH-Wert	Fe_o	Fe_d	AG	AK_e	AK_p	Ak_p-Ak_p eS-Wert	V-Wert	Al^{3+}	H^+	Na^+	K^+	Mg^{2+}	Ca^{2+}	C	org. Sub.	N	C/N
Ah	4,21	0,08	0,18	0,444	1,82	7,33	0,75	0,16	8,8	1,36	0,30	0,00	0,00	0,02	0,14	0,69	1,19	0,07	10
Gor1	4,21	0,03	0,16	0,187	1,46	4,21	0,65	0,65	44,6	0,56	0,25	0,00	0,55	0,02	0,08				
Gor2	4,25	0,02	0,54	0,037	1,09	1,74	0,37	0,08	7,4	0,81	0,20	0,00	0,00	0,05	0,03				

	Fe_2O_3	SiO_2	Al_2O_3	SiO_2/Al_2O_3
Ah	0,6	78,92	4,42	17,85
Gor1	0,6	88,91	4,36	20,39
Gor2	1,2	81,48	3,60	22,63

Bodenprofil 33: Cambisol über Gleysol (G-B)   (PA 4)
           Braunerde mit vergleytem tieferen Unterboden
Lage: N Porto Velho, S Humaitá (9°12´/64°06´)(SB.20-Y-D),
      ca. 85m ü.M., nicht geneigt (NO.1; E)
Klima: N: ca. 2.300mm, T: ca. 24,5°C
Vegetation und Nutzung: offene immergrüne Wälder (A)
Standortkundliche Feuchtestufe: SF 04
Ausgangsgestein: Plio-pleistozäne Sedimente, Formação Içá oder Solimões

Ahl	0- 10cm	sandiger Lehm, schwach subpolyedrisch, braun (7,5 YR 5/4), sehr stark durchwurzelt
Bvt	-300cm	sandig toniger Lehm, schichtig bis polyedrisch, gelblich braun (10 YR 5/6), stark durchwurzelt
Gor	-330cm	sandig toniger Lehm, schichtig, rötlich gelb (5 YR 6/8), stark marmoriert (5 YR 8/3)
Go	330cm +	sandig toniger Lehm, schichtig, gelblich rot (5 YR 5/6), Grundwasserspiegel Juni/Juli 1986

Horizont- mächtigkeit	Horizont- bezeichn.	Bodenfarbe nach MUNSELL feucht	T	fU	mU	gU	Uges.	fS	mS	gS	Sges.	Boden- art
0-10	Ahl	7,5 YR 5/4	18,4	4,3	8,1	19,6	32,0	43,5	5,9	0,2	49,6	Ls3
-300	Bvt	10 YR 5/6	32,1	3,9	4,5	14,8	23,2	32,1	12,3	0,3	44,7	Lts
-330	Gor	5 YR 8/3 - 5 YR 6/8	26,2	3,2	7,4	21,0	31,6	37,5	3,0	1,7	42,2	Lts
+ (cm)	Go	5 YR 5/6	27,8	5,8	8,4	15,4	29,6	34,0	7,7	0,9	42,6	Lts

Horizont- bezeichn.	pH- Wert	Fe_o	Fe_d	AG	C	org. Sub.	N	C/N	Fe_2O_3	SiO_2	Al_2O_3	SiO_2/Al_2O_3
Ahl	4,03	0,08	1,87	0,043	0,62	1,07	0,06	10	3,0	73,85	11,26	6,56
Bvt	4,12	0,02	1,90	0,011	0,36	0,54	0,04	9	4,1	77,00	11,34	6,79
Gor	4,14	0,05	2,12	0,024					3,5	67,29	11,13	6,04
Go	4,09	0,06	2,21	0,027								

Schwermineralogische Zusammensetzung in %   opak Gew. %

	And	Aug	Cas	Dis	Epi	Gra	gHr	Kor	Rut	Sil	Sta	Top	Tur	Zir	%	SM im fS
Bv	-	-	-	+	7	-	-	3	+	+	-	-	82	8	57	0,79
Gor	-	-	-	-	7	-	-	-	+	-	-	-	81	12	55	0,65
Go	-	-	-	+	7	-	-	-	+	-	-	-	91	2	57	0,57

Bodenprofil 34: Acrisol über Rhodic Ferralsol (G-B)　　　　　　　(BP-A-11)
　　　　　　　Rotlatosol-Parabraunerde
Lage: S Vila Quinari (R 644/H 8864)(SC.19-Z-A-III),
　　　ca. 200m ü.M., fast nicht geneigt (NO.1; KK)
Klima: N: ca. 1.900mm, T: > 20°C
Vegetation und Nutzung: dichte immergrüne Wälder (D)
Standortkundliche Feuchtestufe: SF 14
Ausgangsgestein: Tertiäre Sedimente, Formação Solimões

Ah1   0- 20cm   schluffig sandiger Lehm, schichtig, kräftig braun (7,5 YR
                   5/6), sehr stark durchwurzelt
IIBut   -100cm   schwach schluffiger Ton, plattig bis polyedrisch, gelblich
                   rot (5 YR 5/6), stark durchwurzelt, zur Basis hin Auftreten
                   von ausgehärteten Pisolithen
IIIBuk   -220cm   schwach schluffiger Ton, polyedrisch, Fleckenhorizont,
                   bräunlich gelb (10 YR 6/8) und dunkelrot (2,5 YR 3/6)
                   gefleckt, mit zahlreichen pisolithischen Eisenausscheidungen
                   (7,5 YR 4/4)(nicht ausgehärtet)
IVCv   250cm +   lehmiger Ton, Kohärentgefüge, sehr dicht gelagert, gebleicht
                   gelb (10 YR 7/6) mit roten Rostflecken (10 R 4/8), keine
                   Pisolithe

Horizont-mächtigkeit	Horizont-bezeichn.	Bodenfarbe nach MUNSELL feucht	T	fU	mU	gU	Uges.	fS	mS	gS	Sges.	Boden-art
0-20	Ah1	7,5 YR 5/6	23,7	10,0	18,0	17,8	45,8	21,4	6,9	2,2	30,5	Lsu
-100	IIBut	5 YR 5/6	48,8	5,6	6,7	20,2	32,5	12,3	3,4	3,0	18,7	Tu2
-220	IIIBuk	2,5 R 3/6 - 10 YR 6/8 - 7,5 YR 4/4	48,7	5,1	8,9	17,1	31,1	14,9	3,4	1,9	20,2	Tu2
250 + (cm)	IVCv	10 R 4/8 - 10 YR 7/6	47,3	1,6	5,0	18,2	24,8	19,3	7,9	0,7	27,9	lT

Hor.-bez.	pH-Wert	Fe$_o$	Fe$_d$	AG	AK$_e$	AK$_p$	Ak$_p$-Ak$_p$ e S-Wert	V-Wert	Al^{3+}	H$^+$	Na$^+$	K$^+$	Mg^{2+}	Ca^{2+}	org. C	Sub.	N	C/N
Ah1	4,05	0,11	1,37	0,080	3,64	9,22	0,60	1,50	41,2	1,84	0,30	0,00	0,06	0,44	1,00	0,78	1,34	0,10 8
IIBut	3,97	0,05	2,87	0,017	4,37	10,95	0,60	0,20	4,5	3,61	0,56	0,00	0,00	0,15	0,05			
IIIBuk	4,00	0,05	4,66	0,011	4,00	11,08	0,64	0,19	4,7	3,23	0,58	0,00	0,00	0,16	0,03			

	Fe$_2$O$_3$	SiO$_2$	Al$_2$O$_3$	SiO$_2$/Al$_2$O$_3$	Schwermineralogische Zusammensetzung in % opak Gew. %								SM im fS
					And	Epi	Rut	Sil	Sta	Top	Tur	Zir	%	
Ah1	3,4	77,59	9,32	8,32	+	15	2	+	-	-	60	23	37	0,50
IIBut	5,8	64,52	16,04	4,02	+	10	4	+	-	-	55	31	46	0,95
IIIBuk	6,7	63,49	15,03	4,22	16	9	-	18	-	-	40	17	62	2,13
IVCv	8,1	61,83	15,53	3,98	-	12	-	-	-	-	64	24	47	1,05

FRANKFURTER GEOWISSENSCHAFTLICHE ARBEITEN

Herausgegeben vom Fachbereich Geowissenschaften
der
Johann Wolfgang Goethe-Universität Frankfurt a. M.

Serie A: Geologie - Paläontologie

Bisher erschienen:

Band 1 MERKEL, D. (1982): Untersuchungen zur Bildung planarer Gefüge im Kohlengebirge an ausgewählten Beispielen.- 144 S., 53 Abb.; Frankfurt a. M.
DM 10,--

Band 2 WILLEMS, H. (1982): Stratigraphie und Tektonik im Bereich der Antiklinale von Boixols-Coll de Nargó - ein Beitrag zur Geologie der Decke von Montsech (zentrale Südpyrenäen, Nordost-Spanien).- 336 S., 90 Abb., 8 Tab., 19 Taf., 2 Beil.; Frankfurt a. M.
DM 30,--

Band 3 BRAUER, R. (1983): Das Präneogen im Raum Molaoi-Talanta/SE-Lakonien (Peloponnes, Griechenland).- 284 S., 122 Abb.; Frankfurt a. M.
DM 16,--

Band 4 GUNDLACH, T. (1987): Bruchhafte Verformung von Sedimenten während der Taphrogenese - Maßstabsmodelle und rechnergestützte Simulation mit Hilfe der FEM (Finite Element Method).- 131 S., 70 Abb., 4 Tab.; Frankfurt a. M.
DM 10,--

Band 5 KUHL, H.-P. (1987): Experimente zur Grabentektonik und ihr Vergleich mit natürlichen Gräben (mit einem historischen Beitrag).- 208 S., 88 Abb., 2 Tab.; Frankfurt a. M.
DM 13,--

Bestellungen zu richten an:

Geologisch-Paläontologisches Institut der Johann Wolfgang Goethe-Universität
Senckenberganlage 32 - 34, Postfach 11 19 32, D-6000 Frankfurt am Main 11

FRANKFURTER GEOWISSENSCHAFTLICHE ARBEITEN

Herausgegeben vom Fachbereich Geowissenschaften
der
Johann Wolfgang Goethe-Universität Frankfurt a. M.

Serie B: Meteorologie und Geophysik

Bisher erschienen:

Band 1   BIRRONG, W. & SCHÖNWIESE, C.-D. (1987): Statistisch-klimatologische Untersuchungen botanischer Zeitreihen Europas.- 80 S., 26 Abb., 5 Tab.; Frankfurt a. M.
DM 7,--

Band 2   SCHÖNWIESE, C. D. (1988): Grundlagen und neue Aspekte der Klimatologie.- 130 S., 55 Abb., 11 Tab.; Frankfurt a. M.
DM 10,--

Bestellungen zu richten an:

Institut für Meteorologie und Geophysik der Johann Wolfgang Goethe-Universität
Feldbergstraße 47, Postfach 11 19 32, 6000 Frankfurt am Main 11

FRANKFURTER GEOWISSENSCHAFTLICHE ARBEITEN

Herausgegeben vom Fachbereich Geowissenschaften
der
Johann Wolfgang Goethe-Universität Frankfurt a. M.

Serie C: Mineralogie

Bisher erschienen:

Band 1 SCHNEIDER, G. (1984): Zur Mineralogie und Lagerstättenbildung der Mangan- und Eisenerzvorkommen des Urucum-Distriktes (Mato Grosso do Sul, Brasilien).- 205 S., 99 Abb., 9 Tab.; Frankfurt a. M.
DM 12,--

Band 2 GESSLER, R. (1984): Schwefel-Isotopenfraktionierung in wäßrigen Systemen.- 141 S., 35 Abb.; Frankfurt a. M.
DM 9,50

Band 3 SCHRECK, P.C. (1984): Geochemische Klassifikation und Petrogenese der Manganerze des Urucum-Distriktes bei Corumbá (Mato Grosso do Sul, Brasilien).- 206 S., 29 Abb., 20 Tab., 7 Taf.; Frankfurt a. M.
DM 13,50

Band 4 MARTENS, R.M. (1985): Kalorimetrische Untersuchung der kinetischen Parameter im Glastransformations-Bereich bei Gläsern im System Diopsid-Anorthit-Albit und bei einem NBS-710-Standardglas.- 177 S. 39 Abb.; Frankfurt a. M.
DM 15,--

Band 5 ZEREINI, F. (1985): Sedimentpetrographie und Chemismus der Gesteine in der Phosphoritstufe (Maastricht, Oberkreide) der Phosphat-Lagerstätte von Ruseifa/Jordanien mit besonderer Berücksichtigung ihrer Uranführung.- 116 S., 11 Abb., 5 Taf., 27 Tab., 36 Anl.; Frankfurt a. M.
DM 16,--

Band 6 ZEREINI, F. (1987): Geochemie und Petrographie der metamorphen Gesteine vom Vesleknatten (Tverrfjell/Mittelnorwegen) mit besonderer Berücksichtigung ihrer Erzminerale.- 197 S., 48 Abb., 9 Taf., 26 Tab., 27 Anl.; Frankfurt a. M.
DM 15,--

Band 7 TRILLER, E. (1987): Zur Geochemie und Spurenanalytik des Wolframs unter besonderer Berücksichtigung seines Verhaltens in einem südostnorwegischen Pegmatoid. - 173 S., 25 Abb., 2 Taf., 20 Tab.; Frankfurt a.M.
DM 12,--

Band 8 GÜNTER, C. (1988): Entwicklung und Vergleich zweier Multielementanalysenverfahren an Kohleaschen- und Bodenproben mittels Röntgenfluoreszenzanalyse. - 124 S., 38 Abb., 37 Tab., 1 Anl.; Frankfurt a. M.
DM 13,--

Bestellungen zu richten an:

Institut für Geochemie, Petrologie und Lagerstättenkunde der J. W. Goethe-Universität, Senckenberganlage 32-34, Postfach 11 19 32, Frankfurt a. M. 11

FRANKFURTER GEOWISSENSCHAFTLICHE ARBEITEN

Herausgegeben vom Fachbereich Geowissenschaften
der
Johann Wolfgang Goethe-Universität Frankfurt a. M.

Serie D: Physische Geographie

Bisher erschienen:

Band 1   BIBUS, E. (1980): Zur Relief-, Boden- und Sedimententwicklung am unteren Mittelrhein.- 296 S., 50 Abb., 8 Tab.; Frankfurt a. M.
DM 25,--

Band 2   SEMMEL, A. (1981, 2. Aufl. 1983): Landschaftsnutzung unter geowissenschaftlichen Aspekten in Mitteleuropa.- 84 S., 10 Abb.; Frankfurt a. M.
DM 10,--

Band 3   SABEL, K.J. (1982): Ursachen und Auswirkungen bodengeographischer Grenzen in der Wetterau (Hessen).- 116 S., 19 Abb., 8 Tab., 6 Prof.; Frankfurt a. M.
DM 11,50

Band 4   FRIED, G. (1984): Gestein, Relief und Boden im Buntsandstein-Odenwald. - 201 S., 57 Abb., 11 Tab.; Frankfurt a. M.
DM 15,--

Band 5   VEIT, H. & VEIT, H. (1985): Relief, Gestein und Boden im Gebiet von "Conceicao dos Correias" (S-Brasilien).- 98 S., 18 Abb., 10 Tab.; Frankfurt a. M.
DM 17,--

Band 6   SEMMEL, A. (1986): Angewandte konventionelle Geomorphologie. Beispiele aus Mitteleuropa und Afrika.- 116 S., 57 Abb.; Frankfurt a. M.
DM 13,--

Band 7   SABEL, K.-J. & FISCHER, E. (1987): Boden- und vegetationsgeographische Untersuchungen im Westerwald.- 268 S., 19 Abb., 50 Tab.; Frankfurt a. M.
DM 15,--

Band 8   EMMERICH, K.-H. (1988): Relief, Böden und Vegetation in Zentral- und Nordwest-Brasilien unter besonderer Berücksichtigung der känozoischen Landschaftsentwicklung. - 218 S, 81 Abb., 9 Tab., 34 Bodenprofile; Frankfurt a. M.
DM 13,--

Bestellungen zu richten an:

Institut für Physische Geographie der Johann Wolfgang Goethe-Universität
Senckenberganlage 36, Postfach 11 19 32, D-6000 Frankfurt am Main 11